单片机与嵌入式系统原理及应用

杨代华 陈分雄 张莉君 付先成 编著

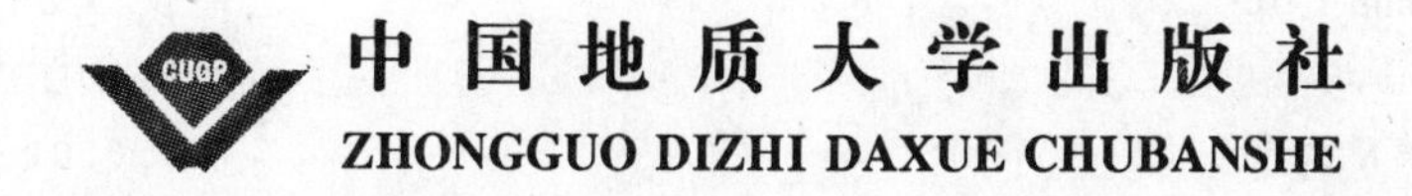

图书在版编目(CIP)数据

单片机与嵌入式系统原理及应用/杨代华等编著.—武汉:中国地质大学出版社,2010.2
ISBN 978-7-5625-2439-7(2015年5月重印)

Ⅰ.单…
Ⅱ.①杨…
Ⅲ.单片微型计算机-系统设计
Ⅳ.①TP368.1

中国版本图书馆CIP数据核字(2010)第018450号

单片机与嵌入式系统原理及应用　杨代华　陈分雄　张莉君　付先成　编著

责任编辑:谌福兴　策划组稿:方　菊　张晓红　责任校对:戴　莹

出版发行:中国地质大学出版社(武汉市洪山区鲁磨路388号)　邮政编码:430074
电话:(027)67883511　传真:67883580　E-mail:cbb @cug.edu.cn
经　销:全国新华书店　http://www.cugp.cn

开本:787mm×1092mm 1/16　字数:350千字　印张:13.75
版次:2010年2月第1版　印次:2015年5月第2次印刷
印刷:湖北睿智印务有限公司　印数:3001—4000册

ISBN 978-7-5625-2439-7　定价:30.00元

目　录

第一章　概　述

第一节　单片微型计算机简介

单片微型计算机(Single Chip Microcomputer)简称单片机,又称微控制器(Microcontroller Unit)。它不同于通常所说的中央处理单元 CPU(Center Processing Unit),CPU 包括计算机的运算器、控制器部分。单片机是将计算机的基本部件微型化,使之集成在一块芯片上的微机。片内含有 CPU、ROM、RAM、并行 I/O、串行 I/O、定时器/计数器、中断控制、系统时钟及系统总线,等等。

自 1974 年美国德克萨斯仪器公司推出第一片单片机以来,单片机得到了迅猛的发展。目前的发展趋向包括以下几个方面:

第一,由 8 位、16 位、32 位向 64 位发展,处理速度不断加快;

第二,从单 CPU 向多 CPU 发展,使单片机具有并行处理能力,功能得到极大的增强;

第三,使用的语言升级,有的单片机片内已固化有高级语言的解释程序,可直接用简单高级语言编程,有的单片机片可移植操作系统;

第四,I/O 端口多功能化,如 A/D、D/A、LED/LCD 荧光管显示驱动、特殊串行 I/O 口、DMA 控制、FIFO 缓冲器、PWM(脉宽调制)输出、PLL(锁相环控制),等等;

第五,低功耗、高速度、高集成度、多级流水线作业,适应电压范围加宽。

本书重点介绍 AT89 系列和 ARM 系列单片机,基于以下几个原因:

(1)AT89 系列单片机以 MCS-51 系列单片机为内核,是应用最广泛的 8 位单片机之一,ARM 单片机功能非常强大。

(2)介绍这两个系列单片机应用的资料丰富。

(3)这两个单片机的配套件多。

(4)这两个系列的单片机性价比高,市场来源广。

(5)这两个系列单片机的开发装置品种多。

第二节　单片机的特点

由于单片机具有许多特点,因而使得单片机的应用模式多,应用范围广。本节简单介绍单片机的特点及应用。

1. 体积小,功率损耗低

由于单片机内部包含了计算机的基本功能部件,能满足很多应用领域对硬件的功能要求,因此由单片机组成的应用系统结构简单,体积特别小,功率损耗低,而且只需单一的+5V 电源。

2.可靠性高,抗干扰能力强

单片机内CPU访问存贮器、I/O接口的信息传输线大多数在芯片内部,因此不易受外界的干扰,另一方面,由于单片机体积小,在应用环境比较差的情况下,容易采取对系统进行电磁屏蔽等措施。所以单片机应用系统的可靠性比一般的微机系统高得多。

3.功能强

单片机面向控制,它的实时控制功能特别强,CPU可以直接对I/O口进行各种操作(输入输出、位操作以及算术逻辑操作等),运算速度高,时钟达20MHz以上。对实时事件的响应和处理速度快。

4.使用方便

由于单片机内部功能强,系统扩展方便,因此应用系统的硬件设计非常简单,又因为国内外提供多种多样的单片机开发工具,它们具有很强的软硬件调试功能和辅助设计的手段。这样使单片机的应用极为方便,大大地缩短了系统研制的周期。

5.性能价格比高

由于单片机功能强、价格便宜,其应用系统的印刷板小、接插件少、安装调试简单等一系列原因,使单片机应用系统的性能价格比高于一般的微机系统。

6.容易产品化

单片机以上的特性,缩短了单片机应用系统样机至正式产品的过渡过程,使科研成果能够迅速转化成生产力。

第三节　单片机的应用领域

单片机的应用具有面广量大的特点。国际上从20世纪70年代开始,国内自20世纪80年代以来,单片机已广泛应用于国民经济的各个领域,对各个行业的技术改造和产品的更新换代起着重要的推动作用。

1.单片机在智能仪表中的应用

单片机广泛地用于各种仪器仪表,使仪器仪表智能化,提高它们的测量速度和测量精度,加强控制功能,简化仪器仪表的硬件结构,便于使用、维修和改进。

2.单片机在机电一体化中的应用

机电一体化是机械工业发展的方向。机电一体化产品是指集机械技术、微电子技术、液压技术、自动化技术和计算机技术于一体,具有智能化特征的机电产品。例如微机控制的铣床、车床、钻床、磨床,等等。单片微机的出现促进了机电一体化,它作为机电产品的控制器,能充分发挥它的体积小、可靠性高、功能强、安装方便等优点,大大强化了机器的功能,提高了机器的自动化、智能化程度。

3.单片机在实时控制中的应用

单片机也广泛地用于各种实时控制系统中,例如对工业上各种窑炉的温度、酸度、化学成分的测量和控制。将测量技术、自动控制技术和单片机技术相结合,充分发挥数据处理和实时控制功能,使系统工作处于最佳状态,提高系统的生产效率和产品的质量。

4.单片机在分布式多机系统中的应用

分布式多机系统具有功能强、可靠性高的特点，在比较复杂的系统中，都采用分布式多机系统。系统中有若干单片机作底层控制，再全部联网到中心控制室的主控机，实现集中分散式控制。高档的单片机多机通讯(并行或串行)功能很强，它们在分布式多机系统中将发挥很大作用。

5.单片机在家用电器中的应用

家用电器涉及到千家万户，生产规模大。家用电器如电脑控制洗衣机、空调控制、音响设备、高级玩具等，一旦家电产品配上微电脑后其身价倍增，深受用户的欢迎。廉价的单片微机在家用电器中应用前途十分广阔。

6.单片机在通信、信息领域中的应用

当今社会已进入信息时代，单片机作为信息技术的硬件基础，大量用于电子交换系统、通信设备以及手机之中。

7.单片机在国防、航天领域中的应用

在导弹发射系统，火炮角度调整，航空、航天、遥控、遥测等各种实时控制系统中都用单片机作为控制器。

8.在广告业中的应用

由于广告业的快速发展，对动态显示要求越来越高，大型电子显示牌以及广场显示屏，也给单片机应用提供了用武之地。

第二章　AT89C51 单片机的硬件结构和工作原理

AT89 系列单片机是 ATMEL 公司生产的目前市场上最流行的单片机系列之一。本章主要介绍 ATMEL 公司的 AT89 系列单片机的系统结构，分析芯片内部各个组成部件及其功能。AT89 系列单片机有许多产品系列，但是在总体上具有相同的硬件结构，并且许多功能模块是一致的，只是在某些特定的功能模块上有所增删或变化。AT89 系列单片机目前流行有 S 和 C 两个系列，其中 S 系列比 C 系列的单片机更高端，但在芯片内部两个系列的内核基本一致，只是在一些硬件模块上有所区别，在这里我们主要以 C 系列来进行说明。

AT89C51 单片机是美国 ATMEL 公司生产的低电压、高性能 CMOS 8 位单片机。片内含 4K bytes 的 Flash 程序存储器。器件采用 ATMEL 公司的高密度、非易失性存储技术生产，兼容标准 MCS - 51 指令系统。

AT89C51 单片机结构原理示意图如图 2 - 1 所示。由图可见，该单片机内部除集成 CPU、存储器和输入/输出电路外，还包含了定时器/计数器、中断控制和时钟振荡电路等，由此构成了一个完整的微机电路。

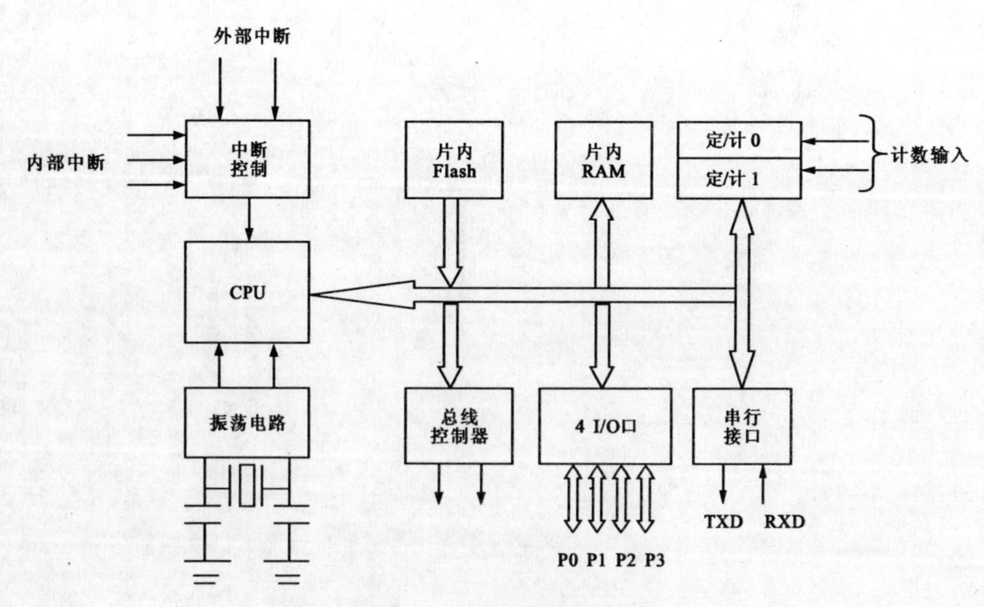

图 2 - 1　单片机结构原理示意图

第一节 AT89C51 单片机的基本结构及外部引脚

一、AT89C51 单片机的结构特点

AT89C51 单片机的主要结构特点为：

- 单＋5V 供电，总线型 40 引脚封装，非总线型 20 引脚封装；
- 8 位微处理器 CPU；
- 片内有振荡电路和时钟电路；
- 全静态操作：0～24MHz；
- 4K 字节可重擦写 Flash 闪速程序存储器(1 000 次擦写周期)；
- 128 字节内部数据存储器 RAM；
- 32 根可编程 I/O 口线；
- 64KB 的片外程序存储器地址空间；
- 64KB 的片外数据存储器地址空间；
- 两个 16 位定时/计数器；
- 5 个中断源，可编程为两个优先级；
- 1 个可编程串行 UART 通道；
- 布尔处理器；
- 低功耗空闲和掉电模式。

二、AT89C51 单片机的外部引脚

AT89 系列单片机有双列直插式(DIP)、方形扁平式(QFP)等多种封装形式。常用的总线型 DIP40 封装和非总线型 DIP20 封装的引脚排列如图 2－2 所示。下面以最常见的总线型 DIP40 封装为例介绍 AT89C51 单片机的外部引脚。

从引脚功能的角度来看，可将引脚分为如下 3 个部分。

1. I/O 口线

具有 4 个并行 8 位 I/O 端口，分别为 P0 口、P1 口、P2 口及 P3 口，但这些 I/O 口线一般不能都作为用户的 I/O 口线使用。它们结构上有区别，使用上也不一样。

2. 控制口线

控制口线有 4 条，分别是：

- RST/VPD：复位输入信号端，高电平有效。当振荡器工作时，如果 RST 引脚持续出现两个机器周期以上高电平就会使单片机复位。复位后单片机将从程序计数器 PC＝0000H 地址开始执行程序。同时该引脚还具有备用电源功能。当电源降低到低电平时，RST/VPD 线上的备用电源自动投入，以保证片内 RAM 中的信息不丢失。

- ALE/$\overline{\text{PROG}}$：ALE 是地址锁存允许信号，当访问外部程序存储器或数据存储器时，输出脉冲用于锁存地址的低 8 位字节。即使不访问外部存储器，ALE 仍以时钟振荡频率的 1/6 输出固定正脉冲信号，因此它可对外输出时钟或用于定时目的。该引脚的第二功能($\overline{\text{PROG}}$)用于在 FLASH 存储器编程期间，输入编程脉冲。

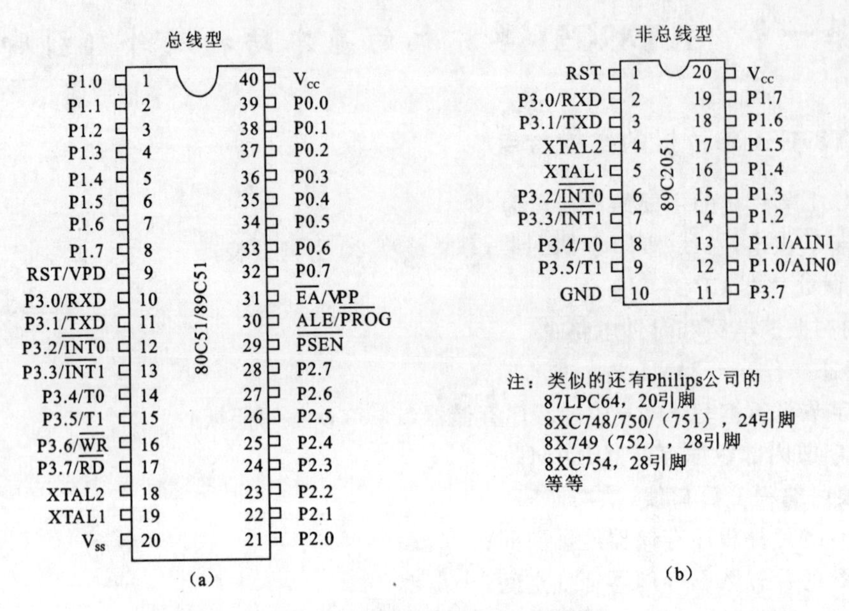

图 2-2　AT89 系列单片机引脚图

●$\overline{\text{PSEN}}$:外部程序存储器选通信号,低电平有效。当从外部程序存储器读取指令或数据期间,该信号自动产生,每个机器周期该信号两次有效。

●$\overline{\text{EA}}$/VPP:外部程序存储器访问允许。欲使 CPU 仅访问外部程序存储器(地址为 0000H～FFFFH),$\overline{\text{EA}}$端保持低电平(接地)。如$\overline{\text{EA}}$端为高电平(接 Vcc 端),CPU 则执行内部程序存储器中的指令。第二功能 Vpp 是使用 Flash 存储器编程时,编程电压输入端。

3. 电源及时钟

●Vcc:电源正端,通常接+5V。

●GND:电源负端,接地。

●XTAL1:接外部晶体振荡器的一个引脚。采用外部振荡器时,此引脚接地。

●XTAL2:接外部晶体振荡器的另一个引脚。采用外部振荡器时,此引脚作为外部振荡信号的输入端。

AT89C51 单片机中有一个用于构成内部振荡器的高增益反相放大器,引脚 XTAL1 和 XTAL2 分别是该放大器的输入端和输出端。这个放大器与作为反馈元件的片外石英晶体或陶瓷谐振器一起构成自激振荡器,外接石英晶体及电容 C_1、C_2 接在放大器的反馈回路中构成并联振荡电路,对外接电容虽没有十分严格的要求,但电容容量的大小会影响振荡频率的高低及振荡器工作的稳定性,晶体振荡器(简称晶振)的振荡频率范围是 1.2～12MHz,典型值为 12MHz 和 6MHz。电容在 5～30pF 之间选取,振荡电路如图 2-3(a)。当采用外部时钟时,外部时钟脉冲接到 XTAL2 端,XTAL1 接地,如图 2-3(b)。

三、基本时序单位

描述 AT89C51 单片机的时序单位有振荡周期、状态周期、机器周期和指令周期。

(1)振荡周期 P。也称时钟周期,是指为单片机提供时钟脉冲信号的振荡源的周期。当单

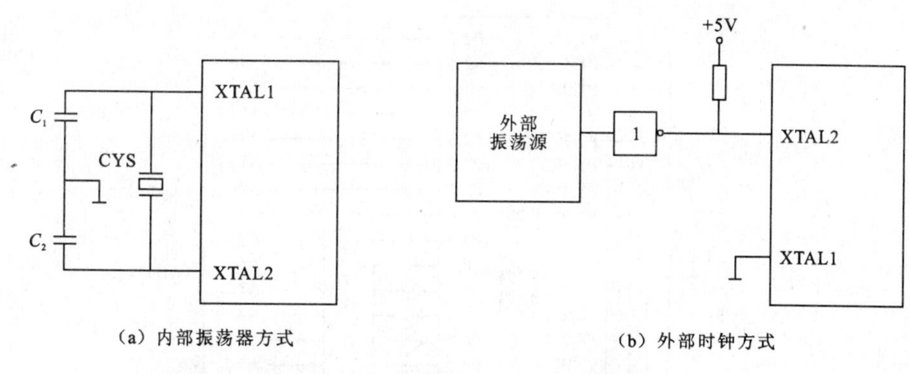

(a) 内部振荡器方式　　(b) 外部时钟方式

图 2-3　AT89C51 单片机时钟产生方式

片机的时钟采用内部振荡器方式时，外接的石英晶体振荡器的周期即为单片机的振荡周期。

(2)状态周期 S。对时钟信号二分频后所形成的脉冲信号周期称为状态周期，每个状态周期 S 包括两个振荡周期，分别记作 $P1$、$P2$，所以 $1S=2P$。

(3)机器周期。一个机器周期包含 6 个状态周期 $S1\sim S6$，也就是 12 个时钟周期。在一个机器周期内，CPU 可以完成一个独立的操作。

(4)指令周期。它是指 CPU 完成一条指令所需的全部时间。每条指令执行时间都是由一个或几个机器周期组成。一个指令周期通常含有 1～4 个机器周期。AT89C51 单片机系统中，有单机器周期指令、双机器周期指令和四机器周期指令。

上述 4 种时序单位中，振荡周期和机器周期是单片机内计算其他时间(例如，波特率、定时器的定时时间等)的基本时序单位。下面是单片机外接晶振频率分别为 12MHz 和 6MHz 时的各种时序单位的大小：

	12MHz	6MHz
振荡周期	$=1/f_{osc}=1/12\text{MHz}=0.0833\mu s$	$1/6\text{MHz}=0.167\mu s$
状态周期	$=2/f_{osc}=2/12\text{MHz}=0.167\mu s$	$2/6\text{MHz}=0.334\mu s$
机器周期	$=1/f_{osc}=12/12\text{MHz}=1\mu s$	$12/6\text{MHz}=2\mu s$
指令周期	=(1～4)机器周期=$1\sim 4\mu s$	$2\sim 8\mu s$

四、片外三总线结构

单片机的管脚除了电源、复位、时钟输入以及用户 I/O 口外，其余的管脚都是为了实现系统扩展而设置的。这些管脚构成了三总线形式，如图 2-4 所示。

1. 地址总线(AB)

地址总线宽度为 16 位，因此，外部存储器直接寻址范围为 64KB。由 P0 口经地址锁存器提供 16 位地址总线的低 8 位地址(A0～A7)，而由 P2 口提供高 8 位地址(A8～A15)。

2. 数据总线(DB)

数据总线宽度为 8 位，由 P0 口提供。

3. 控制总线(CB)

控制总线由第二功能状态下的 P3 口和 4 根独立控制端口 RST、$\overline{EA}$、ALE 和$\overline{PSEN}$组成。

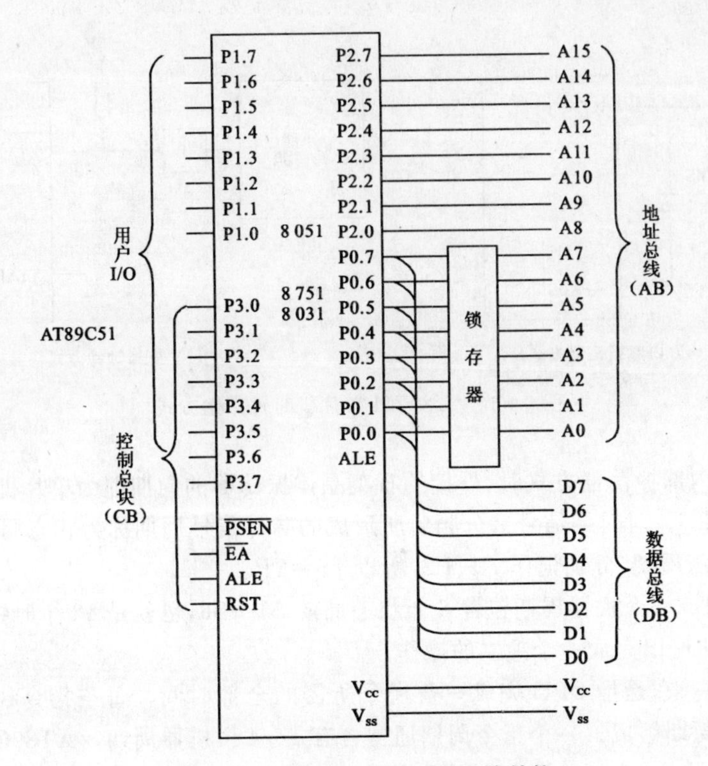

图 2-4　AT89C51 单片机的总线结构

第二节　存储器组织的特点

单片机内部存储器的功能是存储信息(程序和数据)。存储器按其存取方式可以分成两大类:一类是随机存取存储器(RAM);另一类是只读存储器(ROM)。单片机存储器结构采用哈佛型结构,即将程序存储器(ROM)和数据存储器(RAM)分开,它们有各自独立的存储空间、寻址机构和寻址方式。

对于 RAM,CPU 在运行过程中能随时进行数据的写入和读出,但在关闭电源时,其所存储的信息将丢失。所以,它只能用来存放暂时性的输入输出数据、运算的中间结果或用作堆栈。因此,RAM 常被称作数据存储器。

ROM 是一种写入信息后不能改写、只能读出的存储器。断电后,ROM 中的信息保留不变,所以,ROM 用来存放固定的程序或数据,如系统监控程序、常数表格等。ROM 常被称作程序存储器。

对 AT89C51 单片机的存储器组织结构来说,程序存储器和数据存储器严格分开,各有自己的寻址系统、控制信号和功能,具体特点如下。

一、有 4 种物理存储空间

从实际的存储介质上看,AT89C51 单片机有 4 种物理存储空间。它们是片内程序存储器、片外程序存储器、片内数据存储器以及片外数据存储器。如图 2－5 所示。

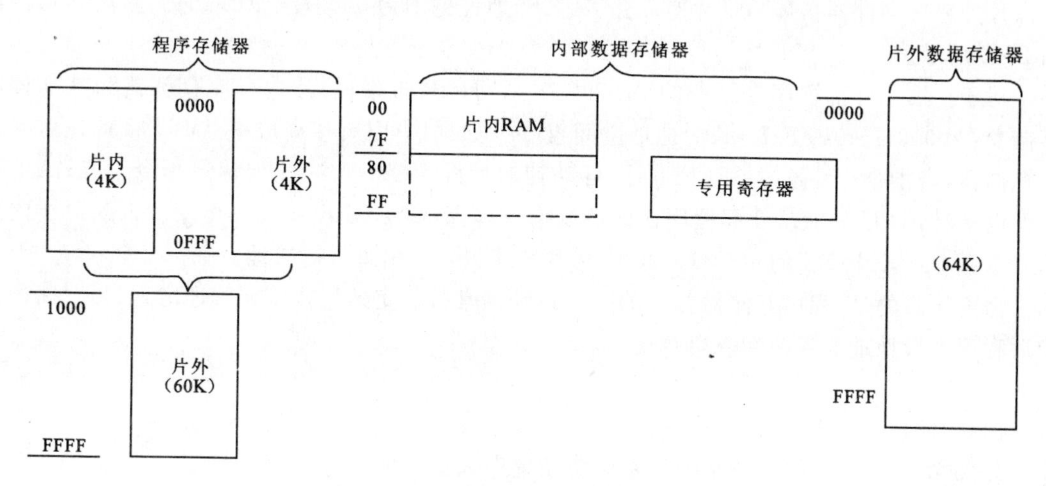

图 2－5　AT89C51 单片机存储空间分配

51 系列单片机的程序存储器有片内和片外之分，这种存储器是 ROM 型的存储器，专门用来存放程序和写在程序中的固定常数，一旦写入就不能轻易改变或不能改变。不同芯片所用的 ROM 类型也不一致。8051 单片机片内具有 4K 字节的 ROM，8751 单片机片内具有 4K 字节的 EPROM，而 8031 单片机不具有片内程序存储器。AT89C51 单片机片内则具有 4KB 字节的 Flash 型程序存储器。

数据存储器可以随机读写数据，AT89C51 单片机片内有 128 字节的数据存储器。另外，AT89C51 单片机的专用寄存器被当作“数据存储器”进行统一编址，占另外的 128 字节，因此，AT89C51 单片机内部数据存储器容量为 256 字节。

对于许多应用系统，单靠片内存储器的容量是不够的，往往在片外还要增加 RAM 和 ROM 的容量。

二、地址空间划分成 3 种

AT89C51 单片机的 4 种物理存储空间被划分成如下 3 种基本的存储器地址空间：

●64KB 的程序存储器地址空间(包括片内和片外)；

●64KB 的外部数据存储器地址空间；

●256B 的内部数据存储器空间，其中包括专用寄存器。

(一)程序存储器地址空间

虽然程序存储器在物理空间上分为片内程序存储器和片外程序存储器两种，但其地址空间则是片内和片外程序存储器按统一地址编址，最大容量 64K 个字节。片内和片外程序存储器在低 4K 字节出现地址重叠，这种重叠由管脚$\overline{EA}$进行控制。当$\overline{EA}$外接高电平时，内部 4K ROM 有效，外部从 1000H 开始编址，当 PC 计数大于 OFFFH 时，由芯片控制自动转向外部 ROM，无须用户干预。若$\overline{EA}$外接低电平时，内部低 4K ROM 失去作用，外接的低 4K ROM 有效，所有指令都从外部取得。外部程序存储器用$\overline{PSEN}$信号选通。

AT89C51 单片机片内有 4KB 字节的 Flash 型程序存储器，地址范围为 0000H～0FFFH。

当不够使用时，可以扩展片外程序存储器。因为单片机的程序计数器 PC 是 16 位的计数器，所以片外程序存储器扩展的最大空间是 64 KB，地址范围为 0000H～FFFFH。其典型结构如图 2-5 所示。

对于扩展了外部程序存储器的 AT89C51 系列单片机来说，片内程序存储器和外部程序存储器在 0000H～0FFFH(4KB)地址空间重叠。如果$\overline{EA}$引脚接高电平，CPU 将首先访问片内存储器，当指令地址超过 0FFFH 时，自动转向片外 ROM 1000H 处读取指令。当$\overline{EA}$引脚接低电平时，CPU 只能从外部程序存储器取指令，内部低 4K ROM 失去作用。因此对于内部不带 ROM 或 EPROM 的 80C31、80C32 单片机来说，$\overline{EA}$引脚一律接地。

需要注意的是：程序存储器低端的一些地址通常被固定地用作特定程序的入口地址，即复位后程序入口地址及各中断入口地址：

(1)0000H——单片机复位后的程序入口地址 。
(2)0003H——外部中断 0 的中断服务子程序入口地址。
(3)000BH——定时/计数器 0 的中断服务子程序入口地址。
(4)0013H——外部中断 1 的中断服务子程序入口地址。
(5)001BH——定时/计数器 1 的中断服务子程序入口地址。
(6)0023H——串行口的中断服务子程序入口地址。
(7)002BH——定时器 2 的中断服务子程序入口地址。

编程时，通常在这些入口地址开始的两三个单元中，放入一条转移指令，使相应的服务与实际分配的程序存储器区域中的程序段相对应(仅在中断服务子程序较短时，才可以将中断服务子程序直接放在相应的入口地址开始的几个单元中)。

复位后，程序计数器 PC 为 0000H，即从程序存储器的 0000H 单元读出第一条指令，因此可在 0000H 单元内放置一条跳转指令，如 LJMP 2000H(主程序入口地址)。由于系统给每一个中断服务子程序预留了 8 个字节，因此，用户主程序一般存放在 0033H 单元以后。

单片机程序的典型结构如下：

```
ORG     0000H       ;用伪指令 ORG 指示随后的指令码从 0000H 单元开始存放
LJMP    MAIN        ;在 0000H 单元放一条长跳转指令，共 3 个字节
ORG     0003H
LJMP    INT0        ;跳到外部中断 0 服务子程序的入口地址
ORG     000BH
LJMP    T0          ;跳到定时/计数器 0 中断服务子程序入口地址
ORG     0013H
LJMP    INT1        ;跳到外部中断 1 服务子程序的入口地址
ORG     001BH
LJMP    T1          ;跳到定时/计数器 1 中断服务子程序入口地址
ORG     0023H
LJMP    SIO         ;跳到串行口中断服务子程序入口地址
```

```
ORG     002BH
LJMP    T2          ;跳到定时/计数器2中断服务子程序入口地址
ORG     0033H       ;主程序代码从0033H单元开始存放
MAIN:...            ;MAIN是主程序入口地址标号
```

(二)片外数据RAM地址空间

AT89C51单片机的数据存储器，分为片内数据存储器和片外数据存储器，且片内数据存储器与片外数据存储器是分开编址的，分别对应00H～FFH(256字节)和0000H～FFFFH(64K字节)。

片外数据存储器一般由静态RAM构成，其容量大小由用户根据需要而定。通过P0、P2口，AT89C51单片机最大可扩展片外64 KB空间的数据存储器，地址范围为0000H～FFFFH。

虽然它与程序存储器的地址空间是重合的，但两者的寻址指令和控制线不同。CPU通过MOVX指令访问片外数据存储器，用间接寻址方式，R0、R1和DPTR都可作间接寄存器。程序存储器只存放程序与常数或表格，所以，无论用什么芯片，都是"只读"的存储器。从控制信号上讲，访问外部程序存储器时$\overline{PSEN}$信号有效，访问外部数据存储器时$\overline{WR}$或$\overline{RD}$信号有效，从而保证这两类存储器严格分开。

注意，外部RAM和扩展的I/O口是统一编址的，所有的外扩I/O口都要占用64KB中的地址单元。有关片外数据存储器的连接及读写方式参阅后续相关章节。

(三)片内数据RAM地址空间

片内RAM地址空间为128个字节，地址范围是00H～7FH，与片内专用寄存器SFR统一编址，专用寄存器SFR在后面单独介绍。

在AT89C51单片机中，尽管片内RAM的容量不大，但它的功能多，使用灵活。片内RAM共有128个字节，分成工作寄存器区、位地址区、通用RAM区3部分，片内RAM结构如图2-6所示。

1. 工作寄存器区

AT89C51单片机片内RAM的低32个字节(00H～1FH)分成4个工作寄存器组(也称区)，每组(区)占8个字节。即：

寄存器0组：地址00H～07H；

寄存器1组：地址08H～0FH；

寄存器2组：地址10H～17H；

寄存器3组：地址18H～1FH。

每个工作寄存器组都有8个寄存器，分别称为R0，R1，……，R7。程序运行时，只能有一个工作寄存器组作为当前工作寄存器组。当前工作寄存器组的选择是由专用寄存器中的程序状态字寄存器PSW的RS1、RS0两位决定的。可以对这两位进行编程，以选择不同的工作寄存器组。工作寄存器组与RS1、RS0的关系及地址见表2-1。单片机上电复位后，工作寄存器缺省为0组。

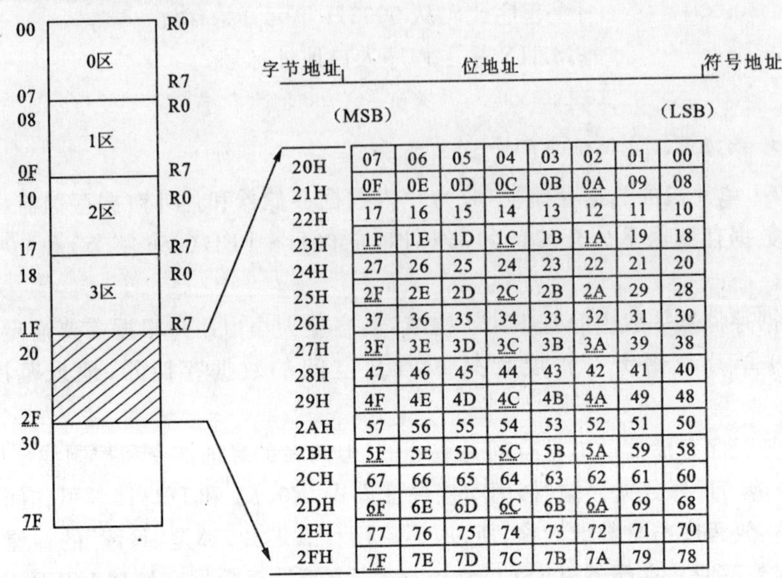

图 2-6　AT89C51 单片机的片内 RAM 地址空间分布图

表 2-1　工作寄存器组选择

RS1	RS0	工作寄存器组	RS1	RS0	工作寄存器组
0	0	0 组(00H～07H)	0	1	1 组(08H～0FH)
1	0	2 组(10H～17H)	1	1	3 组(18H～1FH)

2. 位地址区

从 20H～2FH 的 16 个字节的 RAM 为位地址区，有双重寻址功能，既可以进行位寻址操作，也可以同普通 RAM 单元一样按字节寻址操作，共有 128 位，每一位都有相对应的位地址，位地址范围是 00H～7FH。16 个字节的 RAM 对应的位地址表见图 2-6。

3. 通用 RAM 区(数据缓冲器区)

从 30H～7FH 共 80 个字节为数据缓冲器区。用于存放用户数据，只能按字节存取。通常这些单元可用于中间数据的保存，也用作堆栈的数据单元。前面所说的工作寄存器区、位寻址区的字节单元也可用作一般的数据缓冲器。

4. 专用寄存器

256B 的内部数据存储器空间中低 128 个地址单元为片内数据 RAM，高 128 个地址单元为专用寄存器区，其地址范围是 80H～FFH。这高 128 个单元实际上只有 21 个单元有用。

AT89C51 单片机内部设置了 21 个专用寄存器(SFR)，离散地分布在 80H～FFH 的地址空间中，如图 2-7 所示。其中，字节地址能被 8 整除(即 16 进制地址码尾数为 0 或 8)的单元具有位寻址的能力。

在 21 个专用寄存器中，一部分是属于 CPU 范围的，例如累加器 ACC、B 寄存器、程序状

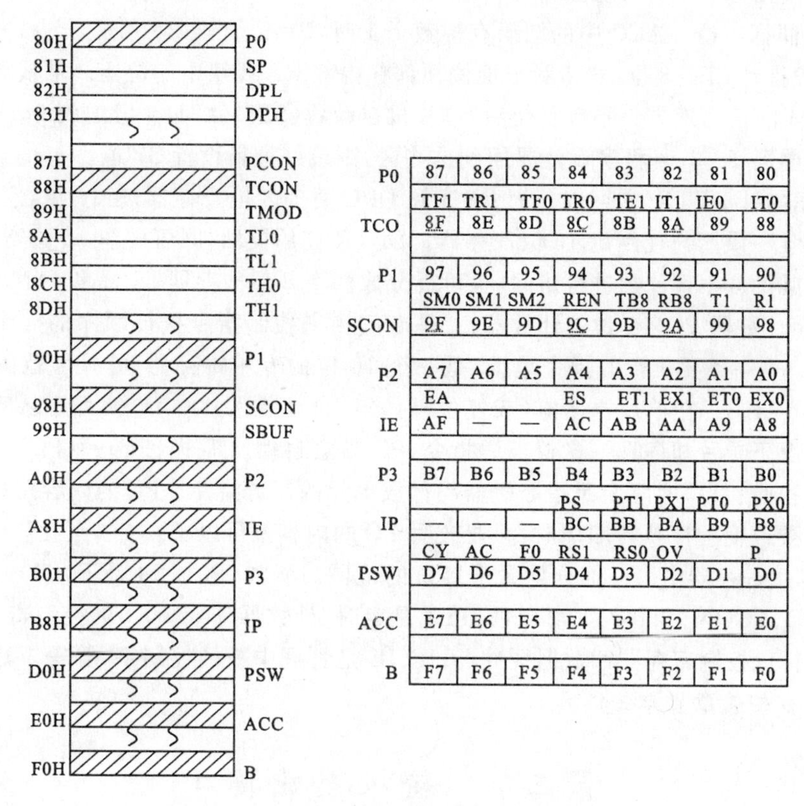

图 2－7　AT89C51 单片机的 SFR 地址空间分布图

态字 PSW。堆栈指示器 SP 和数据指示器 DPTR(包括 DPH 和 DPL)用作地址指针。其中：

(1)累加器 A(ACC)。8 位，用来向 ALU 提供操作数，许多运算的结果也存放在累加器中。

(2)B 寄存器。8 位，主要用于乘法和除法运算，也可以作为 RAM 的一个单元使用。

(3)程序状态字寄存器 PSW(Program Status Word)。8 位，用于存储器指令执行的状态信息。用户可以通过指令来设置 PSW 中某些指定的状态，也可以通过查询相关位的状态来进行判断和转移。其格式和各位含义如表 2－2 所示。

表 2－2　程序状态字寄存器 PSW 的格式和各位定义

PSW	D7	D6	D5	D4	D3	D2	D1	D0
	CY	AC	F0	RS1	RS0	OV	—	P

①CY：进位/借位标志。有进位/借位时，CY＝1，否则 CY＝0。

②AC：辅助进位/借位标志。低 4 位向高 4 位有进位/借位时，AC＝1，否则 AC＝0。

③F0：用户标志位，由用户自己定义。

④RS1、RS0：当前工作寄存器组的选择位，根据 RS1、RS0 取值不同，可选在不同的寄存器组。其用法如表 2－1 所示。

⑤OV:溢出标志位。有溢出时,OV=1,否则 OV=0。

⑥P:奇偶标志位。ACC 中的结果有奇数个 1 时,P=1,否则 P=0。

(4)堆栈指针 SP。8 位,它指示出堆栈顶部在内部 RAM 块中的位置。堆栈原则上可以放在片内 RAM 的任何地方。系统复位后,单片机自动置(SP)=07H。考虑到 08H~1FH 分属于工作寄存器区 1~3,若程序设计要用到这些区,则最好重新设置 SP 值。

(5)数据指针 DPTR(它可以分为 DPH 和 DPL 两个 8 位寄存器)。16 位,它是 AT89C51 单片机内部唯一供用户使用的 16 位寄存器。DPTR 使用灵活,既可用作 16 位寄存器,对外部数据存储空间的 64KB 范围进行访问,也可拆分成两个 8 位寄存器 DPH 和 DPL 使用。

(6)程序计数器 PC(16 位的计数器)。是专门用来控制指令执行顺序的一个寄存器。用于存放 CPU 下一条要执行的指令地址,是一个 16 位的专用寄存器,可寻址范围是 0000H~FFFFH,共 64 KB。在单片机上电(或复位)时,PC 自动装入 0000H,使程序从零单元开始执行。一般情况下单片机每取一次机器码指令,PC 就会自动加 1,即(PC)←(PC)+1,从而保证指令的顺序执行。PC 实际上是指令机器码存放单元的地址指针。PC 的内容可以被指令强迫改写。当需要改变程序执行顺序时,只要改写 PC 的内容就可以了。

21 个专用寄存器中另一部分是属于接口的范围。例如,P0~P3 是 P0 口~P3 口的口锁存器;TMOD、TCON、TH0、TL0、TH1、TL1 是定时/计数器 T0 和 T1 的控制寄存器;SCON、SBUF 是串行口控制寄存器和数据缓冲器;IP、IE 是管理中断的控制字,等等。这些控制寄存器的用法将在相关章节详细介绍。

第三节　输入/输出接口

AT89C51 单片机有 4 个并行的 8 位 I/O 口,分别命名为 P0、P1、P2 和 P3,它们是特殊功能寄存器中的 4 个。其中 P0 口为双向的三态数据线口,P1 口、P2 口、P3 口为准双向口。各端口均由端口锁存器、输出驱动器、输入缓冲器构成。每个 I/O 端口可以进行字节的输入或输出,每一条 I/O 线也可以独立地用作输入或输出。作为输出时数据可以锁存,作为输入时数据可以缓冲。

4 个并行 I/O 口的字节地址和位地址如表 2-3 所示。

表 2-3　I/O 口的字节地址和位地址

接口名称	字节地址	位地址
P0	80H	80H~87H
P1	90H	90H~97H
P2	A0H	A0H~A7H
P3	B0H	B0H~B7H

P0~P3 端口由于结构上的不同,使得其在功能和使用上各有特点。下面对 P0~P3 的功能和使用方法作出概括。

(1)从应用功能上看:

P0 口：当不作系统扩展时，可作一般 I/O 口使用，但需要外接上拉电阻来驱动 MOS 输入。当作系统扩展时，P0 口担任地址（低 8 位）/数据分时复用的总线口，并可直接驱动 MOS 电路而不必外接上拉电阻。在这种情况下，由于分时作地址、数据的传送，先传送低 8 位地址，然后传送 8 位数据信号，故应在外部加地址锁存器将地址数据锁存，地址锁存信号用 ALE。

P1 口：是专供用户使用的 I/O 口。

P2 口：当不作系统扩展时，可作为一般 I/O 口使用；当作系统扩展时，作为高 8 位地址总线用。

P3 口：是双功能口。该口的每一位均可以独立地定义为第一 I/O 口功能或第二 I/O 口功能。作为第一功能使用时，口的结构与操作和 P1 口相同。

P3 端口各线的第二功能如下。

P3.0：RXD　　　　；串行接收
P3.1：TXD　　　　；串行发送
P3.2：$\overline{\mathrm{INT0}}$　　　　；外部中断 0 输入
P3.3：$\overline{\mathrm{INT1}}$　　　　；外部中断 1 输入
P3.4：T0　　　　；定时器 0 的计数输入
P3.5：T1　　　　；定时器 1 的计数输入
P3.6：$\overline{\mathrm{WR}}$　　　　；外部数据存储器写选通信号
P3.7：$\overline{\mathrm{RD}}$　　　　；外部数据存储器读选通信号

使 P3 端口各线处于第二功能的条件是：

①串行 I/O 处于运行状态（RXD，TXD）；

②打开了外部中断（$\overline{\mathrm{INT0}}$，$\overline{\mathrm{TNT1}}$）；

③定时器/计数器处于外部计数状态（T0，T1）；

④执行读/写外部 RAM 的指令（$\overline{\mathrm{RD}}$，$\overline{\mathrm{WR}}$）。

(2)从负载能力看，P0 口的负载能力最强，其输出驱动器能驱动 8 个 LSTTL 输入。P1～P3 口的负载能力减半，只能驱动 4 个 LSTTL 输入。

(3)在访问外部存储器时，P0 口是一个真正的双向口。P1、P2 口以及作为一般 I/O 口使用的 P0 口和第一功能的 P3 口均为准双向口，即输入数据时应先向端口锁存器写 1，然后方可作高阻输入，否则得不到输入信号的正确电平。如 P1 口作输入口时的使用如下：

```
MOV P1,#0FFH   ;向 P1 口锁存器写“1”
MOV A,P1       ;将 P1 口输入信号读入累加器 A
```

(4)每个 I/O 口均有两种读入方式，即读锁存器和读引脚，并各自有相应的指令。

读锁存器指令，是从锁存器中读取数据，将数据送到 CPU 中处理，然后把处理后的数据重新写入锁存器中。这类指令称为读－改－写指令。指令中目的操作数为端口或端口的某一位时，这些指令均为读－改－写指令。如 CPL P0.0 指令执行时，单片机内部产生“读锁存器”操作信号，使锁存器的数据送到内部总线，在对该位取反后，结果又送回 P0.0 的端口锁存器并从引脚输出。

读引脚指令一般都是以 I/O 端口为源操作数的指令。例如，读引脚指令 MOV A,P1 就是读 P1 口的输入状态。

(5)当系统复位时，P0～P3 口的锁存器均置 1。

第四节　定时器/计数器

在 AT89C51 单片机的内部有两个定时器 T0 和 T1，它们都是 16 位的计数器，既可用于定时，也可用于对外部计数脉冲计数，还可作为串行接口的波特率发生器。这些功能都可通过软件来设定与修改。定时/计数器是单片机应用系统的重要组成部分。

T0 由 TH0 和 TL0 构成，T1 由 TH1 和 TL1 构成，其地址分别为 8CH、8AH、8DH、8BH。当用作定时器时，对每一个机器周期定时寄存器自动加 1。由于每个机器周期为 1/12 个时钟周期，所以定时器的分辨率是时钟振荡频率的 1/12。当用作计数器时，只要在单片机外部引脚 T0(或 T1)有从 1 到 0 的负跳变，计数器就自动加 1。

一、定时器/计数器的工作方式

在 AT89C51 单片机中的 TMOD 寄存器专门设有 C/$\overline{T}$选择位，当(C/$\overline{T}$)＝0 时，设置 T0(或 T1)为定时方式；当(C/$\overline{T}$)＝1 时，则为计数方式。而通过对 M1、M0 的设置，可选择定时/计数器的 4 种工作方式，分别介绍如下。

1. 方式 0

当 M1M0 两位为 00 时，定时/计数器被选为工作方式 0，其逻辑结构(以 T0 为例)如图 2-8 所示。

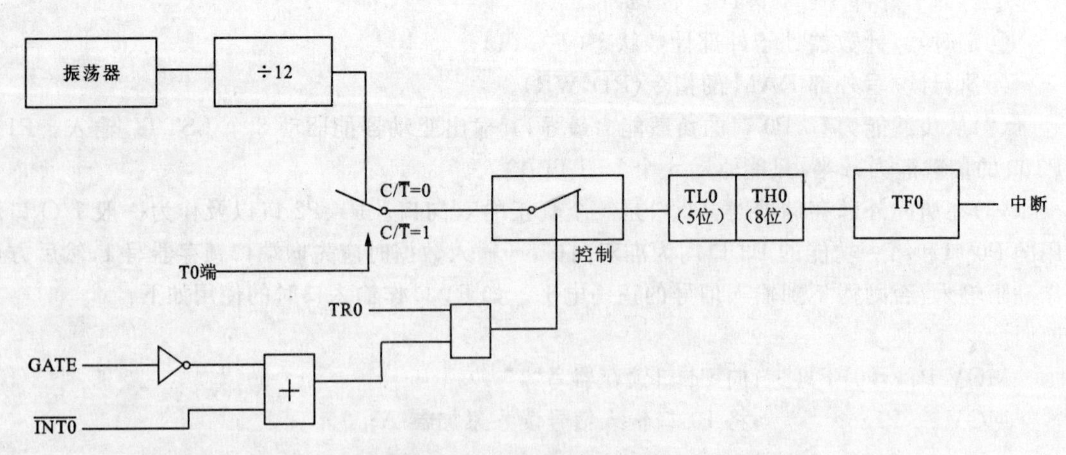

图 2-8　方式 0 逻辑结构图

在这种方式下，16 位寄存器(TH0 或 TL0)只用 13 位，由 TH0 的 8 位和 TL0 的低 5 位构成。TL0 的高 3 位是不定的，可以不必理会。因此方式 0 是一个 13 位的定时/计数器。当 TL0 的低 5 位计数溢出时即向 TH0 进位，而 TH0 计数溢出时向中断标志位 TF0 进位(称硬件置位 TF0)，并请求中断。因此，可通过查询 TF0 是否置位或考察中断是否发生(通过 CPU

响应)来判断定时/计数器0的操作完成与否。

在图2-8中,(C/$\overline{T}$)=0时,多路开关接到振荡器的12分频器输出。T0对机器周期计数,这就是定时器工作方式。其定时时间为:

$$(2^{13}-\text{T0初值})\times\text{时钟周期}\times 12$$

当(C/$\overline{T}$)=1时,多路开关与引脚T0(P3.4)相连,外部计数脉冲由引脚输入。当外信号电平发生由1到0的跳变时,计数器加1,这时T0成为外部事件计数器。

当(GATE)=0时,封锁或门,使引脚$\overline{\text{INT0}}$输入信号无效。这时或门输出1,打开与门,由TR0控制定时器0的开启和关断。

当(GATE)=1,同时(TR0)=1时,或门、与门全都打开,外信号电平通过$\overline{\text{INT0}}$引脚直接开启或关断定时/计数器的计数。当输入1电平时,允许计数,否则停止计数。这种操作方法可用来测量外信号的脉冲宽度。

以上的说明同样适合于定时器T1。

2. 方式1

其逻辑结构如图2-9所示。

方式1和方式0的差别仅在于计数器的位数不同。方式1为16位的计数器。作为定时器使用时,其定时时间为:

$$(2^{16}-\text{T0初值})\times\text{时钟周期}\times 12$$

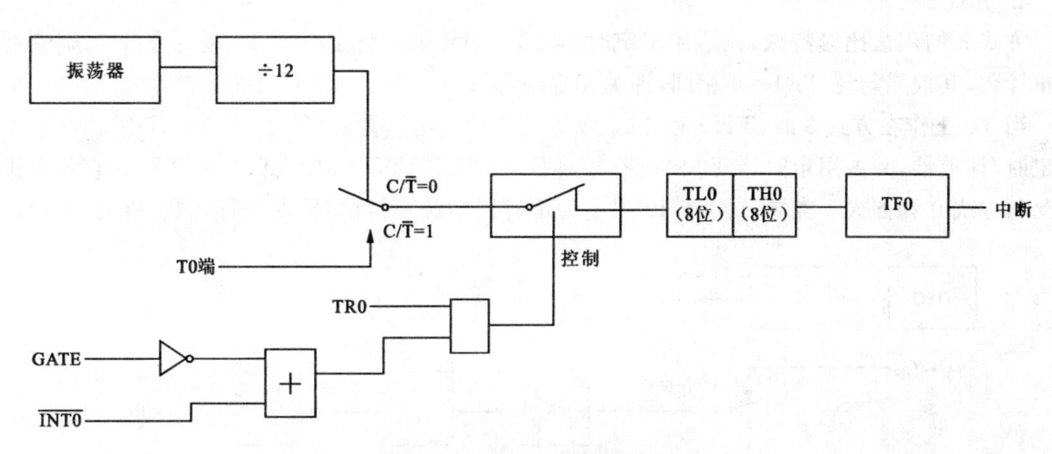

图2-9　方式1逻辑结构图

3. 方式2

其逻辑结构如图2-10所示。此种方式使定时/计数器成为能重置初值的8位定时/计数器。

前面介绍过的方式0和方式1若用于循环重复定时或计数时,在每次计数满溢出后,计数器复零,要进行新一轮的计数就得重新装入计数初值。这样一来不仅造成编程麻烦,而且影响定时时间的精确度。而方式2具有初值自动再装入的功能,也就避免了上述缺点。因此它特别适合用作较精确的脉冲信号发生器。脉冲信号的周期为:

$$(2^{8}-\text{TH0初值})\times\text{时钟周期}\times 12$$

在方式2中,16位计数器被拆成两个部分:TL0用作8位计数器,TH0用作保存计数初

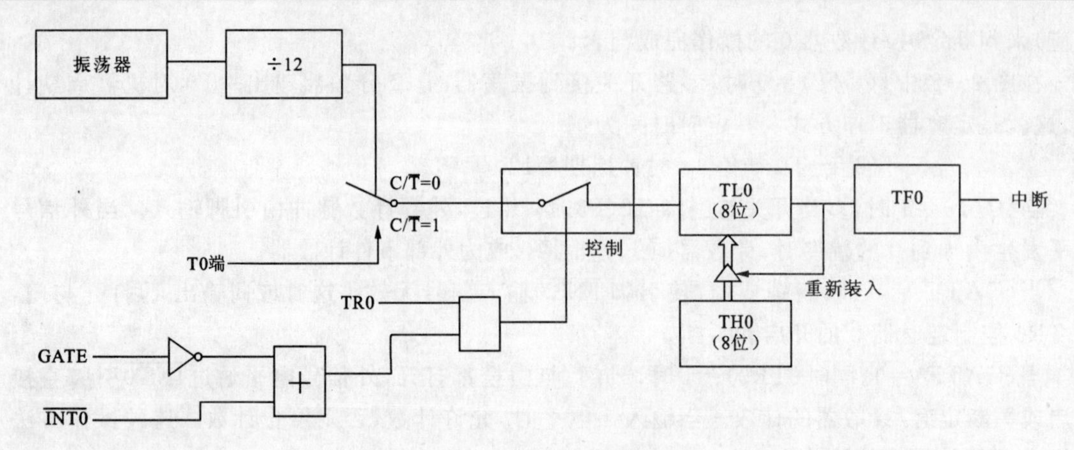

图 2-10　方式 2 逻辑结构图

值。在程序初始化时，由软件赋予 TH0 和 TL0 同样的初值。在操作过程中，一旦 TL0 计数溢出，便置位 TF0，并将 TH0 中的初值再装入 TL0，从而进入新一轮的计数，如此循环重复不止。

由于此种方式可省去用户软件重装常数的操作，并可获得相当精确的定时时间，因此亦常将它用作串行口波特率发生器。

4. 方式 3

方式 3 的用法比较特殊，只适用于定时器 T0。如果企图将定时器 T1 置为方式 3，则它将停止计数，其效果与置 TR1＝0 相同，即关闭定时器 T1。

当 T0 工作在方式 3 时，TH0 和 TL0 成为两个独立的计数器（图 2-11）。其中 TL0 可作为定时/计数器，并占用定时器 T0 的所有控制位：C/T，GATE，TR0，INT0 和 TF0。它的操作情况与方式 0 和方式 1 类同。而 TH0 固定为定时器用法，对机器周期进行计数，并且由 TH0

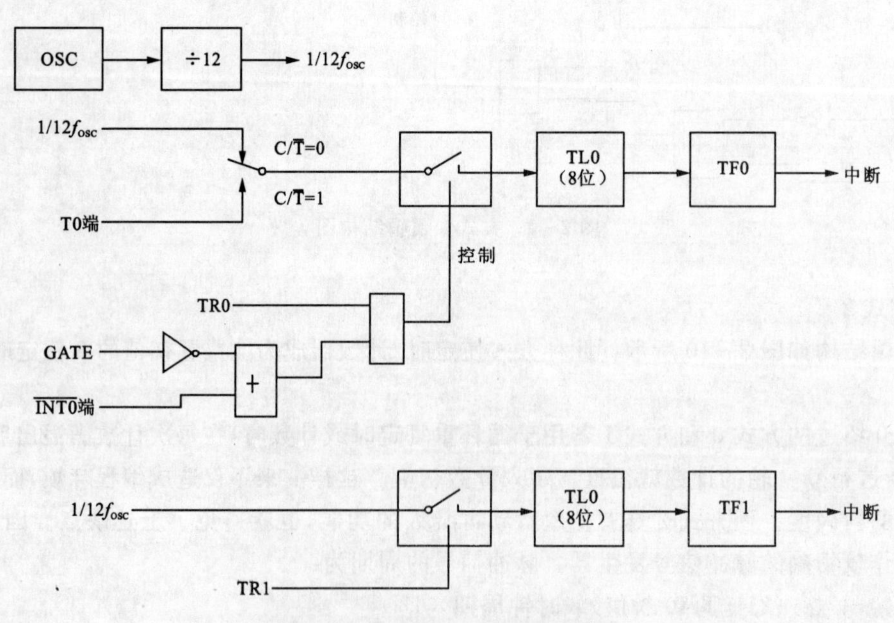

图 2-11　方式 3 的逻辑结构图

借用定时器 T1 的控制位 TR1 和 TF1。因此，TH0 的溢出将置位 TF1。换言之，TH0 控制着定时器 T1 的中断。在方式 3 时，定时器 T1 仍可按方式 0,1,2 工作，只是不能使用溢出标志和请求中断而已。

在通常情况下不使用方式 3。只有在将定时器 T1 用作串行口波特率发生器，且工作在方式 2 时，才可以将定时器 T0 置成方式 3，以额外增加一个定时器。

二、定时器/计数器的控制寄存器

定时器/计数器 T0 和 T1 有两个控制寄存器——TMOD 和 TCON，它们分别用来设置各个定时器/计数器的工作方式，选择定时或计数功能，控制启动运行，以及作为运行状态的标志等。其中，TCON 寄存器中另有 4 位用于中断系统。

1. 定时器方式寄存器 TMOD

定时器方式寄存器 TMOD(89H)的格式如表 2－4 所示。

表 2－4　定时器方式寄存器

定时器 1				定时器 0			
D7	D6	D5	D4	D3	D2	D1	D0
GATE	$C/\overline{T}$	M1	M0	GATE	$C/\overline{T}$	M1	M0

(1)M1 和 M0：方式选择位。定义如表 2－5 所示。

表 2－5　方式选择位的定义

M1	M0	工作方式	功能说明
0	0	方式 0	13 位计数器
0	1	方式 1	16 位计数器
1	0	方式 2	自动装入 8 位计数器
1	1	方式 3	定时器 0：分成两个 8 位计数器 定时器 1：停止计数

(2)$C/\overline{T}$：功能选择位。$(C/\overline{T})=0$ 为定时器方式；$(C/\overline{T})=1$ 为计数器方式。

(3)GATE：门控位。(GATE)＝0，允许软件控制位 TR0 和 TR1 启动定时器；(GATE)＝1，允许外部中断引脚电平启动定时器，即由/INT0(P3.2)和/INT1(P3.3)引脚分别控制 T0 和 T1。

TMOD 不能位寻址，只能用字节指令设置定时器工作方式。低半字节定义定时器 0，高半字节定义定时器 1。复位时，TMOD 所有位均为零。

2. 定时器控制寄存器 TCON

定时器控制字 TCON 的格式如下：

TCON	8FH	8EH	8DH	8CH	8BH	8AH	89H	88H
(88H)	TF1	TR1	TF0	TR0	IE1	IT1	IE0	IT0

TCON.7　TF1:定时器1溢出标志。定时器1溢出时,由硬件将此位置1,并请求中断。进入中断服务程序后,由硬件自动清零,也可以用软件清零。

TCON.6　TR1:定时器1允许控制位。由软件置1或置0来启动或关闭定时器1。

TCON.5　TF0:定时器0溢出标志。其功能及操作情况同TF1。

TCON.4　TR0:定时器0运行控制位。其功能及操作情况同TR1。

TCON.3　IE1:外部边沿触发中断1请求标志。当检测到$\overline{INT1}$引脚上有由1到0的电平跳变,且IT1=1时,由硬件将此位置位,以请求中断。进入中断服务程序后,由硬件自动清零。

TCON.2　IT1:外中断1触发方式选择位。(IT1)=0时由低电平触发;(IT1)=1时,由下降沿触发,由软件来置位或复位。

TCON.1　IE0:外部边沿触发中断0请求标志。其功能及操作方法同IE1。

TCON.0　IT0:外中断0触发方式选择位。其功能及操作方法同IT1。

TCON中的低4位因与中断有关,将在下一节进一步讨论,复位时TCON的所有位均为零。

三、定时器/计数器的初值计算方法

AT89C51单片机的定时器/计数器采用增量式计数。也就是说,当运行于定时器方式时,每隔一个机器周期定时器自动加1;当运行于计数器方式时,每当引脚出现下跳沿,计数器自动加1,无论是作定时用还是计数用,当T0或T1加满回零溢出后,定时器回零标志TF置1,当T/C允许中断时,TF可以申请中断进而在中断服务程序中作相应的操作;TF也可作程序判断定时时间到或计数满的标志位。那么,怎样确定定时器或计数初值(又称时间常数)以便达到要求的定时时间或计数值呢?下面作简要介绍,并举两个例子加以说明。

设T0(或T1)运行于计数器方式,要求计数X个外部脉中后T0(或T1)回零,则计数初值C的求取方法如下。

因为回零的含义是指加满到计数器的模值,即:

$$X+C=模$$

所以,

$$C=模-X=模+(-X)=(X)_{求补}$$

由此可见,计数初值的大小等于需要计数的个数X求补运算后的结果。

又若T0(或T1)运行于定时器方式,需要定时$t\mu s$,则计数脉冲个数为t/MC。其中MC为机器周期(单位为μs)。同理可知,定时初值为$(t/MC)_{求补}$。

值得指出的是,对于定时器/计数器的4种不同工作方式,T0或T1的位数不同,模值也因而不同,求补运算要按相应位数的长度来求。

例1:T0运行于计数器状态,工作于方式1(16位方式),要求外部引脚出现3个脉冲后,TH0,TL0全回零(以便申请中断)。求计数初值C。

解:$C=(0003H)_{求补}=FFFDH$

例 2：T0 运行于定时器状态，时钟振荡周期 12MHz，要求定时 100μs。求不同工作方式时的定时初值。

解：因为机器周期 $MC=12/12\text{MHz}=1\mu s$

所以要计数的机器周期个数为 64H。

方式 0(13 位方式)：

$$C=(64H)_{求补}=\overline{0000001100100}B+1=1F9CH$$

方式 1(16 位方式)：

$$C=(64H)_{求补}=\overline{0000000001100100}B+1=FF9CH$$

方式 2、方式 3(8 位方式)：

$$C=(64H)_{求补}=\overline{01100100}B+1=9CH$$

应注意定时器在工作方式 0 时的初值装入方法。由于方式 0 是 13 位定时器/计数器方式，对 T0 而言，高 8 位初值装入 TH0，低 5 位初值装入 TL0 的低 5 位(TL0 的高 3 位无效)。所以对于上例，要装入 1F9CH 初值时，可安排成：

```
0 0 0 1  1 1 1 1 1 1 0 0  1 1 1 0 0 B
         ───────────────  ─────────
                ↓             ↓
               TH0       TL0 的低 5 位
```

在具体装入初值时，必须把 11111100B 装入 TH0，而把×××11100B 装入 TL0。用指令表示亦即：

```
MOV    TH0,#0FCH        ;#FCH→TH0
MOV    TL0,#1CH         ;#1CH→TL0
```

通过上面求定时器/计数器初值的分析可见，不同工作方式的最大计数值或定时器周期数分别为：

方式 0——2^{13}

方式 1——2^{16}

方式 2、方式 3——2^{8}

例 3：当晶振频率(外部振荡时钟)$f_{osc}=6\text{MHz}$ 时，方式 1 的最长定时时间为

$$f_{max}=2^{16}\times 12\ /\ 6\text{MHz}=131.072\text{ms}$$

这在操作上，只需把 TH 和 TL 都预置成 00H 初值即可。

第五节　中断系统

所谓中断，是指在通常情况下，单片机执行的是主程序，只有当外设发出中断请求时，单片机才停止执行主程序转而去执行处理中断子程序。在子程序结束后，又回到原来执行的主程序继续工作。中断子程序与普通子程序的调用有相似之处，不过，在中断过程中由主程序转向中断子程序的请求是由外设发出的，什么时候发出，主动权在外设。这样一来，单片机完全不用担心慢速外设的工作情况，只有在外设准备就绪时，才向单片机发出中断请求。

AT89C51 单片机的中断系统简单实用，其基本特点是：有 5 个固定的中断源，3 个在片内，两个在片外，它们在程序存贮器中各有固定的中断入口地址，由此地址进入中断服务程序；5 个中断源有两个中断优先级别，可形成中断嵌套；两个特殊功能寄存器用于中断控制和条件

设置。

一、中断系统的结构

从图 2-12 可见,AT89C51 单片机有 5 个中断源:

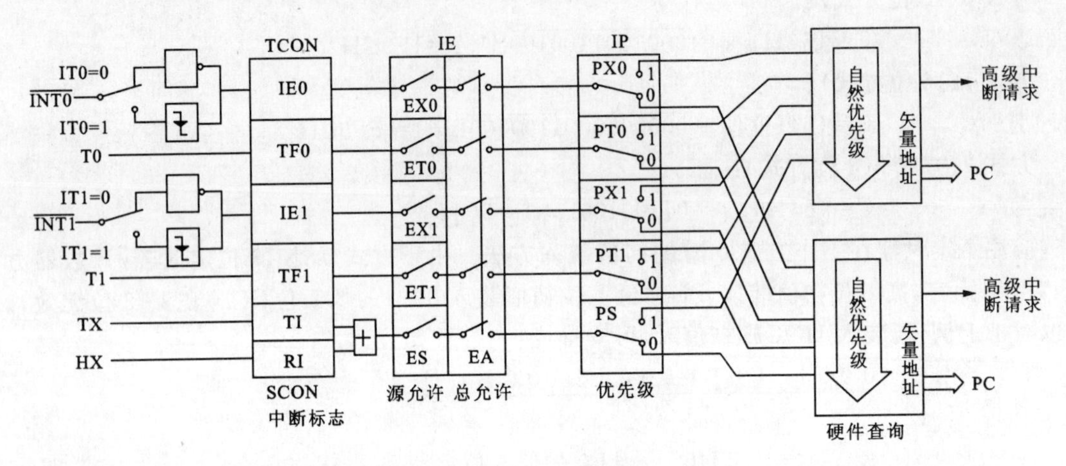

图 2-12　AT89C51 单片机中断系统结构

两个外部输入中断源$\overline{INT0}$(P3.2)和$\overline{INT1}$(P3.3);

两个片内定时器 T0 和 T1 的溢出中断源 TF0(TCON.5)和 TF1(TCON.7);

1 个片内串行口发送、接收中断源 TI(SCON.1)、RI(SCON.0)。

$\overline{INT0}$:外部中断 0 请求,由引脚 P3.2 输入。IT0(TCON.0):决定是低电平有效或是下跳变有效,在每个机器周期的 S5P2,采样 P3.2 引脚,并且建立 IE0(TCON.1)标志。

$\overline{INT1}$:外部中断 1 请求,由引脚 P3.3 输入。IT1(TCON.2):决定是低电平有效或是下跳变有效。在每个机器周期的 S5P2,采样 P3.3 引脚,并且建立 IE1(TCON.3)标志。

TF0:定时器 T0 溢出中断请求。当定时器 T0 产出溢出时,置位内部定时器 T0 中断请求标志 TF0(TCON.5),请求中断处理。

TF1:定时器 T1 溢出中断请求。当定时器 T1 产出溢出时,置位内部定时器 T1 中断请求标志 TF1(TCON.7),请求中断处理。

RI 或 TI:串行中断请求。当完成接收或发送一串行帧时,置位内部串行中断请求标志 RI(SCON.0)或 TI(SCON.1),请求中断处理。

二、中断请求标志

1. TCON 中的中断标志

TCON 是定时器 T0 和 T1 的控制寄存器,同时也锁存 T0 和 T1 的溢出中断标志及外部中断$\overline{INT0}$和$\overline{INT1}$的中断标志等。与中断有关的位如下:

TCON	8FH	8EH	8DH	8CH	8BH	8AH	89H	88H
(88H)	TF1		TF0		IE1	IT1	IE0	IT0

TCON.7:TF1。T1 溢出中断标志。T1 被启动计数后,从初值开始加 1 计数,计满溢出由硬件置位 TF1,并向 CPU 请求中断,直到 CPU 响应中断时,TF1 才由硬件清零。也可用软件查询该标志,并由软件清零。

TCON.5:TF0。T0 溢出中断标志。其操作功能类同于 TF1。

TCON.3:IE1。$\overline{\text{INT1}}$外部中断 1 标志。IE1=1,表示外部中断 1 向 CPU 请求中断。

TCON.2:IT1。外部中断 1 触发方式控制位。

若 IT1=0,外部中断 1 控制为电平触发方式。CPU 在每个机器周期 S5P2 期间采样$\overline{\text{INT1}}$(P3.3)引脚。若为低电平,则置位 IE1 标志;若为高电平,则清除 IE1 标志。在电平触发方式中,CPU 响应中断时不会清除 IE1 标志,所以在中断返回前必须撤消$\overline{\text{INT1}}$引脚上的低电平,否则将再次引起中断,造成出错。

若 IT1=1,外部中断 1 控制为边沿触发方式。CPU 在每个机器周期 S5P2 期间采样$\overline{\text{INT1}}$(P3.3)引脚。若在连续两个机器周期采样到先高电平后低电平,则置位 IE1 标志,直至 CPU 响应中断时才由硬件清除 IE1。在边沿触发方式中,为保持 CPU 在两个机器周期内检测到先高后低的负跳变,输入高低电平的持续时间起码要保持 12 个时钟周期。

TCON.1:IE0。$\overline{\text{INT0}}$外部中断 0 标志。其操作功能与 IE1 类同。

TCON.0:IT0。外部中断 0 触发方式控制位。其操作功能与 IT1 类同。

2. SCON 的中断标志

SCON 是串行控制寄存器,其低 2 位 TI 和 RI 锁存串行口的发送中断和接收中断。

SCON							99H	98H
(98H)							TI	RI

SCON.1:TI。串行发送中断标志。CPU 将一个数据写入发送缓冲器 SBUF 时就启动发送。每发送完一个串行帧,硬件便置位 TI。但 CPU 响应中断时并不清除 TI,必须在中断服务程序中由软件清除。

SCON.0:RI。串行接收中断标志。在串行口允许接收时,每接收完一个串行帧,硬件便置位 RI。同样,CPU 响应中断时不会清除 RI,必须由软件清除。

AT89C51 单片机复位后,TCON 和 SCON 中各位均清零。应用时要注意各位的初始状态。

三、中断允许控制

1. 中断开放和禁止

AT89C51 单片机中的专用寄存器 IE 为中断允许寄存器,它控制 CPU 对中断源的开放或屏蔽,以及每个中断源是否允许中断。其格式为:

IE	AFH		ADH	ACH	ABH	AAH	A9H	A8H
(A8H)	EA	—	(ET2)	ES	ET1	EX1	ET0	EX0

IE.7:EA。CPU 中断允许位。

EA=1,CPU 开放中断;

EA=0,CPU 屏蔽所有的中断请求。

IE.4:ES。串行中断允许位。

ES=1,允许串行口中断;

ES=0,禁止串行口中断。

IE.3:ET1。T1 中断允许位。

ET1=1,允许 T1 中断;

ET1=0,禁止 T1 中断。

IE.2:EX1。外部中断 1 允许位。

EX1=1,允许外部中断 1 中断;

EX1=0,禁止外部中断 1 中断。

IE.1:ET0。T0 中断允许位。

ET0=1,允许 T0 中断;

ET0=0,禁止 T0 中断。

IE.0:EX0。外部中断 0 允许位。

EX0=1,允许外部中断 0 中断;

EX0=0,禁止外部中断 0 中断。

AT89C51 单片机系统复位后,IE 中各中断允许位均被清零,即禁止所有中断。

2. 中断源优先级设定

AT89C51 单片机具有两个中断优先级,可由软件设置每个中断源为高优先级中断或低优先级中断,即可以实现二级中断嵌套。

高优先级中断源可以中断正在执行的低优先级中断服务程序,除非在执行低优先级中断服务程序时设置了 CPU 关中断或禁止某些高优先级中断源的中断。同级或低优先级的中断源不能中断正在执行的中断服务程序。为了实现这样的优先原则,中断系统内部有两个对用户不透明的、不可寻址的“中断优先级状态触发器”。其一指示某高优先级中断正在得到服务,所有后来的中断都被阻断;其二用于指明已进入低优先级服务,所有同级的中断均被阻断,但不能阻断高优先级的中断。

专用寄存器 IP 为中断优先级寄存器,它锁存各种中断源优先级的控制位,用户可用软件设定。其格式如下:

IP				BCH	BBH	BAH	B9H	B8H
(B8H)				PS	PT1	PX1	PT0	PX0

IP.4:PS。串行口中断优先控制位。

PS=1,设定串行口为高优先级中断;

PS=0,设定串行口为低优先级中断。

IP.3:PT1。T1 中断优先控制位。

PT1=1,设定定时器 T1 为高优先级中断;

PT1=0,设定定时器 T1 为低优先级中断。

IP.2:PX1。外中断 1 中断优先控制位。

PX1=1,设定外中断 1 为高优先级中断;

PX1=0,设定外中断 1 为低优先级中断。

IP.1:PT0。T0 中断优先控制位。

PT0=1,设定定时器 T0 为高优先级中断;

PT0=0,设定定时器 T0 为低优先级中断。

IP.0:PX0。外中断 0 中断优先控制位。

PX0=1,设定外中断 0 为高优先级中断;

PX0=0,设定外中断 0 为低优先级中断。

当系统复位后,IP 的低 5 位全部清零,即将所有的中断源设置为低优先级中断。如果几个同一优先级的中断源同时向 CPU 请求中断,则 CPU 通过内部硬件查询,按自然优先级确定应该响应哪一个中断请求。自然优先顺序是由硬件形成的,排列如下:

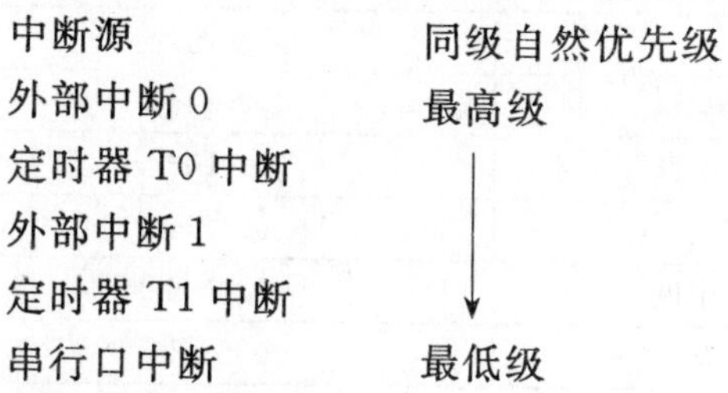

中断源	同级自然优先级
外部中断 0	最高级
定时器 T0 中断	↓
外部中断 1	
定时器 T1 中断	
串行口中断	最低级

这种顺序排列合理,实际应用方便。

四、中断响应过程及响应时间

1. 中断响应的操作过程

在每个机器周期的 S5P2 期间,各中断标志采样相应的中断源,而 CPU 在下一个机器周期 S6 期间按优先级顺序查询中断标志。如果查询到某个中断标志为 1,则将在再下一个机器周期 S1 期间按优先级进行中断处理。这时,中断系统通过硬件生成长调用指令(LCALL),控制程序转入中断矢量地址单元,进入相应的中断服务程序。

如果有下列任何一种情况存在,则硬件生成的 LCALL 指令被封锁:

(1)CPU 正在执行一个同级或高一级的中断服务程序;

(2)当前周期(即查询周期)不是执行当前指令的最后一个周期;

(3)当前执行的指令是返回(RETI)指令或是对 IE、IP 寄存器进行读/写指令。

上述第二点是保证能够把当前指令执行完毕。第三点是保证在当前执行的指令是返回指令或是对 IE、IP 的读/写指令时,必须至少再执行完一条指令之后才能响应。

中断查询在每个机器周期中重复执行,所查询到的结果为前一个机器周期的 S5P2 期间采样到的中断标志。如果中断标志已被置位,但由于上述 3 种情况之一而未被及时响应,待上述封锁中断的条件撤消之后,中断标志却已消失,如此被拖延了的中断请求就不会再得到响应。

CPU 在满足响应中断条件的情况下,执行由硬件生成的长调用指令“LCALL”转入该中断服务程序时,会自动清除某些中断源的中断标志,如定时器溢出标志 TF0、TF1,边沿触发方式下的外部中断标志 IE0、IE1 均属之;而有些中断标志却不会被自动清除,只能由用户用软件清除，如串行口接收、发送中断标志的 RI、TI 就是这样；此外，在电平触发方式下的外部中断标志 IE0 和 IE1 则是根据引脚$\overline{INT0}$和$\overline{INT1}$的电平而变化的，CPU 不能直接干预。

硬件生成的长调用指令“LCALL”将程序计数器 PC 的内容压入堆栈保护(但不保护状态寄存器 PSW 的内容，更不保护累加器 A 和其他寄存器的内容)，然后将对应的中断矢量装入程序计数器 PC，使程序转向该中断矢量地址单元中，以执行中断服务程序。与各中断源对应的矢量地址如表 2-6 所示。

中断服务程序从矢量地址开始执行，一直到返回指令“RETI”为止。“RETI”指令的操作，一方面告诉中断系统该中断服务程序已执行完毕，另一方面把原来压入堆栈保护的断点地址从栈顶弹出，装入程序计数器，使程序转到被中断的程序断口处，重新继续顺序执行下去。

表 2-6　与中断源对应的矢量地址

中断源	矢量地址
外部中断 0	0003H
定时器 T0 中断	000BH
外部中断 1	0013H
定时器 T1 中断	001BH
串行口中断	0023H

在编写中断服务程序时应注意：

(1)在中断矢量地址单元放一条长转移指令，使中断服务程序可以灵活地安排在 64KB 程序存储器的任何地方。

(2)在执行中断服务程序时，用户应注意用软件保护现场，以免从中断返回后，丢失原寄存器、累加器中的信息。

(3)若要在执行当前中断服务程序时禁止更高优先级中断源中断，可以先用软件关闭 CPU 中断，或禁止某中断源中断，在中断返回前再开放中断。

(4)中断返回指令“RETI”除具有子程序返回指令“RET”的功能外，它还通知中断系统已完成中断处理。所以不可以用“RET”指令代替“RETI”指令，否则会出错。

2. 外部中断的响应时间

外部中断$\overline{INT0}$和$\overline{INT1}$的电平在每个机器周期的 S6P2 期间，经反相后锁存到 IE0 和 IE1 标志，CPU 在下一个机器周期才会查询到新置入的 IE0 和 IE1。这时，如果满足响应条件，CPU 响应中断时，要用两个机器周期执行一条硬件长调用指令“LCALL”，使程序转入中断矢量入口。所以，从产生外部中断到开始执行中断程序，至少需要经历 3 个完整的机器周期。

如果在中断请求时 CPU 正在处理最后指令(如乘法或除法指令，它们均为 4 个机器周期)，则额外等待时间增加 3 个机器周期；若当前执行的是“RETI”或是对 IP、IE 的访问指令，则额外等待时间最多增加 5 个机器周期(完成正在执行指令占 1 个机器周期，再加上执行下一条指令的时间——最多 4 个机器周期)。

综上所述，如果系统只有一个中断源，则外部中断响应时间约为 3～8 个机器周期。当然，如果中断请求被上述的 3 种情况之一封锁，则响应时间将延长；又若一个优先级相等或高优先级的中断正在执行，则额外的等待时间将取决于正在处理的中断服务程序的长短。

下面给出一个应用定时器中断的实例。

例 4：要求编制一段程序，使 P1.0 端口线上输出 2ms 的方波脉冲。设单片机晶振频率 $f_{osc}=6MHz$。

(1)方法：利用定时器 T0 作 1ms 定时，达到定时值后引起中断。在中断服务程序中，使 P1.0 的状态取一次反，并再次定时 1ms。

(2)定时初值：机器周期 $MC=12/f_{osc}=2\mu s$。所以定时 1ms 所需的机器周期个数为 500D，亦即 01F4H。设 T0 为工作方式 1(16 位方式)，则定时初值是 $(01F4H)_{求补}=FE0CH$。

(3)程序：

```
        ORG 0000H
        LJMP START
        ORG 000BH
        LJMP IST0
        ORG 0300H
START:  MOV TMOD,#01H        ;T0为定时器状态,工作方式1
        MOV TL0,#0CH         ;T0的低位定时初值
        MOV TH0,#0FEH        ;T0的高位定时初值
        MOV TCON,#10H        ;打开T0
        SETB ET0             ;ET0置1,允许T0中断
        SETB EA              ;EA置1,允许全局中断
        AJMP $               ;动态暂停
IST0:   MOV TL0,#0CH         ;T0中断服务程序,重置定时器初值
        MOV TH0,#0FEH        ;重置定时器初值
        CPL P1.0             ;P1.0取反
        RETI                 ;中断返回
```

本例 C 源程序：

```
#include<reg51.h>
#define uchar unsigned char
sbit P1_0=1^0;
void main(void)
{
            P1_0=0;
            TMOD=0x01;
            TL0=0x0C;
            TH0=0x0FE;
            EA=1;
```

```
            ET0=1;
            TR0=1;
            for(;;);
}

void timer0(void) interrupt 1 using 1
{
            TL0=0x0C;
            TH0=0x0FE;
            P1_0=! P1_0;
}
```

习题和思考题

(1)AT89C51单片机的存储器可以划为几个物理存储空间？各自的地址范围和容量是多少？在使用上有什么不同？

(2)在单片机片内RAM中哪些字节有位地址？特殊功能寄存器中安排位地址的作用何在？

(3)单片机的$\overline{EA}$端有何作用？AT89C51单片机的$\overline{EA}$端应如何处理？为什么？

(4)单片机的晶振频率分别为12MHz和6MHz时，振荡周期、机器周期和指令周期各是多少？

(5)设单片机f_{osc}=12MHz，要求用T0定时150μs，分别采用定时方式0、定时方式1和定时方式2，计算各定时初值。

(6)设单片机的f_{osc}为6MHz，当定时器处于不同工作方式时，最大定时范围分别是多少？

(7)AT89C51单片机内部有几个定时器/计数器？它们由哪些专用寄存器构成，其地址分别是多少？

(8)当外部中断多于两个时，怎样扩充中断源？

(9)AT89C51单片机有几个中断源？各中断标志是如何产生的，又是如何复位的？CPU响应中断时，其中断入口地址各是多少？

(10)如何设定外部中断源是采用边沿触发还是采用电平触发？这两种中断触发所产生的中断过程有何不同？

(11)AT89C51单片机的中断系统有几个优先级？如何设定？

第三章　单片机的指令系统

第一节　指令系统概述

单片机运行程序是通过一条一条地执行指令来实现的。指令是指示计算机完成一定操作的命令。一台计算机所有指令的集合，就构成了该机的指令系统，每一种型号的单片机均有它自己固有的指令系统，以标志计算机的不同性能。所以，为了应用单片机就必须熟悉它的指令系统。

AT89C51 单片机的指令系统包含 5 种类型的指令共 111 条，定义了 7 种寻址方式，是一个具有 255 种操作代码的集合，并用 42 种助记符号表达这些代码。

在 111 条指令中，单字节指令占 49 条，双字节指令占 45 条，三字节指令占 17 条。从指令执行时间看，单机器周期指令占 64 条，双机器周期指令占 45 条，只有乘、除两条指令的执行时间为 4 个机器周期。在 12MHz 晶振的条件下，上述 3 种指令的执行时间分别为 1μs、2μs、4μs。由此可见，AT89C51 单片机指令系统在存储空间和时间的利用效率上是较高的。

AT89C51 单片机的指令系统与一般微型机一样，具有二级形式：机器语言级和汇编语言级。机器语言级指令是用二进制表示的代码，CPU 能够识别、分析并执行相应的操作；汇编语言级指令是用助记符表示的语句，便于程序员编写、记忆、识别，但不能直接为 CPU 所理解。因此，用汇编语言写成的指令序列——源程序，需要通过汇编程序编译成 CPU 能识别和执行的机器语言指令序列——目标程序。

用汇编语言表示的指令格式为：

标号：操作码助记符[(目的操作数)，(源操作数)]；注释

标号段—是该条指令的符号地址，可根据需要设置并引用；操作码段—是表示该条指令所执行的功能；操作数段—是提供参与操作的数/数的地址；注释段—是对该条指令的解释。

指令格式是以 8 位二进制数(字节)为基础，分为单字节、双字节和三字节指令。它们的格式分别为：

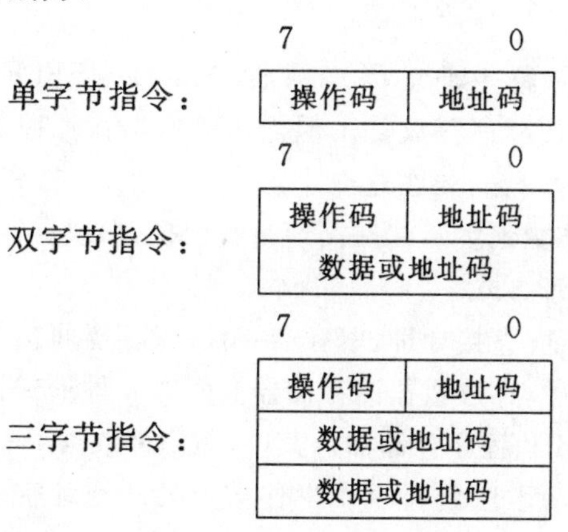

由于汇编语言面向机器，因而在实际应用中可以充分利用计算机的硬件资源，并发挥其使用效率。

下面先简单介绍一下 AT89C51 单片机指令系统格式中常用符号。

Rn——n＝0～7，指当前选定寄存器组的工作寄存器 R0～R7。

Ri——i＝0 或 1，当前选中的寄存器区中可作为地址寄存器的两个寄存器 R0 和 R1。

direct——内部数据存储单元的 8 位地址，包含 0～127(255)内部存储单元地址和专用寄存器地址。

＃data——指令中的 8 位常数。

＃data16——指令中的 16 位常数。

addr16——用于 LCALL 和 LJMP 指令中的 16 位目的地址，可转向 64KB 片外程序存储器地址空间的任何单元。

addr11——用于 ACALL 和 AJMP 指令中的低 11 位目的地址，目的地址必须放在与下条指令第一个字节同一个 2KB 程序存储器空间之中。

rel——8 位带符号的偏移量的补码，用于 SJMP 和所有条件转移指令中，偏移范围为相对于下一条指令的第一个字节为起始地址的－128～＋127 字节单元。

@——间接寄存器寻址或基址寄存器的前缀。

bit——内部数据存储器 RAM 或特殊功能寄存器的直接寻址位。

/——操作数的前缀，声明对该位操作数取反。

←——表示数据传送方向。

DPTR——数据指针。

A 或 ACC——累加器 A。

B——寄存器 B，用于乘法和除法指令中。

C 或 CY——进位标志位。

(x)——表示为地址 X 的单元的内容。

((x))——表示以地址为 X 的单元的内容为地址的间接寻址单元的内容。

$——当前指令存放的地址。

第二节　寻址方式

计算机存储器的存贮单元一般按顺序编码(称为地址码)，例如：0000H～FFFFH 共 65 536个字节单元。指令代码在程序存储器中是按顺序存放的。但操作的数据在寄存器组、存储区和 I/O 区中往往是任意存放的，无一定规律可循，要在这 3 个区中存取数据，首先要知道数据的地址。在指令中所指出的操作数(或操作数地址)，往往需经某种变换，形成真实操作数(或称有效地址)。形成有效地址的方式称为寻址方式。

AT89C51 单片机共有 7 种寻址方式：立即寻址、直接寻址、寄存器寻址、寄存器间接寻址、变址寻址、相对寻址和位寻址。AT89C51 单片机中，存放数据的存储器空间有 4 种形式：内部数据 RAM、特殊功能寄存器 SFR、外部数据 RAM 和程序存储器。其中，除内部数据 RAM 和 SFR 统一编址外，其他存储器都是分开编址的。为了区别指令中操作数所处的地址空间，对于不同存储器中的数据操作，采用了不完全相同的寻址方式，这是 AT89C51 单片机在寻址方式上的一个显著特点。

表 3-1 概括了每一种寻址方式可以寻址的存储器空间。

表 3-1 寻址方式与相应的存储器空间

序号	寻址方式	相应存储器空间
1	寄存器寻址	R0～R7,ACC,B,CY(位),DPTR
2	直接寻址	内部 RAM 低地址 128 字节和专用寄存器
3	寄存器间接寻址	内部 RAM(@R1,@R0,sp),外部数据存储器(@R1,@R0,@DPTR)
4	立即寻址	程序存储器立即数
5	基址寄存器加变址寄存器间接寻址	程序存储器(@A+DPTR,@A+PC)
6	相对寻址	以 PC 的当前值为基地址+指令中给出的偏移量=有效转移地址转移范围:PC 当前值的－128～+127 字节
7	位寻址	对内部 RAM 或专用寄存器的某些单元进行位寻址

下面对单片机寻址方式进行简要说明。

1. 立即寻址

立即寻址方式是由指令直接给出操作数的方式。操作数有 8 位和 16 位两种形式,通常都是紧跟在指令操作码之后的一个或两个字节,以在数值前加"#"号表示。

例如指令:MOV A,#68H ;就是将立即数 68H 送入累加器 A。

MOV DPTR,#2000H ;将立即数 2000H 送入 DPTR 寄存器。

2. 直接寻址

直接寻址方式是指令直接给出操作数地址的方式。直接寻址方式可访问 3 种地址空间:专用寄存器地址空间(直接寻址是寻址专用寄存器的唯一寻址方式)、内部数据存贮器(RAM)空间、内部 RAM 及专用寄存器可寻址的位空间。

例如指令:MOV 80H,A ;执行结果把 A 的内容送入内部 RAM 的 80H 单元中。

3. 寄存器寻址

寄存器寻址方式是以通用寄存器的内容为操作数的寻址方式。指令操作码字节的最低 3 位指明所寻址的工作寄存器(R0～R7)。对累加器 A、寄存器 B、位处理累加器 CY 和数据指针 DPTR 等,也可当作寄存器方式寻址。

例如指令:MOV A, R5 ;执行结果是 R5 的内容送给累加器 A,而 R5 的内容不变。

4. 位寻址

位寻址方式是对位地址中的内容作位操作的寻址方式。由于单片机中只有内部 RAM 和专用寄存器的部分单元有位寻址(即内部 RAM 00H～FFH 空间),因此位寻址只能对有位地址的这个空间作寻址操作。详细操作将在位处理类指令部分介绍。

其他寻址方式的详细操作将在相应的指令部分进行介绍。

第三节 AT89C51 单片机指令系统

按照指令的功能,可将 111 条指令分为五大类:

①数据传送类(29 条);

②算术操作类(24 条);

③逻辑操作类(24 条);

④控制程序转移类(17 条);

⑤布尔变量操作类(17 条)。

下面将逐一加以介绍。

一、数据传送类指令

所谓“传送”,即把源地址单元的内容传送到目的地址单元中去,源地址单元内容不变,或者源、目的单元内容互换。

数据传送指令不影响标志位。这里所说的标志是指 CY、AC、OV,而不包括检测累加器奇偶性的标志 P。只有用 POP 或 MOV 指令将数据传送到 PSW 时才可能对标志位产生影响。

1. 以 A 为目的操作数的指令

汇编格式	操作
MOV A,Rn	;(A)←(Rn)n=0~7,把 Rn 中的数送到 A 中
MOV A,direct	;(A)←(direct),将内部 RAM 单元或特殊功能寄存器的数据送到 A 中
MOV A,@Ri	;(A)←((Ri))i=0 或 1,将内部 RAM 单元的数据送到 A 中
MOV A,#data	;(A)←#data,将立即数送到 A 中

例 1:R0=40H,(40H)=68H,执行指令 MOV A,@R0 后,A=68H

2. 以 Rn 为目的操作数的指令

```
MOV Rn,A            ;(Rn)←(A);
MOV Rn,direct       ;(Rn)←(direct);
MOV Rn,#data        ;(Rn)←#data;
```

3. 以直接地址为目的操作数的指令

```
MOV direct,A        ;(direct)←(A);
MOV direct,Rn       ;(direct) ←(Rn);
MOV direct1,direct2 ;(direct1) ←(direct2);
MOV direct,@Ri      ;(direct) ←((Ri));
MOV direct,#data    ;(direct) ←#data;
```

4. 以寄存器间接地址为目的操作数的指令

```
MOV @Ri,A           ;((Ri)) ←(A);
MOV @Ri,direct      ;((Ri)) ←(direct);
MOV @Ri ,#data      ;((Ri)) ←#data;
```

5. 16 位数据传送指令

```
MOV DPTR,#data 16   ;(DPTR)←#data0_15;
                     (DPH)←#data8_15;
                     (DPL)←#data0_7;
```

6.访问外部数据 RAM 的指令

```
MOVX A,@DPTR        ;(A)←((DPTR));
MOVX A,@Ri          ;(A)←((P2)(Ri));
MOVX @DPTR,A        ;((DPTR))←(A);
MOVX @Ri,A          ;((P2)(Ri))←(A);
```

7. 读程序存储器指令(查表指令)

```
MOVC A,@A+DPTR      ;(A)←((A)+(DPTR));
MOVC A,@A+PC        ;(PC)←(PC)+1,(A)←((A)+(PC));
```

8.数据交换指令

(1)字节交换

```
XCH A,Rn            ;(A)←→(Rn);
XCH A,direct        ;(A)←→(direct);
XCH A,@Ri           ;(A)←→((Ri));
```

(2)半字节交换

```
XCHD A,@Ri          ;(A0～3)←→((Ri0～3))
```

(3)累加器 A 低 4 位与高 4 位交换

```
SWAP A              ;(A0～3)←→(A4～7)
```

例 2:A=40H,R1=64H,(64H)=5FH

执行指令 XCHD A,@Ri 后,A=4FH,(64H)=50H。

9.堆栈操作指令

(1)入栈指令

```
PUSH direct         ;(SP)←(SP)+1,((SP))←(direct);
```

(2)出栈指令

```
POP direct          ;(direct)←((SP)),(SP)←(SP)-1;
```

例 3:(SP)=07H,DPTR 的内容为 2345H,执行下列指令

```
PUSH DPL            ;(SP)+1→(SP)=08H,(DPL)=45H→(08H)
PUSH DPH            ;(SP)+1→(SP)=09H,(DPH)=23H→(09H)
```

所以执行结果:内部 RAM 的(08H)=45H,(09H)=23H,(SP)=09H

又如:(SP)=20H,(20H)=32H,(1FH)=64H 执行指令

```
POP DPH             ;((SP))=(20H)→(DPH)=32H,(SP)-1→(SP)=1FH
POP DPL             ;((SP))=(1FH)→(DPL)=64H,(SP)-1→(SP)=1EH
```

所以执行结果为:(DPTR)=3264H,(SP)=1EH

数据传送指令见表 3-2。

表 3-2　数据传送类指令

序号	指令助记符	字节数	周期数	说明
1	MOV A,Rn	1	1	将寄存器的内容存入累加器中
2	MOV A,direct	2	1	将直接地址的内容存入累加器中
3	MOV A,@Ri	1	1	将间接地址的内容存入累加器中
4	MOV A,#data	2	1	将立即数存入累加器中
5	MOV Rn,A	1	1	将累加器的内容存入寄存器中
6	MOV Rn,direct	2	2	将直接地址的内容存入寄存器中
7	MOV Rn,#data	2	1	将立即数存入寄存器中
8	MOV direct,A	2	1	将累加器的内容存入直接地址中
9	MOV direct,Rn	2	2	将寄存器的内容存入直接地址中
10	MOV direct1,direct2	3	2	将直接地址 2 的内容存入直接地址 1 中
11	MOV direct,@Ri	2	2	将间接地址的内容存入直接地址中
12	MOV direct,#data	3	2	将立即数存入直接地址中
13	MOV @Ri,A	1	1	将累加器的内容存入间接地址中
14	MOV @Ri,direct	2	2	将直接地址的内容存入间接地址中
15	MOV @Ri,#data	2	1	将立即数存入间接地址中
16	MOV DPTR,#data16	3	2	将 16 位立即数存入数据指针寄存器中
17	PUSH direct	2	2	将直接地址的内容压入堆栈区中
18	POP direct	2	2	将堆栈弹出的内容送到直接地址中
19	XCH A,Rn	1	1	将累加器的内容与寄存器的内容互换
20	XCH A,direct	2	1	将累加器的内容与直接地址的内容互换
21	XCH A,@Ri	1	1	将累加器的内容与间接地址的内容互换
22	XCHD A,@Ri	1	1	将累加器的内容低 4 位与间接地址的内容低 4 位互换
23	SWAP A	1	1	将累加器的内容低 4 位与高 4 位互换
24	MOVX A,@Ri	1	2	将间接地址所指定外部数据存储器的内容读入到累加器中
25	MOVX A,@DPTR	1	2	将外部数据存储器的内容读入到累加器中
26	MOVX @Ri,A	1	2	将累加器的内容写入到间接地址所指定外部数据存储器中
27	MOVX @DPTR,A	1	2	将累加器的内容写入到外部数据存储器中
28	MOVC A,@A+DPTR	1	2	将以累加器的值加上数据指针寄存器的值为地址的程序存储器的内容读入到累加器中
29	MOVC A,@A+PC	1	2	将以累加器的值加上程序计数器的值为地址的程序存储器的内容读入到累加器中

二、算术操作类指令

AT89C51单片机指令系统具有较强的加、减、乘、除四则算术运算指令。有些算术指令执行的结果将使进位标志(CY)、辅助进位标志(AC)、溢出标志(OV)等标志位置位或复位。表3-3列出了对标志有影响的所有指令,包括一些非算术操作的指令在内。

表3-3　影响标志的指令

指令记符	影响的标志位		
	C	OV	AC
ADD	×	×	×
ADDC	×	×	×
SUBB	×	×	×
MUL	0	×	
DIV	0	×	
DA	×		
RRC	×		
RLC	×		
SETB C	1		
CLR C	0		
CPL C	×		
ANL C,bit	×		
ANL C,$\overline{\text{bit}}$	×		
ORL C,bit	×		
ORL C,$\overline{\text{bit}}$	×		
MOV C,bit	×		
CJNE	×		

×:表示根据运行的结果,使该标志位置位或复位。

(一)加法指令

1. 不带进位加法指令

ADD A,Rn　　　　;(A)←(A)+(Rn);

ADD A, direct　　　　;(A)←(A)+(direct);

ADD A,@Ri　　　　;(A)←(A)+((Ri));

ADD A, #data　　　　;(A)←(A)+#data;

这4条指令,无论是哪一条加法指令,参加运算的都是两个8位二进制数。对于指令的使用者来说,这些8位二进制数既可以看作无符号数(0～255),也可以看作带符号数,即补码数(-128～+127)。这完全由使用者事先设定。

这些指令的执行将影响AC、CY、OV和P标志。当和的第3位和第7位有进位时,则分别将AC、CY标志位置1,否则置0。如果相加后A中1的个数为偶数,则P=0。无符号数相加后,若CY=1,表示溢出;CY=0,表示无溢出。对于带符号数运算的溢出取决于和的第7位和第6位,如果位7有进位输出而位6没有,或位6有进位输出而位7没有,则将OV置1,否则 OV 被清 0。溢出标志 OV=1 表示两个正数相加而和变为负数，或两个负数相加而和变为正数的错误结果。

2. 带进位的加法指令

```
ADDC A,Rn          ;(A)←(A)+(C)+(Rn);
ADDC A,direct      ;(A)←(A)+(C)+(direct);
ADDC A,@Ri         ;(A)←(A)+(C)+((Ri));
ADDC A,#data       ;(A)←(A)+(C)+#data;
```

这 4 条指令的操作数除了需加上进位外，其余与前面指令的操作相同。需注意的是，这里所指的进位值，是指令开始执行时的进位标志 CY 中的值，而不是相加过程中产生的进位标志值。

例 4：设 A 的内容为 C3H，R0 的内容为 AAH，CY=1。执行指令 ADDC A,R0 后，A 中的内容变为 6EH，AC=0，CY=1，OV=1。

3. 加 1 指令

```
INC A              ;(A)←(A)+1;
INC Rn             ;(Rn)←(Rn)+1;
INC direct         ;(direct)←(direct)+1;
INC @Ri            ;((Ri))←((Ri))+1;
INC DPTR           ;(DPTR)←(DPTR)+1;
```

加 1 指令可以使指定单元的内容按无符号二进数进行加 1 操作，所得结果仍存于原单元中。除 INC A 指令会影响奇偶标志 P 外，其余 4 条均不影响各标志位。

注意：当用本指令使输出并行 I/O 内容加 1 时，用作输出口原始值，将从输出口的数据锁存器中读入，而不是从输出口的引脚上读入。

(二)减法指令

1. 带进位减法指令

```
SUBB A,Rn          ;(A)←(A)-(Rn)-(CY);
SUBB A,direct      ;(A)←(A)-(direct)-(CY);
SUBB A,@Ri         ;(A)←(A)-(CY)-((Ri));
SUBB A,#data       ;(A)←(A)-(CY)-#data;
```

减法指令(SUBB)不仅减去指定变量，还要减去进位标志位 CY 中的内容。所以它要考虑前一次运算操作对 CY 的影响。因此，在作多字节减法运算时，在第一次使用 SUBB 之前，要首先将 CY 清零，方法通常是用布尔操作类指令：CLR C。

对于减法操作，计算机亦是对两个操作数直接求差，并取得借位 CY 的值。但在判断是否溢出时，则按有符号数处理，即：当正数减正数或负数减负数都不可能溢出，故一定有 OV=0；若为正数减负数，差值为负或为负数减正数，差值为正数时，则一定溢出，一定有 OV=1。

例 5：设累加器 A 的内容为 0C9H，寄存器 R1 内容为 54H，进位标志 CY=1，则执行指令：SUBB A,R1 后，所得结果为：(A)=74H，CY=0，AC=0，OV=1。

2. 减 1 指令

```
DEC A              ;(A)←(A)-1;
DEC Rn             ;(Rn)←(Rn)-1;
DEC @Ri            ;((Ri))←((Ri))-1;
```

DEC direct　　　　　　　;(direct)←(direct)－1;

减1指令是对指定单元内的操作数减1,结果仍存于原指定单元。若原始值为00H,则位减1操作后,得下溢为0FFH。同加1指令一样,本指令不影响各标志位。唯有DEC A指令影响P标志。

注意:执行并行I/O口内容的减1操作,是将该口的锁存器内容读出减1,再写入该锁存器,而不是对该I/O口引脚上的内容作减1操作。

(三)二—十进制调正指令

DA A　　　　　　　;若[(A0～A3)>9]或[(AC)=1],

　　　　　　　　　则(A0～A3)←(A0～A3)+06H;

　　　　　　　　　;若[(A4～A7)>9]或[(CY)=1],

　　　　　　　　　则(A4～A7)←(A4～A7)+06H;

本指令把A中按二进制相加后的结果调整成BCD数相加的结果。两个压缩型BCD码按二进制数相加后,必须经本指令调正,才能得到压缩型BCD码的和数。

本指令的操作是:若累加器A的低4位数值大于9或者第3位向第4位产生进位,即AC辅助进位标志位为1,则需将A的低4位内容加6调正,以产生低4位正确的BCD码值。如果加6调正后,低4位产生进位,且高4位均为1时,则内部加法将置位CY,反之,它并不清CY标志位。在十进制数加法中,若CY=1,则表示相加后的和已等于或大于十进制数100。

若累加器A的高4位值大于9,或CY=1,则高4位需加6调整,以产生正确的高4位BCD码值。同样,加6调整后若产生最高进位,则置位CY。这对多字节加法有用,不影响OV标志。

由此可见,本指令是根据累加器A的原始数值和PSW的状态,对累加器A进行加06H、60H或66H的操作。

必须注意,本指令不能简单地把累加器A中的16进制数交换成BCD码,也不能用于十进制减法的调正。

例6:A中的内容为56_{BCD},B=67_{BCD},C=0,则执行指令

ADDC　A,B

DA　　A

后,(A)=23_{BCD},C=1。

(四)乘法指令

MUL AB　　　　　　　;$(B)_{8\sim15}(A)_{0\sim7}$←(A)×(B);

本指令为一条8位乘8位的无符号数乘法指令,产生一个16位的积。16位乘积的低8位存于A中,高8位存于B中,如果乘积大于255(FFH),即B的内容不为0时,则置位溢出标志OV,否则OV清“0”。进位标志CY总是清零。

例7:设累加器A的内容为50H(80D),B中的内容为0A0H(160D),执行指令

MUL　AB

执行结果:乘积为3200H(12800D)。它的低8位放在A中,高8位放在B中。即(A)=00H,(B)=32H,OV=1,CY=0。

（五）除法指令

DIV　AB　　　　　　;(A)商　(B)余数←(A)/(B);

本指令将累加器A中8位无符号整数除以B寄存器中8位无符号整数，所得结果商的整数部分存于A中，余数部分存于寄存器B中。标志位CY和OV清“0”。

当除数(B中内容)为00H时，则执行结果将为不定值，即执行结果送往A和B中的为不定值，溢出标志OV置“1”。在任何情况下，CY均清“0”。

例8：设累加器A的内容为0FBH(251_{10})，B中的内容为12H(18_{10})，则执行指令DIV AB后，所得结果：(A)＝ODH(13_{10})(商)；(B)＝11H(17_{10})(余数)，OV＝0，CY＝0。

算术运算指令见表3-4。

表3-4　算术运算类指令

序号	指令助记符	字节数	周期数	说明
1	ADD A,Rn	1	1	将累加器的值与寄存器的值相加，结果存回累加器中
2	ADD A,direct	2	1	将累加器的值与直接地址的内容相加，结果存回累加器中
3	ADD A,@Ri	1	1	将累加器的值与间接地址的内容相加，结果存回累加器中
4	ADD A,#data	2	1	将累加器的值与立即数相加，结果存回累加器中
5	ADDC A,Rn	1	1	将累加器的值与寄存器的值及进位C相加，结果存回累加器中
6	ADDC A,direct	2	1	将累加器的值与直接地址的内容及进位C相加，结果存回累加器中
7	ADDC A,@Ri	1	1	将累加器的值与间接地址的内容及进位C相加，结果存回累加器中
8	ADDC A,#data	2	1	将累加器的值与立即数及进位C相加，结果存回累加器中
9	INC A	1	1	将累加器的值加1
10	INC Rn	1	1	将寄存器的值加1
11	INC direct	2	1	将直接地址的内容加1
12	INC @Ri	1	1	将间接地址的内容加1
13	INC DPTR	1	2	将数据指针寄存器的值加1
14	DA A	1	1	将累加器的值作十进制调整
15	SUBB A,Rn	1	1	将累加器的值减去寄存器的值再减借位C，结果存回累加器中
16	SUBB A,direct	2	1	将累加器的值减去直接地址的内容再减借位C，结果存回累加器中
17	SUBB A,@Ri	1	1	将累加器的值减去间接地址的内容再减借位C，结果存回累加器中
18	SUBB A,#data	2	1	将累加器的值减去立即数再减借位C，结果存回累加器中
19	DEC A	1	1	将累加器的值减1
20	DEC Rn	1	1	将寄存器的值减1
21	DEC direct	2	1	将直接地址的内容减1
22	DEC @Ri	1	1	将间接地址的内容减1
23	MUL AB	1	4	将累加器的值与B寄存器的值相乘，乘积的低8位内容存回累加器中，乘积的高8位内容存回B寄存器中
24	DIV AB	1	4	将累加器的值除以B寄存器的值，商存回累加器中，余数存回B寄存器中

三、逻辑操作类指令

AT89C51单片机指令系统能对位和字节操作数进行基本的运算。关于位操作功能将在后面内容中介绍。在此我们先介绍关于字节操作数的逻辑运算。

(一)逻辑与运算指令

```
ANL A,Rn            ;(A)←(A)∧(Rn);
ANL A,direct        ;(A)←(A)∧(direct);
ANL A,@Ri           ;(A)←(A)∧((Ri));
ANL A,#data         ;(A)←(A)∧#data;
ANL direct,A        ;(direct)←(direct)∧(A);
ANL direct,#data    ;(direct)←(direct)∧#data;
```

上述指令中前4条以累加器A的内容为目的操作数,后两条指令以直接地址单元内容为目的操作数。运算结果存入目的单元,不影响任何标志位。

可用“与”指令对指定单元中的任一位作清“0”操作。例如,屏蔽P2口锁存器的第0、2、6位的内容,可用“0”相“与”。

执行指令　ANL　P2,#10111010B

执行结果:P2口锁存器的第0、2、6位均屏蔽为0,其他位保持原值不变。

(二)逻辑或运算指令

```
ORL A,Rn            ;(A)←(A)∨(Rn);
ORL A,direct        ;(A)←(A)∨(direct);
ORL A,@Ri           ;(A)←(A)∨((Ri));
ORL A,#data         ;(A)←(A)∨#data;
ORL direct,A        ;(direct)←(direct)∨(A);
ORL direct,#data    ;(direct)←(direct)∨#data;
```

上述每条指令中二字节数进行按位逻辑“或”操作后,结果存于目的单元中,不影响任何标志位。

可用“或”指令对指定单元中的任一位作置位操作。

(三)逻辑异或运算指令

```
XRL A,Rn            ;(A)←(A)⊕(Rn);
XRL A,direct        ;(A)←(A)⊕(direct);
XRL A,@Ri           ;(A)←(A)⊕((Ri));
XRL A,#data         ;(A)←(A)⊕#data;
XRL direct ,A       ;(direct)←(direct)⊕(A);
XRL direct,#data    ;(direct)←(direct)⊕#data;
```

上述指令执行二字节间接位逻辑异或操作,操作结果存于目的单元中。各指令均不影响任何标志位。

可用“异或”指令对指定单元中的任一位作“求反”操作。其方法是将该位与“1”相异或。

例9:执行指令　XRL　P2,#01000101B

执行结果:P2 口锁存器的第 0、2、6 位取反,其余位不变。

利用本指令还可判断二数是否相等。若相等,则结果为全"0";否则不相等。

注意:在应用"与"、"或"、"异或"这 3 条指令时,当某操作数为某并行 I/O 输出口内容时,则该操作数应从某输出口的锁存器中读取,而不是从该输出口的引脚上读取。

(四)累加器清零及取反指令

1. 清"0"指令

CLR A　　　　　　;(A) ←0;

累加器清"0",不影响标志位。执行完此指令后,累加器 A 中的各位均为 0,即(A)＝00H(0000 0000B)

2. 取反指令

CPL A　　　　　　;$(A) \leftarrow (\overline{A})$;

对累加器 A 的内容逐位取反,不影响标志位。

例 10:设(A)＝0AAH(10101010B),执行 CPL A 后,(A)＝55H(01010101B)。

(五)循环移位指令

1. 循环左移指令

RL A　　　　　　;$(A_{n+1}) \leftarrow (A_n)$,(A0)←(A7);

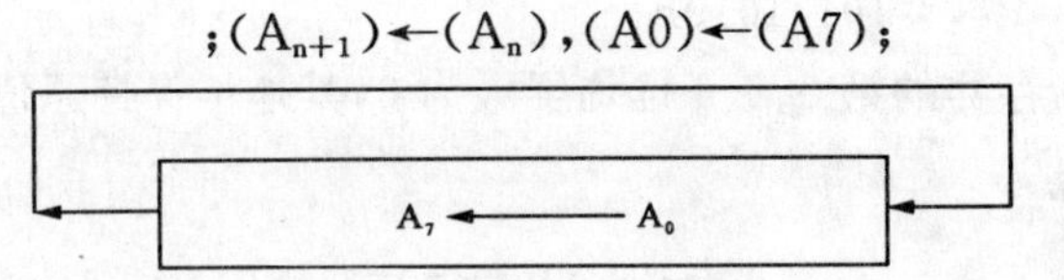

A 中内容循环移一位。执行本指令不影响标志位 CY、AC 和 OV。

2. 带进位循环左移指令

RLC A　　　　　　;(An＋1)←(An),(CY)←(A7),(A0)←(CY);

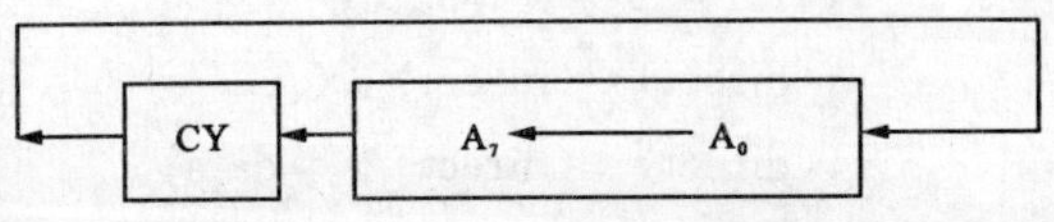

累加器 A 连同进位位 CY 循环左移一位,A 的最高位移入 CY,CY 进入 A 的最低位。不影响其他标志位。

3. 循环右移指令

RR A　　　　　　;(An)←(An＋1),(A7)←(A0);

A_7 ——→ A_0

累加器 A 内容逐位循环右移一位,最低位 A0 移入最高位。不影响标志位。

4. 带进位循环右移指令

RRC A　　　　　　;(An)←(An＋1),(A7)←(CY),(CY)←(A0);

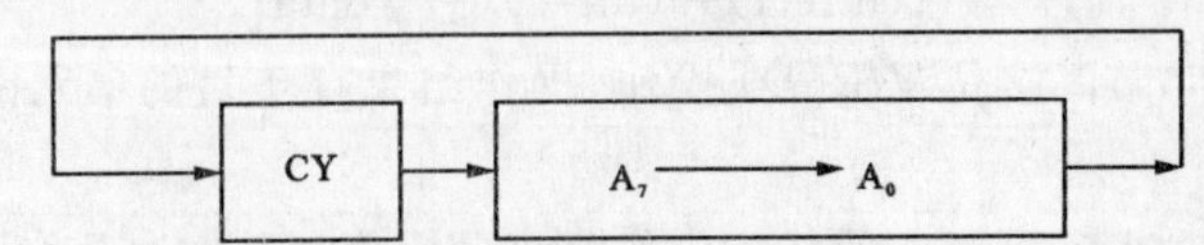

累加器连同进位位逐位右移一位,CY 移入 A 的最高位,A 的最低位移入 CY。不影响其

他标志位。

例 11:把 R1R0 中的 16 位补码数(高位在 R1 中)右移一位,不改变符号。

```
MOV A,R1
MOV C,ACC.7          ;把符号位存入进位位 C
RRC A
MOV R1,A
MOV A,R0
RRC A
MOV R0,A
SJMP $
```

逻辑运算类指令见表 3-5。

表 3-5　逻辑运算类指令

序号	指令助记符	字节数	周期数	说 明
1	ANL A,Rn	1	1	将累加器的值与寄存器的值作逻辑与运算,结果存回累加器中
2	ANL A,direct	2	1	将累加器的值与直接地址的内容作逻辑与运算,结果存回累加器中
3	ANL A,@Ri	1	1	累加器的值与间接地址的内容作逻辑与运算,结果存回累加器中
4	ANL A,#data	2	1	将累加器的值与立即数作逻辑与运算,结果存回累加器中
5	ANL direct,A	2	1	将直接地址的内容与累加器的值作逻辑与运算,结果存回直接地址中
6	ANL direct,#data	3	2	将直接地址的内容与立即数作逻辑与运算,结果存回直接地址中
7	ORL A,Rn	1	1	将累加器的值与寄存器的值作逻辑或运算,结果存回累加器中
8	ORL A,direct	2	1	将累加器的值与直接地址的内容作逻辑或运算,结果存回累加器中
9	ORL A,@Ri	1	1	将累加器的值与间接地址的内容作逻辑或运算,结果存回累加器中
10	ORL A,#data	2	1	将累加器的值与立即数作逻辑或运算,结果存回累加器中
11	ORL direct,A	2	1	将直接地址的内容与累加器的值作逻辑或运算,结果存回直接地址中
12	ORL direct,#data	3	2	将直接地址的内容与立即数作逻辑或运算,结果存回直接地址中
13	XRL A,Rn	1	1	将累加器的值与寄存器的值作逻辑异或运算,结果存回累加器中
14	XRL A,direct	2	1	将累加器的值与直接地址的内容作逻辑异或运算,结果存回累加器中
15	XRL A,@Ri	1	1	将累加器的值与间接地址的内容作逻辑异或运算,结果存回累加器中
16	XRL A,#data	2	1	将累加器的值与立即数作逻辑异或运算,结果存回累加器中
17	XRL direct,A	2	1	将直接地址的内容与累加器的值作逻辑异或运算,结果存回直接地址中
18	XRL direct,#data	3	2	将直接地址的内容与立即数作逻辑异或运算,结果存回直接地址中
19	CLR A	1	1	清除累加器的值为 0
20	CPL A	1	1	将累加器的值取反
21	RL A	1	1	将累加器的值左移一位
22	RLC A	1	1	将累加器的值和进位标志 C 左移一位
23	RR A	1	1	将累加器的值右移一位
24	RRC A	1	1	将累加器的值和进位标志 C 右移一位

四、控制程序转移类指令

控制程序转移类指令共有 17 条,不包括按布尔变量控制程序转移的指令。其中有全存空间长调用、长转移和按 2KB 分块的程序空间内的绝对调用和绝对转移,全空间的长相对转移及一页范围的短相对转移,还有不少条件转移指令。现分别介绍如下。

(一)无条件转移指令

AT89C51 单片机指令系统有 4 条无条件转移指令,分别提供了不同的转移范围和转移方式。

1. 绝对转移

AJMP addr11　　　　　　　;(PC)←(PC)+2;

　　　　　　　　　　　　　;($PC_{10\sim0}$)←addr11 ;

本指令为 2K 地址范围内的转移指令。本指令实现的操作是不改变原 PC 值(读入指令,即加工后的 PC 值)的高 5 位(PC11～15),仅把 11 位地址 addr11 送 PC 的低 11 位($PC_{0\sim10}$),由此拼装成 16 位绝对地址,即转移目的地址。11 位地址的范围为 2K,因此可转移的范围是 2K 区域内。转移可以向前,也可以向后。但要注意,转移到的地址必须和 PC 内容加 2 后的地址处在同一个 2K 区域,否则将不能使用本指令实现转移。例如 AJMP 指令的地址为 1FFFH,加 2 后为 2001H,因此可以转移的区域为 2000H～27FFH,并且不能回到上一区域中去了。表 3-6 所示为可转移的 32 个基本区域。

表 3-6　程序存储器空间中的 32 个基本 2K 地址范围

0000H～07FFH	5800H～5FFFH	B000H～B7FFH
0800H～0FFFH	6000H～67FFH	B800H～BFFFH
1000H～17FFH	6800H～6FFFH	C000H～C7FFH
1800H～1FFFH	7000H～77FFH	C800H～CFFFH
2000H～27FFH	7800H～7FFFH	D000H～D7FFH
2800H～2FFFH	8000H～87FFH	D800H～DFFFH
3000H～37FFH	8800H～8FFFH	E000H～E7FFH
3800H～3FFFH	9000H～97FFH	E800H～EFFFH
4000H～47FFH	9800H～9FFFH	F000H～F7FFH
4800H～4FFFH	A000H～A7FFH	F800H～FFFFH
5000H～57FFH	A800H～AFFFH	

此指令的优点很明显,它把长度压缩了一个字节(与 LJMP 相比),从而节省了程序占用的空间,提高了执行指令的速度。

2. 长转移

LJMP addr16　　　　　　　;(PC) ←addr16;

本指令为 64K 程序存储器空间的全范围转移指令。转移地址可为 16 位地址值中的任一值。执行这条指令后,PC 值就等于指令中规定的 16 位地址,即 addr16。所以,用本指令可转移到 64KB 程序存储器的任何地方。

3. 短转移

```
SJMP rel              ;(PC) ←(PC)+2;
                       (PC) ←(PC)+rel
```

本指令为一页地址范围的相对转移指令。转移的目的地址为：

目的地址＝源地址＋2＋rel

源地址是 SJMP 指令第一字节所在的地址，rel 是一个 8 位带符号数，因此可向前或向后转移，转移的范围为 256 个单元，即从(PC)－126D～(PC)＋129D。其中，(PC)是源地址。因为本指令给出的是相对转移地址，因此在修改程序时，只要相对地址不变，就不需要作任何修改，所以实际应用很频繁、方便。

显然，一条带有 FEH 相对地址(rel)的 SJMP 指令，将是一个单指令的无限循环。这是因为 FEH 是补码，它的真值是－2，目的地址＝PC＋2－2＝PC，结果指向自己，无限循环。

例 12：设 rel＝FEH，即执行指令：HALT：SJMP　HALT

执行结果将在原处进行无限循环。这可用于等待中断，诊断硬件故障、缺陷。

4. 间接转移指令

```
JMP @A+DPTR           ;(PC)←(A)+(DPTR);
```

本指令将累加器 A 中的 8 位无符号整数和 16 位数据指针相加，其和装入程序计数器 PC，控制程序转向目标地址去执行。执行 16 位加法(模 2^{16})运算，从低 8 位产生的进位将传递到高位。运算将不影响累加器 A 和数据指针 DPTR 原内容，不影响标志位。

本指令与上述 3 条转移指令的主要区别是：上述 3 条指令的转移目标地址在汇编或编程时是已知的，即已确定，而本指令的转移目标地址是在程序运行时动态决定的，它的目标地址是以数据指针 DPTR 的内容为起始的 256 个字节空间范围内的指定地址。若相加结果目标地址超过 64K 字节，则从程序存储器的零地址往下延续。

这是一条极其有用的多分支选择转移指令，由 DPTR 决定多分支转移程序的首地址，由累加器 A 的内容来动态选择其中的每一个分支转移指令。从而一条间接转移指令就代替了众多的转移指令。

例 13：设累加器 A 中内容为 0～6 之间的偶数，下面的指令序列将转移到以 TABLE 标号为起始地址的转移表中的 AJMP 指令之一处。

```
          MOV DPTR,#TABLE
          JMP  @A+DPTR
TABLE:    AJMP LABEL0
          AJMP LABEL1
          AJMP LABEL2
          AJMP LABEL3
```

若(A)＝00H 时，程序转入到地址 LABEL0 处执行；当(A)＝02H，转到 LABEL1 处执行。可见这是一段多路转移程序，进入的分支由 A 确定。因为 AJMP 指令是 2 字节指令，所以 A 应为偶数。

(二)条件转移指令

条件转移指令是指当某种条件满足时，转移才进行，条件不满足时就顺序执行。

1. 累加器判零条件转移指令

```
JZ rel              ;(A)=00H,则(PC)←(PC)+2+rel;
                     (A)≠00H,则(PC)←(PC)+2 程序顺序执行;
JNZ rel             ;(A)≠00H,则(PC)←(PC)+2+rel;
                     (A)=00H,则(PC)←(PC)+2 程序顺序执行;
```

这是一组以累加器的内容是否为零作为条件的转移指令。在AT89C51单片机的标志位中没有零标志,因此这组指令不是以标志作为条件的。只要前面的指令能使累加器的内容为零或非零,就可以使用本组指令。

2. 减1条件转移指令

在AT89C51单片机系统中,加1或减1指令都不影响标志,然而这组指令是把减1功能和条件转移功能结合在一起的转移指令。

```
DJNZ Rn,rel         ;(Rn) ←(Rn)-1;
                     若(Rn)≠0,则(PC) ←(PC)+rel+2;
                     若(Rn)=0,则(PC) ←(PC)+2;
DJNZ direct,rel     ;(direct) ←(direct)-1;
                     若(direct)≠0,则(PC) ←(PC)+rel+3;
                     若(direct)=0,则(PC) ←(PC)+3;
```

执行这组指令时,先将目的字节变量减1,并判断字节变量是否为0。若不为0则转到目标地址,继续执行循环程序段;若为0则结束循环,程序往下执行。如果字节变量初始值为00H,减1后则下溢得FFH,不影响任何标志位,循环转移的目标地址应为PC值加偏移量(rel)。

例14:利用DJNZ指令实现延时

```
       MOV 40H,#data
AGAIN: NOP
       NOP
       DJNZ 40H,AGAIN
```

每一个空操作作为一个机器周期,第4条循环指令为两个机器周期(当主频为12MHz时,一个机器周期为1μs)。因此上述循环程序将根据内部RAM 40H单元中的原始值,实现4~1024μs的延时。如采用多重循环,将实现任意延时。

3. 两数不等转移

这组指令共有4条,它们之间除操作数的寻址方式不同外,指令的操作都是相同的。

```
CJNE A,#data,rel        ;(A)≠#data,则转移,(PC)←(PC)+3+rel
                         (A)= data,则顺序执行,(PC)←(PC)+3;
CJNE A,direct,rel       ;(A)≠(direct),则转移,(PC)←(PC)+3+rel
                         (A)= (direct),则顺序执行,(PC)←(PC)+3;
CJNE Rn,#data,rel       ;(Rn)≠#data,则转移,(PC) ←(PC)+3+rel
                         (Rn)= #data,则顺序执行,(PC) ←(PC)+3;
CJNE @Ri,#data,rel      ;((Ri))≠#data,则转移,(PC)←(PC)+3+rel
                         ((Ri))= data,则顺序执行,(PC)←(PC)+3;
```

执行这组指令时,先对两个规定的操作数进行比较,然后根据比较的结果来决定是否转移到目的地址:若两个操作数相等,则不转移;若两个操作数不相等,则转移。值得注意的是,这种比较还影响 CY 标志:若目的操作数大于源操作数,则清除 CY;若目的操作数小于源操作数,则将 CY 置位。因此,如果再选用以 CY 作为条件的转移指令,就可以实现进一步的分支转移。

综上所述,若目的操作数=源操作数,则(PC)←(PC)+3;

若目的操作数>源操作数,则(CY)←0,(PC)←(PC)+3+rel;

若目的操作数<源操作数,则(CY)←1,(PC)←(PC)+3+rel。

(三)子程序调用及返回指令

1. 调用指令

子程序调用类有绝对调用和长调用两种。它有两个功能:其一是将断点地址推入堆栈保护。断点地址是子程序调用指令的下一条指令的地址,它取决于调用指令的字节数,可以是(PC)+2 或(PC)+(3),这里的(PC)是调用指令第一字节所在的地址。其二是将所调用的子程序的入口地址送到程序计数器 PC 中。

(1)绝对调用指令

ACALL addr11 ;(PC)←(PC)+2;

(SP)←(SP)+1,((SP))←($PC_{7\sim0}$);

(SP)←(SP)+1,((SP))←($PC_{15\sim8}$);

($PC_{10\sim0}$)←$addr_{10\sim0}$;

($PC_{15\sim11}$)不变;

本指令可在 2K 地址范围内实现子程序调用。对子程序入口地址的要求与 AJMP 中对目的地址的要求相同。

例 15:设(SP)=07H,符号地址"SUBRTN"所对应的程序存储器实际地址为 0345H,在(PC)=0123H 处执行指令。

ACALL SUBRTN

执行步骤:(PC)+2=0123H+2=0125H,压入堆栈。

(SP)+1=07H+1=08H 单元压入 25H,

(SP)+1=08H+1=09H 压入 01H。

(SP)=09H,SUBRTN=0345H 送入 PC,

(PC)=0345H,程序转向子程序首地址 0345H 开始执行。

(2)长调用指令

LCALL addr16 ;(PC)←(PC)+3;(SP)←(SP)+1,((SP))←($PC_{7\sim0}$);

(SP)←(SP)+1,((SP))←($PC_{15\sim8}$);

本指令提供 16 位目标地址,以调用 64K 字节范围内所指定的子程序。子程序入口地址可在 64K 地址空间中的任一处。

例 16:设(SP)=07H,符号地址"SUBRTN"指向程序存储器的 5678H,(PC)=0123H。从 0123H 处执行指令:

LCALL SUNRTN

执行步骤:(PC)+3=0123H + 3=0126H,然后压入堆栈;

(SP)+1=08H 压入 26H,(SP)+1=09H 压入 01H。

(SP)=09H。SUBRTN=5678H 送入 PC。

即(PC)＝5678H,程序转向目标地址为5678H为首地址的子程序执行。

2. 返回指令

返回指令的功能是从堆栈中取出断点,送给程序计数器PC,使程序从断点处继续执行。

(1)RET　　;$(PC_{15\sim8})\leftarrow((SP)),(SP)\leftarrow(SP)-1;$

$(PC_{7\sim0})\leftarrow((SP)),(SP)\leftarrow(SP)-1;$

(2)RETI　　;$(PC_{15\sim8})\leftarrow((SP)),(SP)\leftarrow(SP)-1;$

$(PC_{7\sim0})\leftarrow((SP)),(SP)\leftarrow(SP)-1;$

RET应写在子程序的末尾,用于子程序返回;而RETI应写在中断服务程序的末尾,用于中断返回。

例17:设(SP)＝0BH,内部RAM(堆栈区)的(OAH)＝23H,(OBH)＝01H。

执行指令:RET

执行结果:(SP)＝09H,(PC)＝0123H

(四)空操作指令

NOP　　;(PC) ←(PC)＋1

空操作指令是一条控制指令,即控制CPU不作任何操作,而只占用这条指令执行所需要的一个机器周期时间,因此,这条指令可用于等待、延时等情况。

控制转移类指令见表3-7。

表3-7　控制转移类指令

序号	指令助记符	字节数	周期数	说明
1	LJMP addr16	3	2	长跳转(64KB空间)
2	AJMP addr11	2	2	绝对跳转(2KB空间)
3	SJMP rel	2	2	短跳转(－128～＋127空间)
4	JMP @A＋DPTR	1	2	跳到累加器的值加数据指针寄存器的值所对应的目的地址
5	LCALL addr16	3	2	长调用子程序(64KB空间)
6	ACALL addr11	2	2	绝对调用子程序(2KB空间)
7	RET	1	2	从子程序返回
8	RETI	1	2	从中断服务子程序返回
9	NOP	1	1	空操作
10	JZ rel	2	2	若累加器的值为0,则跳到rel所对应的目的地址
11	JNZ rel	2	2	若累加器的值不为0,则跳到rel所对应的目的地址
12	CJNE A,direct,rel	3	2	将累加器的值与直接地址的内容相比较,若不相等,则跳到rel所对应的目的地址
13	CJNE A,#data,rel	3	2	将累加器的值与立即数相比较,若不相等,则跳到rel所对应的目的地址
14	CJNE Rn,#data,rel	3	2	将寄存器的值与立即数相比较,若不相等,则跳到rel所对应的目的地址
15	CJNE @Ri,#data,rel	3	2	将间接地址的内容与立即数相比较,若不相等,则跳到rel所对应的目的地址
16	DJNZ Rn,rel	2	2	将寄存器的值减1,若不等于0,则跳到rel所对应的目的地址
17	DJNZ direct,rel	3	2	将直接地址的内容减1,若不等于0,则跳到rel所对应的目的地址

五、布尔变量操作指令

AT89C51单片机硬件结构中有一个布尔处理器,因而有一个专门处理布尔变量的指令子集,包括有布尔变量的传送、逻辑运算、控制程序转移等指令。在布尔处理器中,进位标志C的作用相当于一般CPU中的累加器,通过C完成位的传送和逻辑运算。指令中的位地址可以是内部RAM20H～2FH单元中连续的128位和专用寄存器中的可寻址位。后者分布在80H～FFH范围内,但不是连续的。这两种部分共144位可用作软件标志或存放布尔变量。

指令中位地址的表达有多种方式:

①直接地址方式:如0D5H ;

②点操作符方式:如PSW.5;

③位名称方式:如F0;

④用户定义名方式:如用伪指令bit USER bit F0经定义后,允许指令中用USER代替F0。

以上4种方式都是指PSW中的位5,它们位地址是0D5H,而名称为F0,用户定义名为USER。

下面分别介绍这个子集的指令:

1.位传送指令

```
MOV C,bit        ;(C)←(bit);
MOV bit,C        ;(bit)←(C);
```

在上述指令中,CY直接用C表示。注意,如果要进行两个可寻址位之间的位传送,则须通过CY作为中间媒介才能实现。

例18:设进位标志位C的原始值为1,P1口的预置值为00110101B,则执行指令:

MOV　P1.3,C

执行结果:P1口的内容变为00111101B

2.位清零及位置位指令

```
CLR C            ;(C) ←0
CLR bit          ;(bit) ←0
SETB C           ;(C) ←1;
SETB bit         ;(bit) ←1;
```

上述指令可将CY和指定位的内容置"1"或清"0"。

例19:设P1口的内容为00110100B,(C)=1,执行指令:

CLR C;

SETB P1.0;

执行结果:(C)=0,(P1)=00110101B

3.位求反

```
CPL C            ;(C) ←(C̄);
CPL bit          ;(bit) ←(bit̄);
```

4.位变量逻辑操作指令

```
ANL C,bit        ;(C) ←(C) ∧ (bit);
ANL C,/bit       ;(C) ←(C) ∧ (bit̄);
ORL C,bit        ;(C) ←(C) ∨ (bit);
ORL C,/bit       ;(C) ←(C) ∨ (bit̄);
```

作与、或运算时，以布尔累加器 CY 为一个操作数，另一个位地址内容为第 2 个操作数，运算结果仍送回 CY。

指令中的“$\overline{\text{bit}}$”表示将位单元的内容取反后再进行逻辑操作。另外，如果要进行位异或运算，则要用若干条操作指令才能实现。

例 20：A、B、D 都代表位地址，试编写 D＝A ⊕ B 的程序。

由题意得 D＝(/A)B＋(/B)A

```
MOV C,B
ANL C,/A         ;(C)←(B) ∧ (/A)
MOV D,C
MOV C,A
ANL C,/B         ;(C)←(A) ∧ (/B)
ORL C,D          ;异或结果存 C
MOV D,C          ;送至 D
```

5.位控制转移指令

控制转移指令是条件转移指令，即以进位标志 CY 或者位地址 bit 的内容作为转移的条件。可以是位内容为 1 就转移或为 0 就转移。

```
JC rel           ;若(C)＝1,则(PC) ←(PC)＋2＋rel;
                  若(C)＝0,则(PC) ←(PC)＋2;
JNC rel          ;若(C)＝0,则(PC) ←(PC)＋2＋rel;
                  若(C)＝1,则(PC) ←(PC)＋2;
JB bit rel       ;若(bit)＝1,则(PC) ←(PC)＋3＋rel;
                  若(bit)＝0,则(PC) ←(PC)＋3;
JNB bit rel      ;若(bit)＝0,则(PC) ←(PC)＋3＋rel;
                  若(bit)＝1,则(PC) ←(PC)＋3;
JBC bit rel      ;若(bit)＝1,则(PC) ←(PC)＋3＋rel;(bit) ←0;
                  若(bit)＝0,则(PC) ←(PC)＋3;
```

注意:JBC 指令在执行转移操作后还使被检测位清零。

例 21:R3 和 R2 中分别放有两个 8 位补码数,试编制一段程序将 R3 和 R2 相乘,并把结果送入 R5、R4 中。

```
        ORG     0000H
        LJMP    MULS
        ORG     0040H
MULS:   MOV     A,R3
        MOV     C, ACC.7
        JNC     NEXT1
        CPL     A
        INC     A
NEXT1:  MOV     B,A
        MOV     A,R2
        MOV     C,ACC.7
        JNC     NEXT2
        CPL     A
        INC     A
NEXT2:  MUL     AB
        MOV     R5,B
        MOV     R4, A
        MOV     A,R3
        XRL     A,R2
        JNB     ACC.7,NEXT3
        MOV     A,R4
        CLR     C
        CPL     A
        ADDC    A,#01H
        MOV     R4,A
        MOV     A,R5
        CPL     A
        ADDC    A,#00H
        MOV     R5,A
NEXT3:  SJMP    $
```

布尔处理类指令见表 3－8。

表 3-8　布尔处理类指令

序号	指令助记符	字节数	周期数	说明
1	MOV C,bit	2	2	将直接位地址的内容存入位累加器 C 中
2	MOV bit,C	2	2	将位累加器 C 的值存入直接位地址中
3	CLR C	1	1	设位累加器 C 的值为 0
4	CLR bit	2	1	设直接位地址的内容为 0
5	SETB C	1	1	设位累加器 C 的值为 1
6	SETB bit	2	1	设直接位地址的内容为 1
7	CPL C	1	1	将位累加器 C 的值取反
8	CPL bit	2	1	将直接位地址的内容取反
9	ANL C,bit	2	2	将位累加器 C 的值与直接位地址的内容作逻辑与运算,结果存回位累加器 C 中
10	ANL C,/bit	2	2	将位累加器 C 的值与直接位地址的内容取反之后作逻辑与运算,结果存回位累加器 C 中
11	ORL C,bit	2	2	将位累加器 C 的值与直接位地址的内容作逻辑或运算,结果存回位累加器中
12	ORL C,/bit	2	2	将位累加器 C 的值与直接位地址的内容取反之后作逻辑或运算,结果存回位累加器 C 中
13	JC rel	2	2	若位累加器 C 的值为 1,则跳到 rel 所对应的目的地址
14	JNC rel	2	2	若位累加器 C 的值为 0,则跳到 rel 所对应的目的地址
15	JB bit,rel	3	2	若直接位地址的内容为 1,则跳到 rel 所对应的目的地址
16	JNB bit,rel	3	2	若直接位地址的内容为 0,则跳到 rel 所对应的目的地址
17	JBC bit,rel	3	2	若直接位地址的内容为 1,则跳到 rel 所对应的目的地址,并将该直接位地址的内容清除为 0

第四节　单片机 C 语言

一、C51 概述

在单片机的开发应用中,逐渐引入了高级语言,C 语言就是其中的一种。对用惯了汇编语言的人来说,高级语言可控性不好,不如汇编语言那样能够随心所欲。但是使用汇编语言会遇到很多问题,首先它的可读性和可维护性不强,特别是当程序没有很好标注的时候;其次就是代码的可重用性也比较低。使用 C 语言就可以很好地解决这些问题。

C 语言具有良好的模块化、容易阅读和维护等优点。由于模块化,用 C 语言编写的程序有很好的可移植性，功能化的代码能够很方便地从一个工程移植到另一个工程，从而减少了开发时间。

用C语言编写程序比用汇编语言更符合人们的思考习惯，开发者可以更专心地考虑算法而不是考虑一些细节问题，这样就减少了开发和调试的时间。使用像C这样的语言，程序员不必十分熟悉处理器的运算过程。很多处理器支持C编译器，这意味着对新的处理器也能很快上手，而不必知道处理器的具体内部结构，这使得用C语言编写的程序比汇编程序有更好的可移植性。

所有这些并不是说明汇编语言就没有立足之地，很多系统特别是实时时钟系统都是用C语言和汇编语言联合编写的。对时钟要求严格时，使用汇编语言是唯一的方法，除此之外，包括硬件接口的操作都应该用C语言来编写。C语言的特点就是可以使程序员尽量少对硬件进行操作，它是一种功能性和结构性很强的语言。

对于大多数51系列内核的单片机，使用C语言这样的高级语言与使用汇编语言相比具有如下优点：

(1)不需要了解处理器的指令集，也不必了解存储器结构。

(2)寄存器分配和寻址方式由编译器进行管理，编程时不需要考虑存储器的寻址和数据类型等细节。

(3)指定操作的变量选择组合提高了程序的可读性。

(4)可使用与人的思维更接近的关键字和操作函数。

(5)与使用汇编语言编程相比，程序的开发和调试时间大大缩短。

(6)C语言中的库文件提供许多标准的例程，例如格式化输出、数据转换和浮点运算等。

(7)通过C语言可实现模块化编程技术，从而可将已编制好的程序加入到新程序中。

(8)C语言可移植性好且非常普及，C语言编译器几乎使用于所有的目标系统，已完成的软件项目可以很容易地转换到其他的处理器或环境中。

可见，学习与使用单片机C语言的确是非常必要的。

二、C51语言的基本知识

C语言是一门应用非常普遍的高级程序设计语言，因此在这里并不准备花太多的时间来介绍C语言的基本用法，而是把主要精力集中到分析51系列单片机C语言(以下简写为C51)和标准C语言之间的区别上来，或者说C51对标准C语言的扩展上。如果读者对标准C语言不是很了解，可以参考任何一本专门介绍C语言的书籍。

C51语言的特色主要体现在以下几个方面：

(1)C51继承了标准C的绝大部分的特性，而且基本语法相同，同时本身又在特定的硬件结构上有所扩展，如关键字sbit、data、idata、pdata、xdata、code等。

(2)应用C51更要注意对系统资源的理解，因为单片机的系统资源相对于PC机来说很贫乏，对于RAM、ROM中的每一字节都要充分利用。可以通过多看编译生成的.m51文件来了解自己程序中资源的利用情况。

(3)程序上应用的各种算法要精简，不要对系统构成过重的负担。尽量少用浮点运算，可以用unsigned无符号型数据的就不要用有符号型数据，尽量避免多字节的乘除运算，多使用移位运算等。

C51相对于标准C语言的扩展直接针对51系列CPU硬件,大致有以下几个方面。

(一)数据类型与运算符

1. 数据类型

C51具有标准C语言的所有标准数据类型,除此之外,为了更加有效地利用51系列单片机的结构,还加入了以下特殊的数据类型。

●bit 位变量值为0或1。

●sbit 从字节中声明的位置变量0或1。

●sfr 特殊功能寄存器,sfr字节地址为0～255。

●sfr16 同上,只是sfr字地址为0～65535。

其余数据类型如char、enum、short、int、long、float等与标准语言C相同,完整的数据类型如表3-9所示。

表3-9 C51语言的数据类型

数据类型	位数	字节数	数值范围
bit	1		0～1
char	8	1	－128～＋127
Unsigned char	8	1	0～255
enum	16	2	－32 768～＋32 768
short	16	2	－32 768～＋32 768
unsigned short	16	2	0～65 535
int	16	2	－32 768～＋32 768
unsigned int	16	2	0～65 535
long	32	4	－2 147 483 648～＋2 147 483 647
unsigned long	32	4	0～4 294 967 295
float	32	4	$\pm 31.176\times10^{-38}$～$\pm 3.40\times10^{38}$
sbit	1		0～1
sfr	8	1	0～255
sfr16	16	2	0～65 535

bit、sbit、sfr和sfr16数据类型专门用于51系列单片机硬件和C51编译器,并不是标准C语言的一部分,不能通过指针进行访问。bit、sbit、sfr和sfr16数据类型用于访问51系列单片机的特殊功能寄存器,例如sfr P0＝0x80,表示声明变量P0,并为其分配特殊功能寄存器地址0x80。

当结果为不同的数据类型时,C51编译器自动转换数据类型。例如位变量在整数分配中,就被转换成一个整数。除了数据类型的转换之外,带符号变量的符号扩展也是自动完成的。

2. 常量与变量

C语言总的数据有常量与变量之分。

在程序运行的过程中，其值不能改变的量称为常量。与变量一样，常量可以有不同的数据类型。如0、1、2、3为整型常量；4.6、−1.23等为实型常量；'a'、'b'为字符型常量。

在程序运行中，其值可以改变的量称为变量。一个变量主要由两部分构成：一个是变量名，一个是变量值。每个变量都有一个变量名，在内存中占据一定的存贮单元（地址），并在该内存单元中存放该变量的值。

由于AT89C51单片机的数字运算能力相对较差，在C51中对变量类型或数据类型的选择十分重要。字符变量（char），其长度为8位，是AT89C51单片机中最适合的变量，因为该单片机一次处理的字长为8位。而位变量（bit），其类型是位，值可以是1（true）或0（false）。与AT89C51单片机硬件特性操作有关的位变量必须定位在片内存储区的可位寻址空间中。

3. 算法运算符

C51最基本的算术运算有5种，其优先级也不同，如表3-10所示。

表3-10　C51的算术运算符

运算符	解释	运算优先级
+	加法运算，或正值符号	先乘除模、后加减，括号最优先。即在算术运算符中，乘、除、模运算的优先级相同，并高于加减运算符。在表达式中若出现括号，则括号中的内容优先级最高
-	减法运算，或负值符号	
*	乘法运算符	
/	除法运算符	
%	模（求余）运算符	

4. 关系运算符

C51有6种关系运算符，优先级不同，如表3-11所示。

表3-11　C51的关系运算符

<table>
<tr><th>运算符</th><th>解释</th><th colspan="2">运算优先级</th></tr>
<tr><td><</td><td>小于</td><td rowspan="4">优先级相同（高）</td><td rowspan="6">优先级
算术运算符 ↑（高）
关系运算符
赋值运算符 （低）</td></tr>
<tr><td>></td><td>大于</td></tr>
<tr><td><=</td><td>小于或等于</td></tr>
<tr><td>>=</td><td>大于或等于</td></tr>
<tr><td>==</td><td>测试等于</td><td rowspan="2">优先级相同（低）</td></tr>
<tr><td>!=</td><td>测试不等于</td></tr>
</table>

5. 逻辑运算符

C51有3种逻辑运算符，优先级不同，如表3-12所示。

表 3-12 C51 逻辑运算符

<table>
<tr><th>运算符</th><th>解释</th><th colspan="2">优先级</th></tr>
<tr><td>&&</td><td>逻辑与,要求有两个运算对象</td><td rowspan="2">优先级相同(高)</td><td rowspan="3">优先级
!(非)
算术运算符 (高)
关系运算符
&& 和||
赋值运算符 (低)</td></tr>
<tr><td>||</td><td>逻辑或,要求有两个运算对象</td></tr>
<tr><td>!</td><td>逻辑非,只要求一个运算对象</td><td>优先级(低)</td></tr>
</table>

6. 位操作及表达式

C51 有 6 种位操作,优先级不同,如表 3-13 所示。

表 3-13 C51 位操作

<table>
<tr><th>运算符</th><th>解释</th><th>类型</th><th>运算规则</th></tr>
<tr><td>&</td><td>按位与</td><td>双目</td><td>0&0=0,0&1=0,1&0=0,1&1=1</td></tr>
<tr><td>|</td><td>按位或</td><td>双目</td><td>0|0=0,0|1=1,1|0=1,1|1=1</td></tr>
<tr><td>^</td><td>按位异或</td><td>双目</td><td>0^0=0,0^1=1,1^0=1,1^1=0</td></tr>
<tr><td>~</td><td>按位取反</td><td>单目</td><td>~0=1, ~1=0</td></tr>
<tr><td><<</td><td>位左移</td><td>双目</td><td>用来将一个数的各二进制位全部左移若干位。移位后,空白位补 0,而溢出的位舍弃</td></tr>
<tr><td>>></td><td>位右移</td><td>双目</td><td>用来将一个数的各二进制位全部右移若干位。移位后,空白位补 0,而溢出的位舍弃</td></tr>
</table>

7. 自增减、复合运算符

C51 有几种自增减和复合运算符,其说明如表 3-14 所示。

(二)存储类型及存储区

C51 编译器支持 51 单片机及其扩展系列,并提供对 AT89C51 单片机所有存储区的访问。存储区可分为内部数据存储区、外部数据存储区以及程序存储区。AT89C51 单片机 CPU 内部的数据存储区是可读写的,51 单片机派生系列最多可有 256 字节的内部数据存储区,其中低 128 字节可直接寻址,高 128 字节(从 0x80 到 0xFF)只能间接寻址,从 20H 开始的 16 字节可位寻址。内部数据区又可以分成 3 个不同的存储类型:data、idata 和 bdata。外部数据区也是可读写的,访问外部数据区比访问内部数据区慢,因为外部数据区是通过数据指针加载地址来间接访问的。C51 编译器提供两种不同的存储类型 xdata 和 pdata 访问外部数据。程序 CODE 存储区是只读的,不能写。程序存储器可能在 51 单片机 CPU 内或者在外部或者内外都有,这由 51 系列派生的硬件决定。

表 3－14　C51 自增减和复合运算符

运算符	解　释
++i	在使用 i 之前，先使 i 值加 1
--i	在使用 i 之前，先使 i 值减 1
i++	在使用 i 之后，再使 i 值加 1
i--	在使用 i 之后，再使 i 值减 1
+=	a+=b，相对于 a= a+b
-=	a-=b，相对于 a=a-b
*=	a*=b，相对于 a=a* b
/=	a/=b，相对于 a=a/b
%=	a%=b，相对于 a=a% b
<<=	a<<=b，相对于 a=a<<b
>>=	a>> =b，相对于 a=a>>b
&=	a&=b，相对于 a=a&b
^=	a^=b，相对于 a=a^b
|=	a |=b，相对于 a=a | b

每个变量可以明确地分配到指定的存取空间，对内部数据存储器的访问比对外部数据存储器的访问快许多，因此应当将频繁使用的变量放在内部数据存储器中，而把较少使用的变量放在外部数据存储器中。各个存储区的简单描述如表 3－15 所示。

变量的声明中还包括了对存储器类型的指定，即指定变量存放的位置。

表 3－15　存储区描述

存储区	描　述
DATA	RAM 的低 128 字节，可在一个周期内直接寻址
BDATA	DATA 区可字节、位混合寻址的 16 字节区
IDATA	RAM 区的高 128 字节，必须采用间接寻址
XDATA	外部存储区(64K 字节)，使用 DPTR 间接寻址
PDATA	外部存储区的 256 字节，通过 P0 口的地址对其寻址。使用指令 MOVX @Rn，需要两个指令周期
CODE	程序存储区使用 DPTR 寻址(64K 字节)

下面分别详细介绍各个存储区并给出应用实例。

1. DATA 区

DATA 区的寻址是最快的，所以应该把经常使用的变量放在 DATA 区；但是 DATA 区的空间是有限的，DATA 区除了包含程序变量外，还包含了堆栈和寄存器组。DATA 区声明中的存储类型标识符为 data，通常指低 128 字节的内部数据区存储的变量，可直接寻址。声明举例如下：

```
unsigned char data system_status=0;
unsigned int data uint_id[2];
char data inp_string[16];
float data outp_value;
mytype data new_var;
```

标准变量和用户自声明变量都可存储在 DATA 区中，只要不超过 DATA 区的范围即可，因为 C51 使用默认的寄存器组来传递参数，这样 DATA 区至少失去了 8 个字节的空间。另外，当内部堆栈溢出的时候，程序会莫名其妙地复位。这是因为 51 系列单片机没有硬件报错机制，堆栈的溢出只能以这种方式表示出来，因此要声明足够大的堆栈空间以防止堆栈溢出。

2. BDATA 区

BDATA 区实际就是 DATA 区中的位寻址区，在这个区声明变量就可进行位寻址。位变量的声明对状态寄存器来说是十分有用的，因为它可能仅仅需要使用某一位，而不是整字节。BDATA 区声明中的存储类型标识符为 bdata，指内部可位寻址的 16 字节存储区(20H 到 2FH)可位寻址变量的数据类型。

以下是在 BDATA 区中声明的位变量和使用位变量的例子：

```
unsigned char bdata status_byte;
unsigned int bdata status_word;
unsigned long bdata status_dword;
sbit stat_flag=stat_byt e^4;
if(status_wor d^15)
{
...
}
stat_flag=1;
```

编译器不允许在 BDATA 区中声明 float 和 double 型的变量。如果想对浮点数的每一位进行寻址，可以通过包含 float 和 long 的联合体来实现。如：

```
typedef union                       //声明联合体类型
{     unsigned long lvalue;         //长整型 32 位
```

```
    float fvalue                //浮点数 32 位
}bit_float ;                    //联合体名
bit_float bdata myfloat;        //在 BDATA 区中声明联合体
sbit float_ld=myfloa t^3        //声明位变量名
```

下面的代码访问状态寄存器的特定位，注意比较访问声明在 DATA 区中的一字节与通过位名和位地址访问同样的可位寻址字节的位的代码之间的区别。例如，used_bitnum_status 的汇编代码比 use_byte_status 的代码要大。

```
unsigned char data byte_status=0x43;     //声明一字节宽状态寄存器
unsigned char bdata bit_status=0x43;     //声明一个可位寻址状态寄存器
sbit status_3=bit_statu s^3;             //把 bit_status 的第 3 位设置为位变量
bit use_bit_status(void);
bit use_bitnum_status(void);
bit use_byte_status(void);
void main(void)
{
    unsigned char temp=0;
    if(use_bit_status())
    {
        temp++;
    }
    if(use_byte_status())
    {
        temp++;
    }
    if(use_bitnum_status())
    {
        temp++;
    }
}
bit use_bit_status(void)
{
    return (bit)(status_3);
}
bit use_bitnum_status(void)
{
    return (bit)(bit_statu s^3);
```

```
}
bit use_byte_status(void)
{
    return byte_status&0x04;
}
```

对变量位进行寻址产生的汇编代码比声明 DATA 区的字节位所产生的汇编代码要好。如果对声明在 BDATA 区中的字节位采用偏移量进行寻址而不是用先前声明的位变量名时，编译后的代码是错误的。

需要特别注意的是在处理位变量时，要使用声明的位变量名，而不要使用偏移量。

3. IDATA 区

IDATA 区也可存放使用比较频繁的变量，使用寄存器作为指针进行寻址，即在寄存器中设置 8 位地址进行间接寻址。与外部存储器寻址相比它的指令执行周期和代码长度都比较短。IDATA 区声明中的存储类型标识符为 idata，指内部 256 字节的存储区，但是只能间接寻址，速度比直接寻址慢。

声明举例如下：

```
unsigned char idata system_status=0;
unsigned int idata uint_id[2];
char idata inp_string[16];
float idata outp_value;
```

4. PDATA 和 XDATA 区

PDATA 和 XDATA 区属于外部存储区，外部数据区是可读写的存储区，最多可有 64KB，当然这些地址不是必须用作存储区的。访问外部数据存储区比访问内部数据存储区慢，因为外部数据存储区是通过数据指针加载地址来间接访问的。

在这两个区，变量的声明和在其他区的语法是一样的，但 PDATA 区只有 256 字节，而 XDATA 区可达 65 536 字节。对 PDATA 和 XDATA 的操作是相似的。对 PDATA 区的寻址比对 XDATA 区的寻址要快，因为对 PDATA 区寻址只需要装入 8 位地址，而对 XDATA 区寻址需要装入 16 位地址，所以要尽量把外部数据存储在 PDATA 段中。

PDATA 和 XDATA 区声明中的存储类型标识符分别为 pdata 和 xdata，xdata 存储类型标识符可以指定外部数据区 64KB 内的任何地址，而 pdata 存储类型标识符仅指定 1 页或 256 字节的外部数据区。声明举例如下：

```
unsigned char xdata system_status=0;
unsigned int pdata uint_id[2];
char xdata inp_string[16];
float pdata outp_value;
```

对 PDATA 和 XDATA 寻址要使用汇编指令 MOVX，需要两个处理周期。

```
#include<reg51.h>
unsigned char pdata inp_reg1;
unsigned char xdata inp_reg2;
void main(void)
{
    inp_reg1=P1;
    inp_reg2=P3;
}
```

外部地址段中除了包含存储器地址外，还包含 I/O 器件的地址。对外部器件寻址可通过指针或 C51 提供的宏，使用宏对外部器件进行寻址更具有可读性。

宏声明使得存储区看上去像 char 和 int 类型的数组，下面是一些绝对寄存器寻址的例子：

```
inp_byte=XBYTE[0x8500];          //从地址 8500H 读一字节
inp_word=XWORD[0x4000];          //从地址 4000H 读一个字
c=*((char xdata *)0x0000);       //从地址 0000 读一字节
XBYTE[0x7500]=out_val;           //写一字节到 7500H
```

如果要对 BDATA 和 BIT 段之外的其他数据区寻址，则要包含头文件 absacc.h，并采用以上方法寻址。

5. 程序存储区 CODE

程序存储区的数据是不可改变的，跳转向量和状态表对 CODE 段的访问和对 XDATA 区的访问时间是一样的。编译的时候要对程序存储区中的对象进行初始化，否则就会产生错误。程序存储区 CODE 声明中的标识符为 code，在 C51 编译器中可用 code 存储区类型标识符来访问程序存储区。

下面是程序存储区声明的例子：

```
unsigned char code a[]=
{0x00,0x01,0x02,0x03,0x04,0x05,0x06,0x07,0x08};
```

(三)存储器模式

存储器模式是函数自变量、自动变量和没有明确规定存储类型的变量的默认存储类型，指定存储器类型需要在命令行中使用 SMALL、COMPACT 和 LARGE 三个控制命令中的一个，例如：

```
void fun1(void) small {  };
```

1. SMALL

在该模式中，所有变量都默认为位于 51 内部数据存储器，这和使用 data 指定存储器类型的方式一样。在此模式下，变量访问的效率很高，但所有的数据对象和堆栈必须适合内部 RAM。

确定堆栈的大小是很关键的，因为使用的堆栈空间是由不同函数嵌套的深度决定的。通常，如果 BL51 连接器/定位器将变量都配置在内部数据存储器内，则 SMALL 模型是最佳选择。

2. COMPACT

当使用 COMPACT 模式时，所有变量都被默认为在外部数据存储器的页内，这和使用 pdata 指定存储器类型是一样的。该存储器类型适合于变量不超过 256 字节的情况，此限制是由寻址方式所决定的。与 SMALL 模式相比，该存储器模型的效率比较低，对变量访问的速度也慢一些，但比 LARGE 模式快。地址的高字节通常通过口 P2 设置，编译器没有设置该口。

3. LARGE

在 LARGE 模式中，所有变量都默认为位于外部数据存储器(这和使用 xdata 指定存储器类型是一样的)，并使用数据指针 DPTR 进行寻址。通过数据指针访问外部数据存储器的效率较低，特别是当变量为 2 字节或更多字节时，该模式要比 SMALL 和 COMPACT 产生更多的代码。

(四)特殊功能寄存器(SFR)

51 单片机提供 128 字节的 SFR 寻址区，地址为 80H～FFH。AT89C51 单片机中，除了程序计数器 PC 和 4 组通用寄存器组之外，其他所有的寄存器均为 SFR，并位于片内特殊功能寄存器区。这个区域可位寻址、字节寻址或字寻址，用以控制定时器、计数器、串口、I/O 及其他部件。特殊功能寄存器可由以下几种关键字说明。

1. sfr

声明字节寻址的特殊功能寄存器，比如 sfr P0＝0x80，表示 P0 口地址为 80H。注意："sfr"后面必须跟一个特殊功能寄存器名；"＝"后面的地址必须是常数，不允许带有运算符的表达式，这个常数值的范围必须在特殊功能寄存器地址范围内，位于 0x80H 到 0xFFH 之间。

2. sfr16

许多新的 8051 派生系列单片机用两个连续地址的 SFR 来指定 16 位值，例如，AT89C51 单片机用地址 0xCC 和 0xCD 表示定时/计数器 2 的低和高字节，如 sfr16 T2＝0xCC；表示 T2 口地址的低地址 T2L＝0xCC，高地址 T2H＝0xCD。sfr16 声明和 sfr 声明遵循相同的原则，任何符号名都可用在 sfr16 的声明中。声明中名字后面不是赋值语句，而是一个 SFR 地址，其高字节必须位于低字节之后，这种声明适用于所有新的 SFR，但不能用于定时/计数器 0 和计数器 1。

3. sbit

声明可位寻址的特殊功能寄存器和别的可位寻址的目标。"＝"号后将绝对地址赋给变量名，3 种变量声明形式如下：

(1)sfr_nam e^ int_constant。该变量用一个已声明的 sfr_name 作为 sbit 的基地址(SFR 的地址必须能被 8 整除)。"^"后面的表达式指定了位的位置，必须是 0～7 之间的一个数字，例如：

```
sfr PSW=0xD0;                    //声明 PSW 为特殊功能寄存器，地址为 0xD0
```

```
sfr IE=0xA8;
sbit OV=PSW^ 2;
sbit CY=PSW^ 7;
sbit EA=IE^ 7;                //指定 IE 的第 7 位为 EA,即中断允许
```

(2)int_constant^int_constant。该变量用一个整常数作为 sbit 的基地址,基地址值必须能被 8 整除。"^"后面的表达式指定位的位置,必须在 0～7 之间。例如:

```
sbit OV=0xD0^2;
sbit CY=0xD0^7;
sbit EA=0xA8^7;               //指定 0xA8 的第 7 位为 EA,即中断允许
```

(3)int_constant。该变量是一个 sbit 的绝对位地址,例如:

```
sbit OV=0xD2;
sbit CY=0xD7;
sbit EA=0xAF;
```

特殊功能位代表一个独立的声明类,它不能和别的位声明或位域互换,sbit 数据类型可以用来访问用 bdata 存储类型标识符声明的变量的位。

不是所有的 SFR 都是可位寻址的,只有地址可被 8 整除的 SFR 可位寻址。SFR 地址的低半字节必须是 0 或 8。例如,SFR 在 0xA8 和 0xD0 是可位寻址的,0XC7 和 0xEB 的 SFR 是不可位寻址的。计算一个 SFR 的位地址需在 SFR 字节地址上加上位所在的地址,因此若访问 SFR 0xC8 的第 6 位,则 SFR 的位地址是 0xCE,即 0xC8+6。

(五) C51 指针

1. 通用指针

C51 提供一个 3 字节的通用指针,通用指针的声明和使用均与标准 C 语言相同,但它同时还可以说明指针的存储类型,例如:

●long * state;为一个指向 long 型整数的指针,而 state 本身则根据存储模式存放在不同的 RAM 区。

●char * xdata ptr;为一个指向 char 数据的指针,而 ptr 本身存放于外部 RAM 区。

以上的 long、char 等指针指向的数据可存放于任何存储器中。

通用指针用 3 字节保持。指针的第一字节表明指针所指的存储区空间地址,另外两字节存储 16 位偏移量,但对 DATA、IDATA 和 PDATA 区,使用 8 位偏移量就可以了。

2. 指定存储区指针

C51(Keil C51)允许使用者规定指针指向的存储段,这种指针叫指定存储区指针。例如:

```
char data *str;          //str 指向 data 区中 char 型数据
int xdata *pow;          //pow 指向外部 RAM 的 int 型整数
```

存储类型在编译时是确定的，通用指针所需的存储类型字节在指定存储器的指针中是不需要的，指定存储区指针只需用一字节（idata、data、bdata 和 pdata 指针）或两字节（code 和 xdata）。

使用指定存储区指针的好处是节省了存储空间，编译器不用为存储器选择和决定正确的存储器操作指令产生代码，使代码更加简短，但必须保证指针不指向声明的存储区以外的地方，否则会产生错误。通用指针产生的代码执行速度比指定存储区指针的要慢，因为存储区在运行前是未知的，编译器不能优化存储区访问，必须产生可以访问任何存储区的通用代码。如果优先考虑执行速度，应该尽可能地使用指定存储区指针而不是通用指针。

3. 指定存储区指针与通用指针比较

指定存储区指针和通用指针的对比如表 3-16 所示。

表 3-16　指定存储区指针和通用指针对照

指针类型	通用指针	xdata	idata	pdata	data	code
大小(字节)	3	2	1	1	1	1

用户可通过存储区特殊指针以加速 51 单片机的 C 程序，下面的例子描述了不同指针在代码、数据规模和执行时间上的差异，如表 3-17 所示。

表 3-17　C51 指针实例

描述	idata 指针	xdata 指针	通用指针
示例程序	char idata *ip; char val; val= *ip;	char xdata *xp; char val; val= *xp;	char *p; char val; val= *p;

所产生的 51 汇编程序代码	MOV R0,ip
	MOV val,@R0
		MOV DPL,xp+1
		MOV DPH,xp
		MOV A,@DPTR
		MOV val,A
			MOV R1,p+2
			MOV R2,p+1
			MOV R3,p
			CALL CLDPTR

指针大小	1 字节数据	2 字节数据	3 字节数据
代码大小	4 字节代码	9 字节代码	11 字节代码
执行时间	4 个周期	7 个周期	13 个周期

4. 指针转换

C51 编译器可以在指定存储区指针和通用指针之间转换，指针转换可以用类型转换的直接程序代码来强制转换，或在编译器内部强制转换。

当把指定存储区指针作为参数传递给要求使用通用指针的函数时，C51 编译器就把指定存储区指针转换为通用指针，如下例中 printf、sprintf 和 gets 等通用指针作为参数的函数。

```
extern int printf(void  * format,…);
extern int myfunc(void code  * p,int xdata  * pq);
int xdata  * px;
char code  * fmt= * value=%d|%4XH\n;
void debuf_print(void)
{
    printf(fmt, * px, * px);          //fmt 被转换
    myfunc(fmt,px);                   //没有转换
}
```

在调用 printf 中，参数 fmt 代表 2 字节 code 指针，自动转换或强迫转换成 3 字节的通用指针，这是因为 printf 的原型要求用通用指针作为第一个参数。

指定存储区的指针作为函数的参数时，如果没有函数原型，就经常被转换成通用指针。如果调用的函数用短指针作为参数，会引起错误。要在程序中避免这种错误，可用 #include 文件和所有外部函数的原型，以确保编译器进行必要的类型转换。

表 3－18 详细列出了通用指针(generic *)到指定存储区指针(code * 、xdata * 、idata * 、data * 、pdata *)的转换。

表 3－18　指针转换

转换类型	说　明
generic * 到 code *	用通用指针的偏移段(2 字节)
generic * 到 xdata *	用通用指针的偏移段(2 字节)
generic * 到 data *	用通用指针的低字节(高字节丢弃)
generic * 到 idata *	用通用指针的低字节(高字节丢弃)
generic * 到 pdata *	用通用指针的低字节(高字节丢弃)

表 3－19 详细列出了指定存储区指针(code * 、xdata * 、idata * 、data * 、pdata *)到通用指针(generic *)的转换。

表 3－19　指定存储区指针到通用指针的转换过程

转换类型	说　明
code * 到 generic *	对应 code，通用指针的存储类型设为 0xFF，用了原 code * 的 2 字节偏移段
xdata * 到 generic *	对应 xdata，通用指针的存储类型设为 0x01，用了原 xdata * 的 2 字节偏移段
data * 到 generic *	idata * /data * 的 1 字节偏移转换为一个 unsigned int 类型的偏移
idata * 到 generic *	对应 idata/data，通用指针的存储类型设为 0x00
pdata * 到 generic *	对应 pdata，通用指针的存储类型设为 0xFE，pdata * 的 1 字节偏移转化为一个 unsigned int 的偏移

5. 绝对指针

绝对指针类型可以访问任何存储区的存储区地址，也可用绝对指针调用定位在绝对或固定地址的函数。举例说明绝对指针类型。

```
char xdata *px;          //指向 xdata 区的指针
char idata *pi;          //指向 idata 区的指针
char code *pc;           //指向 code 区的指针
char c;                  //data 区的 char 型变量
int i;                   //data 区的 int 型变量
```

(六)C51 函数

1. 函数声明

Keil C51 编译器扩展了标准 C 函数声明，这些扩展有：

(1)指定一个函数作为一个中断函数；

(2)选择所用的寄存器组；

(3)选择存储模式；

(4)指定重入；

(5)指定 ALIEN PL/M5 函数。

在函数声明中可以包含这些扩展或属性，声明 C51 函数的标准格式如下：

[return_type]funcname([args])[{small||compact||large}][reentrant][interrupt n][using n]

return_type：函数返回值的类型，如果不指定缺省是 init。

funcname：函数名。

args：函数的参数列表。

small、compact 或 large：函数的存储模式。

reentrant：表示函数是递归的或可重入的。

interrupt：表示是一个中断函数。

using：指定函数所用的寄存器组。

2. 函数参数和堆栈

传统的 51 单片机系列中堆栈指针只能访问内部数据区，Keil C51 编译器把堆栈定位在内部数据区的所有变量的后面，堆栈指针间接访问内部存储区，可以使用 0xFF 前的所有内部数据区。传统 51 单片机系列的堆栈空间是有限的，最多只有 256 字节。除了用堆栈传递函数参数外，Keil C51 编译器还为每个函数参数分配一个特定地址。当函数被调用时，调用者在传递控制权前必须把参数拷贝到分配好的存储区，函数就可从固定的存储区提取参数。在这个过程中，只有返回地址保存在堆栈中。中断函数要求更多的堆栈空间，因为必须切换寄存器组，在堆栈中保存寄存器值。

但是，一些派生的 51 系列单片机的堆栈空间可以增加到几 KB，Keil C51 编译在缺省情况下最多可以用寄存器传递 3 个参数，这可以提高运行速度。同时，一些派生 51 系列单片机只提供 64 字节的片内数据区，大多数都是 256 字节。在决定存储模式时，应考虑这个因素，因为片内 data 和 idata 直接影响堆栈空间的大小。

3. 用寄存器传递参数

Keil C51 编译器允许用 CPU 寄存器传递 3 个参数，这可以明显提高系统性能。参数传递可以用 REGPARMS 和 NOREGPARMS 控制命令来控制，表 3-20 列出了不同参数位置和数据类型所用的寄存器。

表 3-20　参数位置以及数据类型所用的寄存器

参数数目	char，1 字节指针	int，2 字节指针	long，float	通用指针
1	R7	R6&R7	R4～R7	R1～R3
2	R5	R4&R5	R4～R7	R1～R3
3	R3	R2&R3	/	R1～R3

如果没有寄存器可用来传递参数，则使用固定存储区。

4. 函数返回值

函数返回值一律放在寄存器中，规律如表 3-21 所示。

表 3-21　函数返回值

返回值类型	寄存器	说明
bit	标志位	由具体标志位返回
char/unsigned char	R7	单字节由 R7 返回
int/unsigned int	R6&R7	双字节由 R6 和 R7 返回，MSB 在 R6
long/unsigned long	R4～R7	MSB 在 R4，LSB 在 R7
float	R4～R7	32bit IEEE 格式
通用指针	R1～R3	存储类型在 R3，高位 R2，低位 R1

如果函数的第一个参数是 bit 类型，那么别的参数就不能用寄存器传递，因此 bit 参数应该在最后声明。

5. 函数的存储模式

函数的参数和局部变量保存在由存储模式指定的缺省存储空间中，但是，单个函数可以在函数声明中用 small、compact 或 large 声明来指定存储模式，例如：

```
#pragma small /* Default to small model */
extern int calc(char i,int b)large reentrant;
extern int func(int i,float f)large;
extern void *tcp(char xdata *xp,int ndx)small;
int mtest(int i,int y)  //small model
{
```

```
    return (i * y + y * i + func(-1,4.75));
}
int large_func(int i,int k)large   //Large model
{
    return (mtest(i,k)+2);
}
```

函数使用 SMALL 存储模式的好处是,局部变量和函数参数保存在 AT89C51 单片机内部 RAM,因此,数据访问效率高。但是内部存储区是有限的,很多情况下 SMALL 模式不能满足程序的要求,就必须用其他的存储模式。

在函数声明中指定函数模式属性,应该选择所用的 3 个可能的重入堆栈和帧指针。SMALL 模式的堆栈访问比 LARGE 模式的效率高。

6. 函数的寄存器组

所有 51 系列单片机的最低 32 字节分成 4 个寄存器组,每个寄存器组的寄存器为 R0～R7,寄存器组由 PSW 的两位选择。在处理中断或使用一个实时操作系统时,寄存器组非常有用。

using 函数属性用来指定函数所用的寄存器组,例如:

```
void rb_function(void) using 3
{…}
```

using 属性为 0～3 的常整数,不允许带操作数的表达式,在函数原型中不允许使用 using 属性。using 属性将影响以下的函数的目标代码:

- 在函数入口保存当前选择的寄存器组在堆栈中;
- 设置指定的寄存器组;
- 在函数出口处恢复前面的寄存器组。

需要注意的是,using 属性不能用在寄存器返回值的函数中。必须确保寄存器组切换在可控范围内,否则,可能产生错误。即使使用相同的寄存器组,用 using 声明函数也不能返回 bit 值。

using 属性在 interrupt 函数中最有用,通常对每个中断优先级指定一个不同的寄存器组,因此,可以分配一个寄存器组给所有非中断代码,另一个寄存器组为高级中断,第三个寄存器组为低级中断。

(七)重入函数

由于 AT89C51 单片机内部堆栈空间有限,C51 没有像大系统那样使用调用堆栈。一般在 C 语言中,调用函数时会将函数的参数和函数中使用的局部变量入栈。为了提高效率,C51 没有提供这种堆栈方式,而是提供一种压缩的方式,即为每个函数设定一个空间用于存放局部变量。

一般函数中的每一个变量都存放在这个空间的固定位置,当递归调用这个函数时会导致变量被覆盖,所以在某些实时应用中,一般函数是不可取的。因为函数调用时可能会被中断程序中断,而在中断程序中可能再次调用这个函数,所以 C51 允许将函数声明成重入函数。重入函数,又叫再入函数,是一种可以在函数体内间接调用其自身的函数,重入函数可被递归调用和多重调用而不用担心变量被覆盖,这是因为每次函数调用时的局部变量都会被单独保存起来。由于这些堆栈是模拟的,重入函数一般都比较大,运行起来也比较慢,所以模拟栈不允许传递 bit 类型的变量,也不能声明局部位标量。

声明重入函数关键字为 reentrant。

声明格式为:函数说明　函数名　(形式参数表) reentrant

重入函数声明如下例所示:

```
int calc(char i,int b) reentrant
{
    int x;
    x=table[i];
    return (x * b);
}
```

使用重入函数的注意事项如下:

(1)重入函数不能传递 bit 类型参数。

(2)与 PL/M51 兼容的函数不能具有 reentrant,也不能调用重入函数。

(3)在编译时,重入函数建立的是模拟堆栈区,SMALL 模式下模拟堆栈区位于 IDATA 区,COMPACT 模式下模拟堆栈区位于 PDATA 区,LARGE 模式下模拟堆栈区位于 XDATA 区。

(4)在同一个程序中可以声明和使用不同存储器模式的重入函数。任何模式的重入函数均不能调用不同存储器模式的重入函数,但可以调用普通函数。

(5)实际参数可以传递给间接调用的重入函数。无重入属性的间接调用函数不能包含调用参数。

重入函数所用的模拟堆栈有自己的堆栈指针,它独立于 AT89C51 单片机堆栈和堆栈指针。堆栈和堆栈指针在 STARTUP. A51 文件中进行定义和初始化。

表 3-22 详细地列出了堆栈指针汇编变量名、数据区和每种存储模式的大小。

表 3-22　重入函数堆栈

模式	堆栈指针	堆栈区
SMALL	? C_IBP(1 字节)	间接访问内部存储区(idata),堆栈区最大 256 字节
COMPACT	? C_PBP(1 字节)	外部页寻址存储区(pdata),堆栈区最大 256 字节
LARGE	? C_XBP(2 字节)	外部可访问存储区(xdata),堆栈区最大 64 字节

在 SMALL 存储模式下,模拟堆栈和 AT89C51 单片机硬件堆栈分享共同的存储区,但方向相反。重入函数的模拟堆栈区从上到下生长,AT89C51 单片机硬件堆栈与之相反,是从下到上的。

(八)中断函数

AT89C51 单片机的中断系统十分重要,可以用 C51 语言来声明中断和编写中断服务程序,当然也可以用汇编语言来写。中断过程通过使用 interrupt 关键字和中断编号 0～4 来实现。

使用该扩展属性的函数声明语法如下:

返回值　函数名　interrupt n

n 为对应中断源的编号。

中断编号告诉编译器中断程序的入口地址,它对应着 IE 寄存器中的使能位,即 IE 寄存器中的 0 位对应着外部中断 0,相应的外部中断 0 的中断编号是 0。

AT89C51 单片机的中断源以及中断编号如表 3-23 所示。

表 3-23　AT89C51 单片机中断源及中断编号

中断编号	中断源	入口地址
0	外部中断 0	0003H
1	定时器/计数器 0 溢出	000BH
2	外部中断 1	0013H
3	定时器/计数器 1 溢出	001BH
4	串行口中断	0023H

在 51 系列单片机中,有的单片机多达 32 个中断源,所以中断编号是 0～31。

当正在执行一个特定任务时,可能有更紧急的事件需要 CPU 出来响应,这就涉及到了中断优先级。高优先级中断可以中断正在处理的低优先级中断程序,因而最好给每个优先级程序分配不同的寄存器组。在 C51 中可以使用 using 指定寄存器组,using 后的变量为 0～3 长整数,分别表示 51 单片机内的 4 个寄存器组。

中断函数的完整语法及示例如下:

```
返回值　函数名([参数])[模式][重入]interrupt n [using n]
unsigned int interruptcnt;
unsigned char second;
void timer0(void) interrupt 1 using 2 {
if(++interruptcnt==4000){          /*计数到 4000*/
second++;                          /*另一个计数器*/
interruptcnt=0;                    /*计数器清零*/
```

(九)C51 的编程规范

C51 编译器能从 C 程序源代码中产生高度优化的代码,而通过一些编程上的技巧又可以帮助编译器产生更好的代码。下面总结了一些使用上的技巧、规范。

1. 采用短变量

一个提高代码效率的最基本的方式就是减小变量的长度。对 8 位的单片机来说经常使用的变量应该是 unsigned char，只占用一个字节。

2. 使用无符号类型

AT89C51 单片机不支持符号运算，程序中不要使用带有符号变量的外部代码。如果程序中可以不需要负数，那么把变量都定义成无符号类型的。

3. 避免使用浮点

在 8 位操作系统上使用 32 位浮点数是得不偿失的，你可以这样做，但会浪费大量的时间。所以当你要在系统中使用浮点数的时候，你要问问自己这是否一定需要。可以通过提高数值数量级和使用整型运算来消除浮点指针。

4. 少用指针

指针是 C 语言的精华，但是在 C51 中少用为妙。一是有时反而要花费更多的空间，二是在对片外数据进行操作时可能会出错。

但是，当你在程序中使用指针时，应指定指针的类型，确定它们指向哪个区域，如 XDATA 或 CODE 区，这样你的代码会更加紧凑。

5. 使用位变量

对于某些标志位，应使用位变量 bit，而不是 unsigned char。这样将节省内存，不用多浪费 7 位存储区，而且位变量在 RAM 中，访问它们只需要一个处理周期。

6. 用局部变量代替全局变量

把变量定义成局部变量比全局变量更有效率。编译器为局部变量在内部存储区中分配存储空间，而为全局变量在外部存储区中分配存储空间，这会降低访问速度。另一个避免使用全局变量的原因是必须在系统的处理过程中调节使用全局变量，因为在中断系统和多任务系统中，不只一个过程会使用全局变量。

7. 为变量分配内部存储区

局部变量和全局变量可被定义在你想要的存储区中，根据先前的讨论，当把经常使用的变量放在内部 RAM 中时，可使程序的速度得到提高，除此之外，还缩短了代码，因为外部存储区寻址的指令相对要麻烦一些。考虑到存储速度，按下面的顺序使用存储区：DATA、IDATA、PDATA、XDATA，当然要记得留出足够的堆栈空间。

8. 使用宏代替函数

对于小段代码，像使用某些电路或从锁存器中读取数据，你可通过使用宏来代替函数，让程序有更好的可读性。可把代码定义在宏中，这样看上去更像函数。编译器在碰到宏时，按照事先定义的代码去替代宏。宏的名字应能够描述宏的操作。当需要改变宏时，只要修改宏定义处，如下述例程：

```
#define led_on()   {
    led_state=LED_ON;
    XBYTE[LED_CNTRL]=0x01;}
#define led_off   {
    led_state=LED_OFF;
```

```
    XBYTE[LED_CNTRL]=0x00;}
#define checkvalue(val)   ((val<MINVAL||val>MAXVAL)? 0:1)
```

宏能够使访问多层结构和数组更加容易,可以用宏来替代程序中经常使用的复杂语句以减少打字的工作量,且有更好的可读性和可维护性。

9. 慎用 goto 语句

从汇编转型成 C 的人很喜欢用 goto,但 goto 是 C 语言的大忌。不过程序出错是程序员自己造成的,不是 goto 的过错。只推荐少数情况下使用 goto 语句,如从多层循环体中跳出,及有多重判断进行分支时。

另外,为了提高程序的可读性,我们应当形成良好的编辑风格,这对于编程人员来说是一种基本素质,有利于提高效率。

三、C51 结构化程序设计

(一)C 语言程序的基本结构及流程图

C 语言是一种结构化编程语言。这样结构化语言有一套不允许交叉的程序流程,存在严格的结构。结构化语言的基本元素是模块,它是程序的一部分,只有一个出口和一个入口,不允许有偶然的中途插入或以模块的其他路径退出。结构化编程语言在没有妥善保护或恢复堆栈和其他相关的寄存器之前,不应该随便跳入或跳出一个模块。

结构化程序由若干模块组成,每个模块包含着若干个基本结构,而每个基本结构中可以有若干条语句。归纳起来,C 语言有 3 种基本结构。

1. 顺序结构

顺序结构是一种最基本、最简单的编程结构。在这种结构中,程序由低地址向高地址顺序执行指令代码。如图 3-1 所示,程序先执行 A 操作,再执行 B 操作,两者是顺序执行的关系。

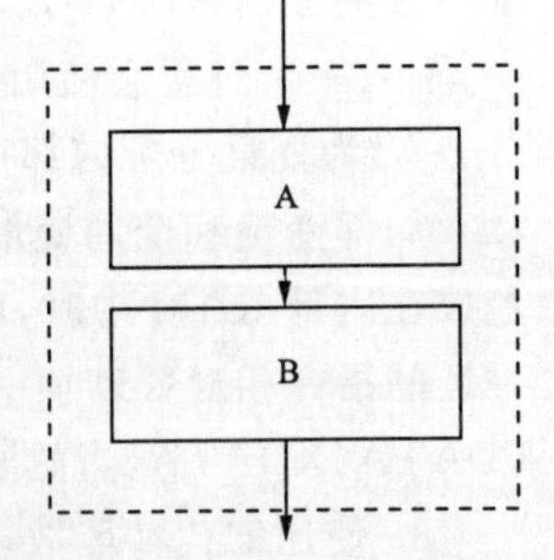

图 3-1 顺序结构流程图

2. 选择结构

如果计算机只能做像顺序结构那样简单的基本操作,那它的用途是十分有限的。计算机功能强大的原因就在于它具有决策或者说具有选择能力,这种能力可以在一定的条件下处理不同的问题。

在选择结构中,程序首先对一个条件语句进行测试。当条件为“真”(True)时,执行一个方向上的程序流程;当条件为“假”(False)时,执行另一个方向上的程序流程。如图 3-2 所示,P 代表一个条件,当 P 条件成立(为真)时,执行 A 操作,否则执行 B 操作。但两者只能选择其一。两个方向上的程序流程最终将汇集到一起从一个出口中退出。常见的选择语句有 if 和 else 语句。

由选择结构可以派生出另一种基本结构:多分支结构。在多分支结构中又有串行多分支和并行多分支两种情况。

串行多分支及其流程如图 3-3 所示。在串行多分支结构中,以单选择结构中的某一分支方向作为串行多分支方向(例如,以条件为“真”为串行方向)继续进行一种操作来执行,并从一个共用的出口退出。

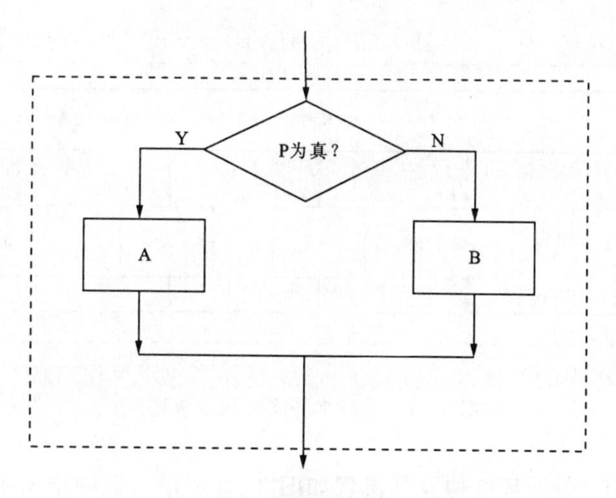

图 3－2　选择结构流程图

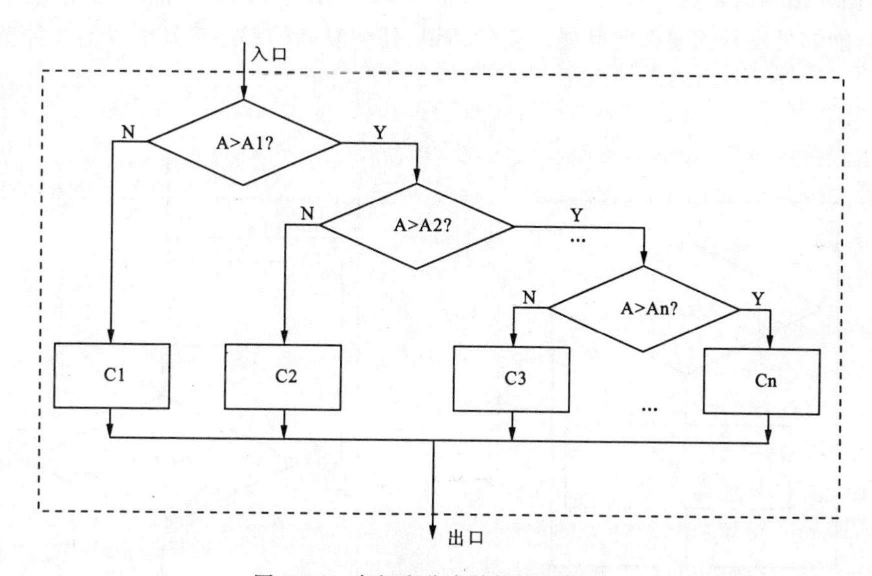

图 3－3　串行多分支结构流程图

这种串行多分支结构由若干条 if,else if 语句嵌套构成。

并行多分支结构及其流程如图 3－4 所示，在并行多分支结构中，根据 K 值的不同，而选择 A1,A2,…,An 等不同操作中的一种来执行。

3. 循环结构

所有的分支结构都使程序流程一直向前执行(除法使用了某种 goto 语句)，而使用循环结构则可使分支流程重复地进行。

循环结构又分成“当”(while)型循环结构和“直到”(do…while)型循环结构两种。

“当”(while)型循环结构及其流程如图 3－5 所示。在这种结构中，当判断条件 P 成立(为“真”)时，反复执行操作 A，直到条件不成立(为“假”)时，才停止循环。

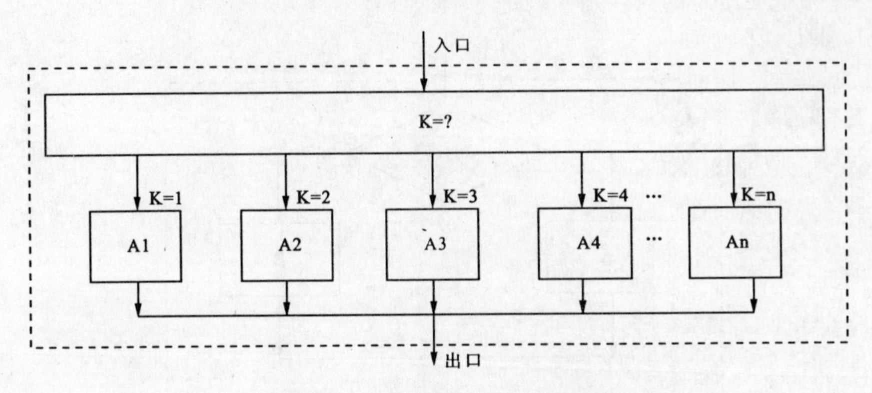

图 3-4　并行多分支结构流程图

"直到"(do…while)型循环结构及其流程如图 3-6 所示。这种结构中,先执行操作 A,再判断条件 P,若 P 成立(为"真")则执行 A,此时反复直到 P 为假为止。

构成循环结构的常见语句主要有 while、do…while、for 等。可以证明,由以上基本结构组成的程序,能够处理任何复杂的问题。换句话说,任何复杂的程序都是由以上 3 种基本结构组成的。

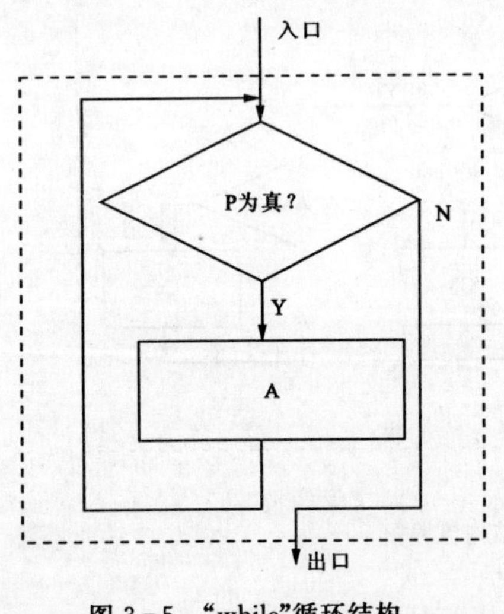

图 3-5　"while"循环结构

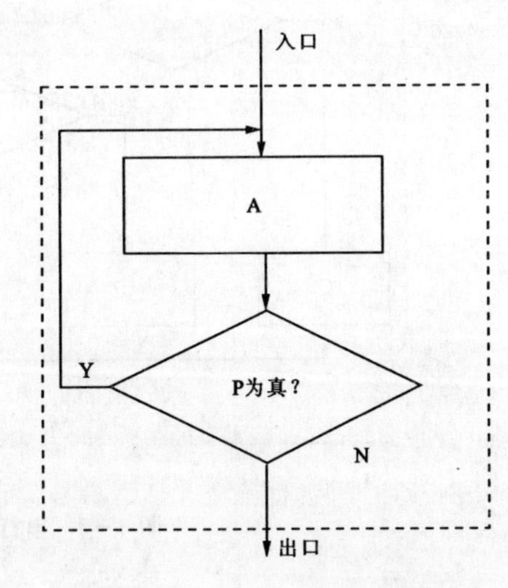

图 3-6　"do…while"循环结构

(二)选择语句

计算机的基本特性之一是具有重复执行一系列指令的能力,而另一个基本特性是具有选择(决策)能力。可以想象,假如计算机不具备这样选择(决策)能力,那么它在执行各种循环语句时,就不能按照我们的意志,在循环中的某个特定的条件下,及时完成相应的操作,或及时终止整个循环过程,那么程序就会进入无限循环状态——也就是我们通常说的"死机"。

在标准 C 语言中,这样选择与分支语句主要有两种,下面分别介绍。

1. if 语句

if 语句先判定所给定的条件是否满足。根据判定的结果(真或假)决定执行给出的两种操作之一。

C 语言提供了 3 种形式的 if 语句：

(1)if(表达式)语句。如果表达式的结果为真,则执行语句,否则不执行。

(2)if(表达式)语句 1else 语句 2。如果表达式的结果为真,则执行语句 1,否则执行语句 2。

```
(3)if(表达式 1)      语句 1
else if(表达式 2)    语句 2
else if(表达式 3)    语句 3
…
else if(表达式 m)语句 m
else 语句 n
```

2. if 语句的嵌套

在 if 语句中又包含一个或多个 if 语句,称为 if 语句的嵌套。一般形式如下：

```
if()
    if()语句 1
    else 语句 2
else
    if()语句 3
    else  语句 4
```

应当注意 if 与 else 的配对关系,else 总是与它上面最近的没有配对的 if 配对。

3. switch 语句

当程序中有多个分支时,可以使用 if 嵌套实现,但是当分支较多时,则嵌套的 if 语句层数多,程序冗长而且可读性降低。C 语言提供了 switch 语句直接处理多分支选择。switch 语句的一般形式如下：

```
switch(表达式)
{
    case 常量表达式 1:语句 1
    case 常量表达式 2:语句 2
    …
    case 常量表达式 n:语句 n
    default:语句 n+1
}
```

说明：switch 后面括号内的“表达式”，ANSI 标准允许它为任何类型。当表达式的值与某个 case 后面的常量表达式相等时，就执行此 case 后面的语句。每一个 case 的常量表达式的值必须不相同；各个 case 和 default 的出现次序不影响执行结果。

另外，在执行完一个 case 后面的语句后，并不会自动跳出 switch，转而去执行其后的语句。因此，通常在每一段 case 的结束加入“break;”语句，使流程退出 switch 结构。

(三)循环语句

我们主要使用 3 种形式的循环语句：while 语句、do…while 语句和 for 语句，下面分别介绍。

1. while 语句

while 语句的一般形式为：

```
while (表达式)
语句;
```

while 语句的执行过程如下：首先计算“表达式”(称之为循环条件)的值，如果其结果值非 0，则执行“语句”(称之为循环体)。这个过程重复进行，称之为循环，直至“表达式”的值为 0 时，才结束循环。

2. do…while 语句

do…while 语句类似于 while 语句，但是它先执行循环体，然后检查循环条件。do…while 语句的一般形式为：

```
do
语句;
while(表达式);
```

如果“表达式”的值非 0，循环继续进行，否则，循环终止。与 while 语句相比，使用 do…while 语句要少一些；但是，对于有些情况，循环体至少要执行一次，do…while 语句就很有用。

3. for 语句

for 语句的一般形式如下：

```
for (表达式 1;表达式 2;表达式 3)
语句;
```

for 语句执行过程如下：首先计算“表达式 1”(循环初值)，且仅计算一次。每一次循环之前计算“表达式 2”(循环条件)，如果其结果非 0，则执行“语句”(循环体)，并计算“表达式 3”(循环增量)；否则，循环终止。

4. break 语句

break 语句用在循环语句的循环体内的作用是终止当前的循环语句。

5. continue 语句

continue 语句的功能与 break 语句不同，它是结束当前循环语句的当前循环，而执行下一次循环。在循环体中，continue 语句执行之后，其后的语句均不再执行。

四、C51 对 51 单片机的编程实例

单片机的内部资源主要有中断系统、定时器/计数器、并行 I/O 口以及串口，单片机的大部分功能就是通过对这些资源的利用来实现的。下面分别对其进行介绍，并给出 C 语言编程

的应用实例。

(一)C51 编写中断服务程序

C51 编译器支持在 C 语言源程序中直接编写 AT89C51 单片机的中断服务函数程序，从而减轻了采用汇编语言编写中断服务程序的繁琐程度。为了能在 C 语言源程序中直接编写中断服务函数，C51 编译器对函数的定义有所扩展，增加了一个扩展关键字 interrupt。关键字 interrupt 是函数定义时的一个选项，加上这个选项即可以将函数定义成中断服务函数。

定义中断服务函数的一般形式在上文中已经详细说明了。在这里直接用两个中断实例来说明如何编写中断服务函数。

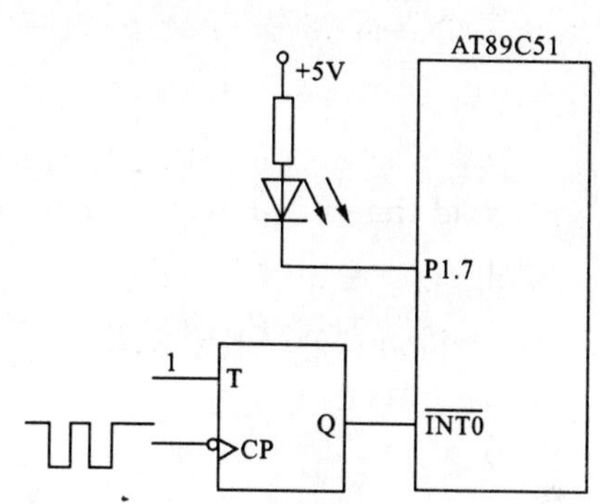

图 3-7　发光二极管亮、暗交替

1. 外部中断

在本实例中，首先通过 P1.7 口点亮发光二极管，然后外部输入一脉冲串，则发光二极管亮、暗交替。电路图如图 3-7 所示。

编写程序如下：

```
#include〈reg51.h〉
sbit P1_7=P 1^7;
void interrupt0(void) interrupt 0 using 2   //外部中断服务函数
{
    P1_7=! P1_7;
}
void main(void)
{
    EA=1;              //打开中断
    IT0=1;             //外部中断 0 低电平触发
    EX0=1;             //外部中断 0
    P1_7=0;
    do{}while(1);
}
```

2. 中断嵌套

外部中断 INT1 触发后，启动计数器 0。计数达到 10 次后停止计数，启动定时器 1，由定时器 1 控制定时，由 P1.7 输出周期为 200ms 的方波信号，接收两次中断后关闭方波发生器，P1.7 置低。

```
#include<reg51.h>
```

```
#define uchar unsigned char
uchar data a,b,c;
void interrupt0() interrupt 2 using 1   //定义外部中断 1
{
    a++;
}

void timer0() interrupt 1 using 2   //定义计数器 0
{
    TL0=0xFF;
    b++;
}

void timer1() interrupt 3 using 3   //定义定时器 1
{
    TH1=0x06;
    c--;
}

sbit P1_7=P1^7;
void main(void)
{
    P1_7=1;                //初始化
    TCON=0x01;             //外部中断为低电平触发方式
    TMOD=0x27;             //启动定时器 1 和计数器 0.工作方式 2
    IE=0x8B;               //开启中断
    a=0;
    do{}while(a!=1);       //等待外部中断
    P1_7=!P1_7;            //取反
    TL0=0xFF;              //初值
    TH0=0x06;              //初值
    b=0;
    TR0=0;                 //停止计数器 0 工作
    TR1=1;                 //启动定时器 1
    do{
        c=0x08;
        do{}while(c!=0);   //定时输出方波
        P1_7=!P1_7;
    }while(a!=3);          //等待两次外部中断
```

```
    TR1=0;                  //关定时器 1
    P1_7=0;
    EA=0;                   //关总中断
    EX0=0;                  //禁止外部中断
  }
```

3. 共用中断

至少有 3 种方法可以实现多个输入信号共用中断信号，每种方法都需要增加相应的组件。假使有两个输入信号，当它们请求中断服务时，把信号线电平置低。当中断服务程序完成之后再把信号线置高，用与门把这两个信号连起来，再把输出接到 INT1。为了让处理器分辨出中断请求来自哪个信号，分别把这两个信号接到控制器输入端口的引脚上。如图 3－8 所示，采用的引脚是 P1.0 和 P1.1。

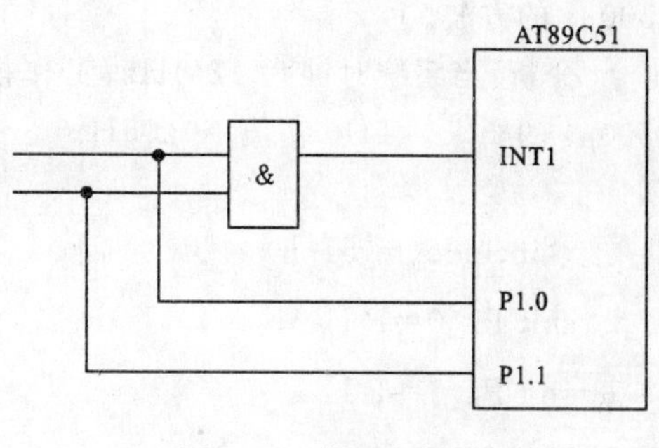

图 3－8　共用中断

这里假设请求中断服务的器件直接中断服务完成之后才将信号线置高，因为第一个器件要求中断服务之后，第二个器件还可以申请中断。这要求在把 INT1 设置为电平触发或在中断程序结束前检测 P1.1 和 P1.0 口，这样两个中断都将被执行。使用边沿触发时，当一个中断正在执行时又产生另一个中断，如果在中断程序结束时 P1.1 或 P1.0 口不发生跳变，这个中断将不会被执行。

把中断设置为电平触发中断服务程序如下。注意程序中是如何通过改变检测顺序来建立中断优先级的。另外，完成了第一个中断服务程序之后将检测低优先级的输入，因为这里设的中断为电平触发方式。

```
  sbit SLAVE1=P 1^0;        //输入信号命名
  sbit SLAVE2=P 1^1;

  void int1_isr(void) interrupt 2
  {
  if(! SLAVE1)              //先检测 slave1
    {
      slave1_service();
    }
    if(! SLAVE2)
    {
        slave2_service();
    }
```

```
}
```

(二)定时器/计数器

AT89C51单片机有两个16位定时器/计数器:定时器/计数器0、定时器/计数器1。它们均可用作定时控制、延时以及对外部时间的计数及检测。

(1)设单片机系统时钟频率为12MHz,编程使P1.0和P1.1分别输出周期为1ms和500μs的方波。

分析:当系统时钟为12MHz、工作模式为2时,最大的定时时间为256μs,满足周期为500μs的要求。TH0初值=0x06H。

```
#include<reg51.h>
sbit P1_0=P1^0;
sbit P1_1=P1^1;
void main()
{
    char i;
    TMOD=0x02;
    TH0=0x06;
    TL0=0x06;
    TR0=1;
    while(1)
    {
        for(i=0;i<2;i++)
        {
            do{}while(! TF0);
            P1_0=! P1_0;
        }
        P1_1=! P1_1;
    }
}
```

(2)门控位的应用。GATE是控制外部输入脉冲对定时计数器的控制,当GATE为1时,只有INTx=1且软件使TRx置1,才能启动定时器。利用这个特性,可测量输入脉冲的宽度(系统时钟周期数)。

利用AT89C51单片机定时器T0测量某正脉冲宽度,脉冲从P3.2输入。已知此脉冲宽度小于10ms,系统时钟频率为12MHz。测量此脉冲宽度,并把结果转换为BCD码顺序存放在片内40H单元为首地址的数据存储单元(40H单元存个数)。

```
#include<reg51.h>
sbit P3_2=P3^2;
void main()
{
    unsigned char *P,i;
    int a;
    p=0x40;
    TMOD=0x09;
    TL0=0x00;
    TH0=0x00;
    do{}while(P3_2==1);
    TR0=1;
    while(P3_2==0);
    while(P3_2==1)
    TR0=0;
    i=TH0;
    a=i*256+THL0;
    for(a;a! =0;)
    {
        *P=a%10;
        a/=10;
        P++;
    }
}
```

(三)并行 I/O 口编程实例

AT89C51 单片机有 4 个 8 位双向 I/O 端口，每个端口既可以按字节单独使用，也可以按位操作。各端口可作为一般的 I/O 口使用，大多数端口又可以作为第二种功能使用。现将 AT89C51 单片机 P1.4～P1.7 接 4 个发光二极管，P1.0～P1.3 接 4 个开关，编程将开关的状态反映到发光二极管上。程序代码如下：

```
#include<reg51.h>
void main(void)
{
    for(;;)
    {
        P1=0x0F;//P1 的低 4 位置 1，准备读入数据；高 4 位置 0，使发光二极管熄灭
        P1<<=4;//读入 P1.0～P1.3 引脚状态，左移 4 位后再从 P1.4～P1.7 引脚输出
```

```
    }
}
```

习题和思考题

(1)若要完成以下的数据传送,应如何用 AT89C51 单片机的指令来实现?

①将累加器内容送 R6;

②将累加器内容送片内 RAM 的 6CH 单元;

③将累加器内容送片外 RAM 的 6CH 单元;

④将累加器内容送片外 RAM 的 006CH 单元;

⑤外部 RAM20H 单元的内容传送到 R6;

⑥外部 RAM20H 单元的内容传送到内部 RAM20H 单元;

⑦外部 RAM1000H 单元的内容传送到内部 RAM20H 单元;

⑧R0 的内容传送到 R1。

(2)区别下列指令的不同功能:

①MOV A,#24H 和 MOV A,24H

②MOV A,R0 和 MOV A,@R0

③MOV A,@R0 和 MOVX A,@R0

(3)设内部 RAM 的 30H 单元的内容为 40H,即(30H)=40H,还知(40H)=10H,(10H)=00H,端口 P1=0CAH。问执行以下指令后,各有关存储单元、寄存器以及端口的内容(即 R0、R1、A、B、P1、40H、30H、10H 单元)是什么?

```
MOV R0,#30H
MOV A,@R0
MOV R1,A
MOV B,@R1
MOV @R1,P1
MOV P2,P1
MOV 10H,#20H
MOV 30H,10H
```

(4)已知 R0 的内容为 32H,A 的内容为 48H,内部 RAM 的 32H 单元内容为 80H,40H 单元内容为 08H,请指出在执行下列程序段后,上述各单元内容的变化。

```
MOV A,@R0
MOV @R0,40H
MOV 40H,A
MOV R0,#35H
```

(5)已知(A)=78H,(R1)=78H,(B)=04H,CY=1,片内 RAM(78H)=0DDH,片内 RAM(80H)=6CH,试分析写出执行各条指令后的结果(如涉及标志位,也要写出)。

①ADD A,@R1

②ADDC A,78H

③SUBB A,＃77H

④INC R1

⑤DEC 78H

⑥MUL AB

⑦DIV AB

⑧AN 了 78H,＃78H

⑨ORL A,＃0FH

⑩XRL 80H,A

(6)为了达到下列要求,请说明应采用何种逻辑操作,采用什么操作数,要求不得变动各未涉及位的内容。

①使累加器的最低位置“1”;

②清除累加器的高 4 位;

③使 A.2 和 A.3 置“1”;

④清除 A.4、A.5 和 A.6 位。

(7)已知 P1.7=1,A0=0,CY=1,FIRST=1000H,SECOND=1020H,试分别写出执行下列各条指令的结果。

①MOV 26H,C

②CPL A0

③CLR P1.7

④ORL C,/P1.7

⑤FIRST:JC SECOND

⑥FIRST:JNB A0,SECOND

⑦SECOND:JBC P1.7,FIRST

(8)两个 4 位 BCD 码数相加求和,设被加数存于内部 RAM 的 40H、41H 单元,加数存于 45H、46H 单元,和数存于 50H、51H 单元(均是前者为低 2 位,后者为高 2 位)。

(9)设(A)=10101010B,(R0)=01010101B,请写出它们之间进行“与”、“或”、“异或”操作的结果。

(10)若(SP)=07H,画出下列指令执行过程中堆栈的操作情况。

```
PUSH    A
PUSH    30H
PUSH    PSW
POP     PSW
POP     30H
POP     A
```

第四章 单片机程序设计基础

我们知道微型机系统是由硬件和软件(程序)两部分组成,因此程序设计是微型机原理的重要组成部分。在这一章里,将分别给出单片机在工业应用中一些常用而典型的程序例子。读者通过这一章的学习,可以了解和掌握一些常用而典型的应用程序的设计方法和技巧,以获得应用系统软件设计的基本训练和能力。

第一节 程序设计的步骤与方法

一、机器语言、汇编语言与高级语言

要编程序,首先遇到的问题是用什么"语言"同机器对话。机器只能识别用二进制编码的机器指令所编写的程序,即机器语言。但这样的程序对于编写者来说,既易写错,又不易查错,更不便于交流;对于使用者来说,既不易看懂,又不易记忆,更容易出错。为了克服这些缺点,于是出现了汇编语言和高级语言。

汇编语言是用助记符表示指令系统的语言。用汇编语言编写的程序叫做源程序。机器指令程序叫做目标程序。源程序只有经过"汇编程序"翻译成目标程序后,机器才能识别,执行。汇编指令和机器指令是一一对应的。由于不同的机器有不同的指令系统,所以,一般来说汇编语言程序是不能够移植的。为了克服这一缺点,一般微机都配备几种高级语言,如 BASIC、FORTRAN、PASCAL 等。

高级语言的语句功能强,一句对应于多条机器指令,因而使编程更快更容易,便于交流和移植。高级语言编写的程序也称源程序,它也必须经过"编译程序"或"解释程序"翻译成目标程序,机器才能执行。

究竟使用哪种语言,取决于使用场合和条件。使用单片机要用汇编语言编程,再经手工或微型机汇编成目标程序,然后输入单片机运行。对于实时控制、有限数据处理、输入输出控制等都用汇编语言,因为它面向机器,能精确地描写各个动作,占用主存单元少,执行时间短。而高级语言的一个语句相当一段程序,虽然编写容易,但占主存单元多、执行速度慢,不适合上述场合,而适合于数值计算和大批数据处理。

二、单片机汇编程序

虽然在前面的章节中,为了内容的完整性,在说明单片机的硬件部件时也给出相应的例程,但是没有对程序的结果与使用进行详细的解释,有些程序也不完整。在此,首先来看一个例子,这是一个非常简单的汇编程序,只是将 P1.0 引脚写为高位,一段时间后再写为低位并保持一段时间。

```
;**************************************************
;一个完整的例程
;**************************************************
        ORG     0000H              ;起始地址
        AJMP    MAIN               ;跳转到主程序段
        ORG     0030H              ;主程序段放置的地址
MAIN:   SETB    P1.0               ;令 P1.0=1
        LCALL   DELAY              ;调用 DELAY 子程序
        CLR     P1.0               ;令 P1.0=0
        LCALL   DELAY              ;调用 DELAY 子程序
        AJMP    MAIN               ;跳转到主程序段
;**************************************************
;以下是子程序
;**************************************************
DELAY:MOV       R7,#250            ;R7=250
D1:     MOV     R6,#250            ;R6=250
D2:     DJNZ    R6,D2              ;令 R6=R6-1,如不为 0,接着做
        DJNZ    R7,D1              ;令 R7=R7-1,如不为 0,接着做
        RET                        ;返回
        END                        ;结束
```

只要按照单片机程序的语法来写，就可以写出像这样的一段程序来支配单片机干这干那。为了让单片机听懂你说的话，就必须学习它的语法。具体到细节上，就是必须了解程序中要用到的每一条指令的格式。

在这里，我们把 AT89 单片机汇编程序的使用方法进行简单说明。

1. 源文件

源文件是由文字编辑器编写的、由汇编指令和 MASM51 伪指令构成的文本文件。单片机汇编程序的源文件一般应以“.ASM”为扩展名。

2. 源文件格式

根据上面提到的例子，我们知道单片机汇编程序的源文件在编写时是具有一定的规则的，没有任何语言的源程序是可以随意编写的。以下是程序的一个骨架结构：

```
      ORG    0000H
      LJMP   START
      ORG    0040H
START:MOV    SP,#5FH          ;设堆栈
LOOP: NOP                     ;循环体,通常是程序主体
      LJMP   LOOP             ;循环
      END                     ;结束
```

程序段的开始语句是一条 ORG 语句，这是一个程序语句在单片机的程序存储器中的放置地址的定位动作，ORG 0000H 的意思是它紧接着的下一条语句定位在程序存储器的 0000H 位置。这是很重要的，因为单片机通电后，它是从程序存储器的 0000H 位置开始执行程序的，这是程序的起点。

在这之后，我们又使用了"ORG 0040H"语句，即以下的语句从程序存储器 0040H 地址开始存放；之后是程序的主体段，包括设置堆栈，主要处理过程等，最后是一条语句"END"，标志程序结束。

以回车作为结束的一行称为语句行。每一语句行长度应少于 80 个字符(即 40 个汉字)。每一个语句行对于汇编程序来说都是一条单独的命令行，它可以是一条汇编语言指令，也可以是一条注释，或是空白(即什么都不写)，还可以是系统允许的伪指令。所有行必须按照 INTEL 标准格式书写，即：

标号：　命令　参数　　　;注释

如：

```
DELAY：MOV    R7,#250       ;令 R7=250
```

即一行最多由 4 部分组成，各部分的顺序不能搞错，但可以根据需要缺省其中的一部分或几部分，甚至全部省去，即空白行。标号后面必须有"："，而命令语句和参数之间必须用空格分开。如果命令有多个参数，则参数与参数之间必须用"，"分开，注释必须在"；"的后面，也即"；"后面的语句将不参与汇编，不生成代码，所以可以在"；"引导的后面写任何字符，包括汉字。

标号是标志程序中某一行的符号名的，标号的数值就是标号所在行代码的地址。在宏汇编 MASM51 中标号的程度不受限制，但标号中不能包含"："或其他的一些特殊符号，也不可以用汉字，可以用数字作标号，但必须用字母开头。当标号作参数用(如标号作转移地址)，在命令后面出现时，必须舍去"："，如 LJMP START 中的 START。

每行只能有一个标号，一个标号只能用在一处，如果有两行用了同一个标号，则汇编时就会出错。由于标号的长度没有限制，所以可以用有意义的英文来说明行，使源程序读起来更方便。

命令及参数请参考有关单片机教材，其规定符合 INTEL 公司的 AT89C51 单片机汇编语言要求。这里必须注意：当采用十六进制数时，如果数值是以 A、B、C、D、E、F 开头的，则为了区分是数字还是字母，应当在这些数字前加"0"，如 FFH 应写成 0FFH，C0H 应写成 0C0H 等。

注释用于对程序的说明，以分号开始，以回车结束。源程序行可以只包含注释，注释只是被复制到列表文件中，不产生机器码。

3. 机器码代码文件

机器码代码文件由宏汇编产生，为了与一般的 HEX 文件相区别，通常由宏汇编产生的机器码代码文件被称为 INTEL 文件。该文件是由能够在处理器上运行的机器指令码组成的。它可被用来传送到仿真器或用户系统中进行调试或运行。

4. 列表文件

由汇编程序生成的第二个文件是列表文件，它以 LST 为扩展名，也是一个 ASCⅡ码字符文件，因而可以被打印显示，也可以作为程序的文档。

列表文件是分页的，每页以一起始行开始，用来指出汇编的类型和版本，以及页号。每页的其他部分由用户程序、汇编所产生的绝对地址和机器代码组成。通常一个行的第一个字符是一个空格，后面接着的4个字符通常是当前语句的程序地址，以十六进制形式给出。再后面有一个空格。接着是当前语句汇编出的目标代码的十六进制值。显示出的字节值的数目依赖于每条语句所要求的字节数目，每个字节值用两字符表示。不产生目标代码的源程序行中该域全为空格。该行后面的剩余部分是行号和源程序及其注释。

三、汇编语言伪指令

为了便于编程和对汇编语言程序的汇编，各种汇编程序都提供了一些特殊的指令，供人们编程使用。这些指令属于机器指令系统之外，用来告诉汇编程序如何进行汇编，对于程序本身不起实质性的作用，因此，称为伪指令或汇编指令。伪指令所规定的操作称为伪操作。伪指令没有目标代码与之对应，它主要为汇编程序服务，在汇编过程中起控制作用。

下面仅介绍几种经常使用的伪指令。

1. ORG

这是一条程序汇编起始地址定位伪指令，用来规定程序汇编时，目的程序的起始地址。伪指令 ORG 的一般通式为：

ORG nn　;nn 为十进制或十六进制数

一般规定，在由 ORG 伪指令定位时，其地址由小到大，不能重叠。下面的例子，进一步说明本伪指令的应用。

```
          ORG     2000H
2000H     MOV     A,#OAH
2002H     MOVC    A,@A+PC
2003H     RET
```

程序中2000H、2002H、2003H 等数字表示出程序存放单元。

2. END

汇编语言程序结束伪指令，用在程序的末尾，表示程序结束。

3. DB 和 DW

这两条伪指令都是定义常数和变量伪指令。它们的一般形式分别为：

〈标号:〉　DB　〈项或项表〉;

〈标号:〉　DW　〈项或项表〉

它们的功能是把项或项表的数值(字符则用它的 ASCⅡ码)存入从标号开始的连续单元中。它们的区别在于 DB 的项是一个字节，而 DW 的项是一个字(规定为两个字节长，也即为一个字为16位二进制数)，所以 DW 主要用来定义地址，而且把 DW 两个字节中的高位放在后面的单元中(与程序中的地址规定一致)。

4. DS

该指令的功能是由标号所指定的单元开始，保留一定数量的内存单元，以备源程序使用。其数量由指令后面的值给定。

例 1:

```
          ORG     2500H
```

```
BUFFER:   DS       10
```

伪指令 ORG 2500H,指定了标号 BUFFER 的地址为 2500H。此指令的意思是由 2500H 开始保留 10 个存贮单元。

必须注意的是,DB、DW 和 DS 这 3 条伪指令必须与要执行的指令严格分开。故这 3 种伪指令一般都不放在程序的前面或插在程序中间,而放在程序之后。

5. EQU

该指令为赋值伪指令,用来把操作数字段中的数值或变量赋给标号字段中的标号(即变量)。

```
例 2:AA:EQU  R3          ;AA 代表 R3
     MOV   A,AA         ;等价于指令 MOV  A,R3
```

四、程序设计步骤与方法

程序是指令的有序集合。编写一个好的程序,正确性是主要的。但是,应当在保证完成规定功能的情况下,使整个程序所占内存空间少、执行指令时间短。这就要根据指令的功能、长度和执行时间,精心选择指令和排列指令。一般来说,编写程序的过程可分为下述几个步骤:

(1)分析课题,根据要求确定算法或解题思路;

(2)根据算法或解题思路定出运算步骤和顺序,把运算步骤画成框图;

(3)确定数据和工作单元,分配存放单元;

(4)按所使用的计算机指令系统,把确定的运算步骤写成汇编语言程序;

(5)上机调试源程序,从而确定源程序。

在进行程序设计时,必须根据实际问题和所使用的计算机的特点来确定算法,然后按尽可能节省数据存放单元、缩短程序长度和程序运行时间 3 个原则编写程序。

按程序的基本结构一般可分为直接程序、分支程序、循环程序和子程序。一个复杂的程序,一般由上述基本程序组成。在下面的内容中,我们将分别予以介绍。

第二节　直接程序与查表程序

直接程序也称顺序程序,它是最基础、最常用的程序设计。

例 3:设变量放在片内 RAM 20H 单元,其取值范围为 00H,01H,02H,03H,04H,05H,要求编制一段查表程序,查出变量的平方值,并放入片内 RAM 21H 单元。

分析:在程序存贮器的一片指定地址单元中,建立变量各个取值的平方表,用数据指针指向平方表的首址,则变量与数据指针之和的地址单元中的内容就是变量的平方值。其程序流程图如图 4-1 所示。

```
        ORG    0000H
        LJMP   START
        ORG    0040H
START:  MOV    DPTR,#2000H   ;将表首址→DPTR
        MOV    A,20H         ;取变量值
```

```
        MOVC   A,@A+DPTR     ;形成表地址
        MOV    21H,A         ;将平方值→(21H)
        SJMP   $
TABLE:EQU      2000H
TABLE:DB       00H,01H,04H,09H,10H,19H
```

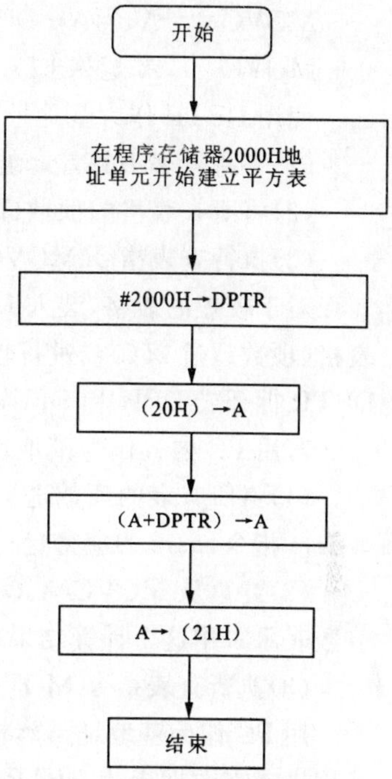

开始

在程序存储器2000H地址单元开始建立平方表

#2000H→DPTR

(20H) →A

(A+DPTR) →A

A→ (21H)

结束

图 4-1　直接程序流程图

由上面的例子可以看到,直接程序的执行流程是顺序往下的,中间没有产出任何分支或跳转。

本例 C 程序代码如下:

```
#include<reg52.h>
#include<absacc.h>
#define uchar unsigned char

void main(void)
{
    int c;
    uchar data table[6]={0,1,4,9,16,25};//平方值表
    DBYTE[0x20]=3;
    c=DBYTE[0x20];
    do{
        switch(c){              //查出所需的平方值
        case 0:DBYTE[0x21]=table[0];continue;
        case 1:DBYTE[0x21]=table[1];continue;
        case 2:DBYTE[0x21]=table[2];continue;
        case 3:DBYTE[0x21]=table[3];continue;
        case 4:DBYTE[0x21]=table[4];continue;
        case 5:DBYTE[0x21]=table[5];continue;
        default:break;
        }
    }while(1);
}
```

例 3 所示的程序为一典型查表程序。在单片机应用系统中,查表程序是一种常用的程序,使用它可以完成数据补偿、计算、转换等各种功能,具有程序简单、执行速度快等优点。所谓查表法,就是预先将满足一定精度要求的表示变量与函数值之间的关系表存于单片机的程序存储器中,这时自变量值为单元地址,相应的函数值为该地址单元中的内容,而查表就是根据给定的自变量 x,在表格中查找 y,使 y=f(x)。

在单片机中,查表时的数据表格是存放在程序 ROM 而不是数据 RAM 中的。相应地,用

于查表的指令有两条：

```
MOVC    A,@A+DPTR
MOVC    A,@A+PC
```

使用 DPTR 作为基地址查表比较简单，可通过 3 步操作来完成：

(1)将所查表格的首地址存入 DPTR 数据指针寄存器；

(2)将所查表格的项数(即在表中的位置是第几项)送累加器 A；

(3)执行查表指令 MOVC A,@A+DPTR 进行读数，查表结果送回累加器 A。

对于较短的表格，装入 DPTR 的表格首地址在整个查表过程中是不变的，但对于较长的表格(项数超过 256)或进行较复杂的数据处理时，需对 DPTR 的内容进行一些变换，有时需将 DPTR 拆开成 DPH 和 DPL，然后用标准算术指令进行计算或修改。

若用 PC 内容作为基地址查表，则操作有所不同。亦可分为以下 3 步：

(1)将所查表的项数送累加器 A，在 MOVC A,@A+PC 指令之前先写下一条 ADD　A，#data 指令，data 的值待定；

(2)计算从 MOVC A,@A+PC 指令执行后的地址到所查表的首地址之间的距离(以字节数表示)，用这个计算结果取代加法指令中的 data，作为 A 的调整量；

(3)执行查表指令 MOVC A,@A+PC 进行查表，查表结果送回累加器 A。

用 PC 作为基地址虽然较为麻烦，但具有不影响数据指针 DPTR 的优点。因此，在中断服务程序或在数据指针 DPTR 另有它用的情况下，此种查表方法很有用，尤其适用于查访“本地”的较小的表格。

例 4：设有一循回检测报警装置，需对 16 路输入进行控制，每路有一个最大允许值，它为双字节数。控制时，需根据测量的路数，找出该路的最大允许值，看输入值是否大于最大允许值，如果是大于最大允许值即报警。下面根据这个要求，编制一个查表程序。

分析：取路数为 Xi(0≤Xi≤15)，Yi 为最大允许值，放在表格中。每一个 X 值所对应的 Y 值在表中的地址可按下述公式计算出来：

函数 Y 的内存单元地址＝函数表首地址＋(Xi×2)

进入查表程序前，路数 Xi 放在 R2 中，查表得到的报警值存放在 R3、R4 中。

```
        ORG     0000H
        LJMP    START
        ORG     0040H
START:  MOV     A,R2            ;(R2)←路数 Xi
        ADD     A,R2            ;(A)←(Xi×2)
        MOV     R3,A            ;保存路数 Xi 值
        ADD     A,#data0        ;加上表首偏移量
        MOVC    A,@A+PC         ;查第一字节
        XCH     A,R3            ;(R3)←第一字节
        ADD     A,#data1        ;加表首偏移量
        MOVC    A,@A+PC         ;查第二字节
        MOV     R4,A            ;(R4)←第二字节
```

```
        SJMP    $
LIST：  DW      05F0H,0E89H,0A69H,1EAAH   ；报警值表
        DW      0D9BH,7F93H,0373H,26D7H
        DW      2710H,9E3FH,1A66H,22E3H
        DW      1174H,16EFH,33E4H,6CA0H
```

上述查表程序使用 MOVC A,@A+PC 指令实现查找，由于 PC 值已确定，查表范围只能由累加器 A 的内容决定。所以使用本指令的表格只能存放在以 PC 当前值为起始地址的 256 字节单元范围内。当表格长度大于 256 字节时，必须用指令 MOVC　A,@A+DPTR，并且需用对 DPH，DPL 进行运算的方法，求出表的目的地址。

本例 C 程序代码如下：

```
#include<reg51.h>
#include<absacc.h>
#define uchar unsigned char
#define uint unsigned int
void main(void)
{
  uchar x;
  uint Y;
  uint code   LIST[16]={ 0x05F0,0x0E89,0x0A69,0x1EAA,0x0D9B,0x7F93,
              0x0373,0x26D7,0x2710,0x9E3F,0x1A66,0x22E3,0x1174,0x16EF,
              0x33E4,0x6CA0};  //报警值
  do{
        Y=LIST[x];
     }while(1);
}
```

例 5：在一个温度测量装置中，测出的电压与温度为非线性关系。设测得的电压值为 X，用 10 位二进制数表示（占二字节）。现要求采用查表法实现线性化处理。

分析：解决这个问题的方法是这样的，由于电压值用 10 位二进制数表示，故共有 2^{10}＝1 024(0～1 023)个电压值。因此，可通过实验测出与 1 024 个电压值相对应的温度值，并按电压由小到大的顺序构造一个表，表中存放温度值 y。不难看出，这里的 x 是一个取值不超过 1 023的自然数序列，y 是一个定字长数，x 与 y 有一一对应关系。存放温度值 y 的单元地址＝表首地址＋(X×2)，设测得的电压值 x 已存放在 20H，21H 单元中（高字节在 20H)，查表得到的温度值 y 存放在 22H，23H(高字节在 22H)单元。

```
        ORG     0000H
        LJMP    START
```

```
         ORG    0040H
START:MOV    DPTR,#LIST2    ;DPTR←表首地址;
         MOV    A,21H          ;(20H)(21H)左移一位,即 X×2
         CLR    C
         RLC    A
         MOV    21H,A
         MOV    A,20H
         RLC    A
         MOV    20H,A
         MOV    A,21H          ;表首地址+(X×2)
         ADD    A,DPL
         MOV    DPL,A
         MOV    A,20H
         ADDC   A,DPH
         MOV    DPH,A
         CLR    A
         MOVC   A,@A+DPTR      ;查表得温度值高位字节
         MOV    22H,A          ;存放高字节
         INC    DPTR           ;指向温度值低位字节
         CLR    A
         MOVC   A,@A+DPTR      ;查表得温度值低位字节
         MOV    23H,A          ;存放低字节
         RET
LIST2:  DW……                   ;温度值表
```

在以上程序中,表 LIST2 可放在 64KB 程序存储器空间的任何地方。

C 程序代码如下:

```
#include<reg51.h>
#include<absacc.h>
#define uint unsigned int
void main(void)
{
   uint x=0;
   uint Y;
   uint code LIST[1024]={ … };
   do{
       Y=LIST[x];
      }while(1);
```

}

第三节　分支程序及散转程序

当程序不再顺序执行而向另一方向或多个方向转移时，就叫分支程序。一般用跳转JMP，比较条件转移指令 CJNE，位条件转移指令 JC、JB，或者根据累加器是否为零转移指令JZ 作为判断的依据来实现分支。

例 6：设变量 x 以补码的形式放在片内 RAM 30H 单元，函数 y 与 x 有如下关系：

$$y=\begin{cases} x, & x>0; \\ \#20H, & x=0; \\ x+5, & x<0. \end{cases}$$

试编制程序，根据 x 的大小求出 y 并放回原单元。

分析：取出变量后先作取值范围的判断，对符号的判断可用位操作类指令，也可用逻辑运算类指令实现，此处用逻辑运算指令。其程序流程如图 4-2 所示。

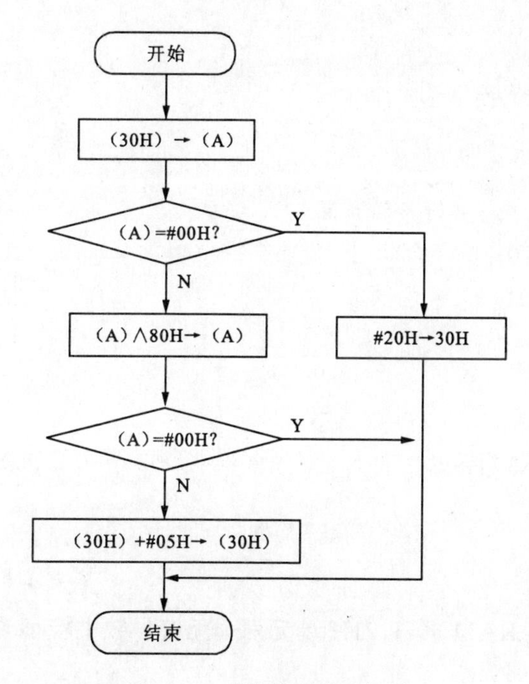

图 4-2　分支程序流程框图

```
        ORG     0000H
        LJMP    START
        ORG     0040H
START:  MOV     A,30H           ;取变量
        JZ      NEXT            ;判断是否为零，为 0 则转
        ANL     A,#80H          ;判断符号位
```

```
        JZ      ED              ;>0,则不作操作
        MOV     A,#05H          ;<0,则作加 5 操作
        ADD     A,30H
        MOV     30H,A
        SJMP    ED
NEXT:   MOV     30H,#20H        ;若 x=0 则 20H→y
ED:     SJMP    $
```

本例 C 程序代码如下：

```
#include<reg51.h>
#include<absacc.h>
void main(void)
{
    char x;
    char y;
    x=DBYTE[0x30];
    for(;;)
    {
        if(x==0)      //进行条件判断
            y=0x20;
        else if(x>0)
            y=x;
        else
            y=x+5;
        DBYTE[0x30]=y;
    }
}
```

例 7:试编程:将片内 RAM 50H,51H 单元两个无符号数中较小的数存于 60H 单元。

```
        ORG     0000H
        LJMP    START
        ORG     0040H
START:  MOV     A,50H
        CJNE    A,51H,STOR      ;将 50H,51H 两单元中的数相比较,
                                ;不等则转去比较大小
        SJMP    LESS            ;相等则转移
STOR:   JC      LESS            ;若(50H)<(51H),则将(50H)→(60H)
```

```
        MOV     60H,51H         ;否则,将(51H)→(60H)
        SJMP    ELES
LESS:   MOV     60H,A
ELES:   SJMP    ELES
```

本例C程序代码如下:

```
#include<reg51.h>
#include<absacc.h>
#define uchar unsigned char

void main(void)
{
    uchar x1,y1;
    x1=DBYTE[0x50];
    y1=DBYTE[0x51];
    if(x1<y1)
      DBYTE[0x60]=x1;
    else
      DBYTE[0x60]=y1;
}
```

上两例是分支比较少的情形,当要实现多路分支时,使用这些办法会显得很麻烦。例如,要实现N≤8的N路分支时,如用CJNE R0,#data,rel指令时,就要连续使用比较。当N较大时,就会使执行速度较慢。如果能够使不论R0的值是多少,都只需通过一次转移就能进入相应的分支地址,则程序的效率就可以大大地提高。能够实现此种分支方式的程序称为散转程序。

散转程序是一种并行分支程序,它能根据某种输入或运算结果分别转向各个操作程序。在AT89C51单片机中,提供了散转指令JMP @A+DPTR来实现散转。该指令把累加器的8位无符号数与16位数据指针的内容相加,即:(A)+(DPTR),并把相加的结果装入程序计数器PC,控制程序转向目标地址去执行。只要改变A值,就可以实现多个分支。本指令的特点在于,转移的目标地址不是在编程或汇编时预先确定的,而是在程序运行过程中动态确定的。目标地址是以数据指针DPTR的内容为起始的256个字节空间范围内的指定地址,即由DPTR的内容决定多分支转移程序的首地址,由累加器A的内容来动态选择其中的某一个分支转移指令。

在许多场合下,需要根据标志单元的内容是0,1,2,…,n分别转向分支操作程序0,1,2,…,n。这时,可以先用无条件转移指令("AJMP"或"LJMP")按顺序组成一个转移表,将转移表首地址装入数据指针DPTR中,而将标志单元的内容装入累加器A作为变址值,然后执行指令JMP @A+DPTR实现转移。这种转移的实例我们在前面介绍JMP指令已举过了,这里就不再赘述。但需要注意的是,若转移指令表由两个字节的短转移指令"AJMP"组成,则各转移指令的地址依次相差两个字节,因此累加器 A 中的变址值必须作乘 2 修正;若转移指令表是由三字节的长转移指令"LJMP"组成,则 A 中的变址值要作乘 3 修正。当修正产生进位时,要将进位加到数据指针高位字节 DPH 上。

如果散转点较少,而且所有操作程序处在同一页(256 个字节)内,则可以使用地址偏移量表的方法实现散转。如例 8。

例 8:已知 R7 的内容是 0,1,2,…,n。要求按 R7 的内容转向分支操作程序 OPR0,OPR1,OPR2,…,OPRn。

```
JUMP3: MOV    A,R7
       MOV    DPTR,#TAB      ;指向地址偏移量表
       MOVC   A,@A+DPTR      ;散转点入口地址在A中
       JMP    @A+DPTR        ;转向相应的操作程序入口
TAB:   DB     OPR0-TAB       ;地址偏移量表
       DB     OPR1-TAB       ;(OPRn为程序操作分支n)
       …
       …
       …
       DB     OPRn-TAB
```

本例 C 程序代码如下:

```
#include<reg51.h>
#include<absacc.h>
#define uchar unsigned char

void main(void)
{
    uchar offset;
    switch(offset)  //通过偏移量,进行不同的跳转
    {
        case 0:goto OPR0(  );break;
        case 1:goto OPR1(  );break;
        ...
        case n:goto OPRn(  );break;
        default:break;
    }

}
```

```
void OPR0(void)
{}
void OPR1(void)
...
void OPRn(void)
{}
```

从本例中可以看出，地址偏移量表的每一项对应于一个操作程序的入口地址，占一个字节。实际上，它们分别表示相应的操作程序的入口地址相对于表的首地址的偏移量。例如，当(R7)＝0 时，执行 MOVC A,@A＋DPTR 指令后，A 的内容为 OPR0－TAB，已知 DPTR 的内容为 TAB，因此执行指令 JMP @A＋DPTR 后有(A)＋(DPTR)＝(OPR0－TAB)＋TAB＝OPR0，所以程序转向 OPR0。使用这种方法，地址偏移量表的长度加上各操作程序的长度后必须仍然处于同一页内，但对最后一个操作程序的长度则不受限制，只要其入口地址相对于地址偏移量表首地址的偏移量在一个字节以内(小于 256)即可。显然，地址偏移量表和各操作程序可位于 64KB 程序存储器中的任何位置。

地址偏移量表的方法虽然方便快速，但其转向范围局限于一页之内，在使用时受到较大的限制。若需要转向较大的范围，可以建立一个转向地址表，在散转时，先用查表的方法获得表中的转向地址，并将该地址装入数据指针 DPTR 中，然后清除累加器 A，执行 JMP @A＋DPTR 指令，使能转向到相应的操作程序中去。如例 9。

例 9：已知 R7 的内容为 0,1,2,…,n。要求根据 R7 的内容转向相应的操作程序中去。各操作程序的转向地址分别为 OPR0,OPR1,…,OPRn。

```
        MOV     DPTR,#TAB       ;指向转向地址表
        MOV     A,R7
        ADD     A,R7            ;(A)←(R7)×2
        JNC     NADD
        INC     DPH             ;(R7)×2 的进位加到 DPH
NADD:   MOV     R3,A
        MOVC    A,@A+DPTR       ;取转向地址高 8 位
        XCH     A,R3
        INC     A
        MOVC    A,@A+DPTR       ;取转向地址低 8 位
        MOV     DPL,A           ;转向地址在 DPTR 中
        MOV     DPH,R3
        CLR     A
        JMP     @A+DPTR         ;转向相应操作程序
TAB:    DW      OPR0            ;转向地址表(地址高 8 位在前,低 8 位在后)
        DW      OPR1
        ...
```

```
    ...
    DW      OPRn
```

本例C程序代码如下：

```
#include<reg51.h>
#include<absacc.h>
#define uint unsigned int

void main(void)
{
    uint offset;
    switch(offset)
    {
        case 0:goto OPR0( );break;
        case 1:goto OPR1( );break;
        ...
        case n:goto OPRn( );break;
        default:break;
    }

}

void OPR0(void)
{}
void OPR1(void)
...
...
void OPRn(void)
    {}
```

本例这种转移方法显然可以达到64KB地址空间范围的转移，但也可以看出散转数小于256。

除了上述方法外，还可利用RET指令实现散转。RET指令的功能是将堆栈中的内容弹出，并装到程序计数器PC中去。

在下边的例题10中，首先用查表法找到操作程序的转向地址，并把它压入堆栈(先低位字节，后高位字节)，然后执行RET指令，将该地址弹入PC中，使程序转向相应的操作程序。与此同时，将堆栈指针调整到原来的位置。

例10：已知R7的内容是0，1，2，…，n。要求根据R7的内容转向各个操作程序。设各操作程序的转向地址分别为 OPR0,OPR1,…,OPRn。

```
JUMP:  MOV    DPTR,#TAB      ;指向转移地址表
       MOV    A,R7
       ADD    A,R7
       JNC    NADD
       INC    DPH
NADD:  MOV    R3,A
       MOVC   A,@A+DPTR      ;取转向地址高 8 位
       XCH    A,R3
       INC    A
       MOVC   A,@A+DPTR      ;取转向地址低 8 位
       PUSH   A              ;转向地址入栈
       MOV    A,R3
       PUSH   A
       RET                   ;转向操作程序
TAB:   DW     OPR0           ;转向地址表
       DW     OPR1
       …
       DW     OPRn
```

第四节　循环程序

循环程序是一段可以反复执行的程序。在程序设计中,常遇到反复执行某段程序,这时可用循环程序结构,这样有助于缩短程序,提高程序的质量。

例 11:把外部数据 RAM 中从地址 2000H 开始的 100 个补码数逐一取出,若为正数则放回原单元,若为负数则求补后放回。

分析:循环程序主要包括初始化、循环体和控制变量的修改与循环次数的控制。由此分析,我们可画出如图 4-3 所示的流程框图。从该框图中,我们可看出循环程序的基本结构。

(1)置初值。把初值参数赋给控制变量和某些数据变量。

(2)循环工作部分。这部分重复执行计算,它是最主要的部分,真正的计算是通过它的执行而得到的。

(3)修改循环控制变量。例如:(R0)－1→(R0)。

(4)循环终止控制。判断控制变量是否满足终值条件,不满足,则转去重复执行循环工作部分;满足,则顺序执行,退出循环。

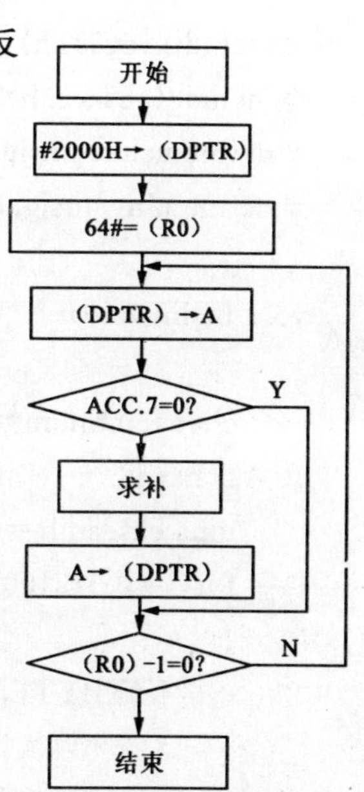

图 4-3　循环程序流程框图

循环终止控制,一般采用计算方法,即用一个寄存器作为循环次数计数器,每循环一次后加 1 或减 1,达到终止数值后停止。对

于 AT89C51 单片机，由于它有减 1 不等于零转移指令(DJNZ)，故可用它来实现计数方法的循环终止控制。计数方法只有在循环次数已知的情况下才适合。对循环次数未知的问题，不能用循环次数来控制。这时，往往需要根据某种条件来判断是否该终止循环。这时可用条件转移指令来控制循环的结束。

```
        ORG     0000H
        LJMP    START
        ORG     0040H
START:  MOV     DPTR,#2000H     ;置数据指针首址
        MOV     R0,#64H         ;置计数值
LOOP:   MOVX    A ,@DPTR        ;取数
        MOV     20H ,A          ;将数据暂存
        JNB     ACC.7,NEXT      ;判断符号
        MOV     A ,20H          ;若为负，则求补
        CPL     A
        INC     A
        MOVX    @DPTR, A
NEXT:   INC     DPTR
        DJNZ    R0,LOOP
        SJMP    $
```

本例 C 程序代码如下：

```
#include<reg51.h>
#include<absacc.h>
#define uchar unsigned char
#define uint unsigned int

void main(void)
{
    char tempnum=0;
    uchar i;
    uint baseaddr=0x2000;
    for(i=0;i<100;i++)
    {
        if(XBYTE[baseaddr]>0)
        {
            baseaddr++;
        }
```

```
    else
    {
        tempnum=～XBYTE[baseaddr];  //对负数进行求补
        tempnum+=1;
        XBYTE[baseaddr]=tempnum;
        baseaddr++;
        tempnum=0;
    }
  }
}
```

构成循环程序的形式和方法是多种多样的。如上例,一个循环程序中不再包含其他的循环程序,则称该循环程序为单循环程序。若一个循环程序中包含了其他的循环程序,则称该循环程序为多重循环程序。这在实际中也是常遇到的,如例 12。

例 12:编一段程序实现 50ms 延时。

分析:延时程序与指令执行时间有很大关系。在使用 12MHz 晶振时,一个机器周期为 1μs,执行一条 DJNZ 指令的时间为 2μs。这时我们可用双重循环方法写出如下的延迟 50ms 的程序。

```
DEL50ms:MOV     R7,#200D
DEL1:   MOV     R6,#125D
DEL2:   DJNZ    R6,DEL2          ;125×2=250(μs)
        DJNZ    R7, DEL1         ;0.25ms×200=50(ms)
```

以上延时程序不太精确,它没有考虑 DJNZ R6,DEL2 指令外的其他指令的执行时间。如把其他指令的执行时间计算在内,它的延时时间为(250+1+2)×200+1=50.601ms。

如要求比较精确的延时,可按如下修改:

```
DEL50ms:MOV     R7,#200D
DEL1:   MOV     R6,#123D
        NOP
DEL2:   DJNZ    R6,DEL2          ;2×123+2=248(μs)
        DJNZ    R7, DEL1         ;(248+2)×200+1=50.001(ms)
```

它的实际延迟时间为 50.001ms。但要注意用软件实现延时程序时,不允许有中断,否则将严重地影响定时的准确性。

对于需延时更长的时间,可采用更多重的循环,如秒延时,可用三重循环。

第五节　子程序及其调用

子程序是构成单片机应用程序必不可少的部分，由于单片机有 ACALL 和 LCALL 两条子程序调用指令，可以十分方便地用来调用安排在任何地址处的子程序。善于灵活地使用子程序，也是程序设计的重要技巧之一。

在调用子程序时，有以下几点应予以注意：

(1)子程序占用的存贮单元和寄存器。如果在调用前主程序已经使用了这些存贮单元或寄存器，在调用时，这些寄存器和存贮单元又有其他用途，就应先把这些单元或寄存器中的内容压入堆栈保护，调用完后再从堆栈中弹出以便加以恢复。如果有较多的寄存器要保护，应使主、子程序使用不同的寄存器组。

(2)入口参数和出口参数。调用之前一定要按子程序的要求设置好入口参数，只有这样才能在调用之后，在出口参数处得到调用后的结果。

(3)子程序可以从指定的地址单元或寄存器获得输入的数据参数，经过运算得到的数据可输出到指定的地址单元和寄存器。这些输入和输出参数常用作子程序和主程序间的数据传递。

例 13：编写一个片内 RAM 的一组单元清零的子程序，子程序不包含这组单元的起始地址和单元的个数。

```
SUBRT：  MOV     A,#00H
LOOP：   MOV     @R0,A
         INC     R0
         DJNZ    R7,LOOP
         RET
```

本例 C 程序代码如下：

```
#include<reg51.h>
#include<absacc.h>
#define uchar unsigned char

void main(void)
{
    int i;
    uchar baseaddr;
    uchar number;
    for(i=0;i<number;i++)
      {
        DBYTE[baseaddr]=0;
```

```
        baseaddr++;
    }
}
```

这是一个在程序初始化时常用到的子程序。主程序调用时必须向它提供两个参数:被清零单元的起始地址和被清零单元的个数。

为了使子程序具有普遍性,对于非公共性的数据,都应由主程序提供,如果因调用的数据不一致而产生不一致的结果,也应送回到主程序,这就存在着主程序和子程序之间的参数传递问题。参数传递的方法很多,下面介绍一种常用的方法——通过寄存器传递参数。这种方法比较简单,运算速度也高,但传递的参数有限,个数也是固定的。

例如:用这种方法调用前面的清零子程序 SUBRT 的主程序应该是:

```
MAIN:   …
        MOV      R0,#30H        ;传送 RAM 数据区的起始地址
        MOV      R7,#0AH        ;传送 RAM 数据区的长度
        ACALL    SUBRT          ;调用清零子程序
        …
SUBRT:  同前
```

第六节　应用程序举例

一、运算程序

AT89C51 单片机的基本运算指令是针对 8 位二进制数而言,因而具有很大的局限性。但是通过软件设计可以完成多字节数的各种运算,这当中有一个重要的问题就是编程前的约定。正如在第三章说过的,同是一个 8 位二进制数,既可以看成是有符号的数,又可以看成是无符号的数,进一步的约定还可以看成是小数或整数。此外,还有定点数与浮点数、二进制数以及 ASCⅡ码等等。不同的约定可以产生不同的结果。

1. 多字节加法

例 14:假定有两个 4 字节的二进制数 2F5BA7C3H 和 14DF35B8H,分别存放在 40H 和 50H 为起址的单元中(先存低位)。求这两个数的和,并将和存放在 40H 为起址的单元中去。

分析:设计程序时,分别将 R0 和 R1 作数据区指针。R0 指向第一个加数并兼作“和”的指针;R1 指向另一个加数;字节数存放到 R2 中作计数初值。

主程序:

```
        ORG     2000H
JAFA:   MOV     R0,#40H         ;指向加数最低位
        MOV     R1,#50H         ;指向另一加数最低位
```

```
        MOV    R2,#04H         ;字节数作计数值
        ACALL  JIASUB          ;调用加法子程序
        JC     OVER            ;溢出,转
        MOV    44H,#00H        ;无溢出,清0最高位
        AJMP   END
OVRE:   MOV    44H,#01H        ;进位
END:    SJMP   END
```

子程序

```
JIASUB:CLR    C
JIADD:  MOV    A ,@R0          ;取出加数的一个字节
        ADDC   A ,@R1          ;加上另一数的一个字节
        MOV    @R0 ,A          ;保存和数
        INC    R0              ;指向加数高位
        INC    R1
        DJNZ   R2,JIADD        ;指向另一加数高位
        RET                    ;未加完则继续
```

本例C程序代码如下：

```
#include<reg51.h>
#include<absacc.h>

unsigned long SUM(unsigned long x1,unsigned long x2);
void main(void)    //主程序
{
    unsigned long num1=0x2f5ba7c3;
    unsigned long num2=0x14df35b8;
    unsigned long val;
    val=SUM(num1,num2);
}

unsigned long SUM(unsigned long x1,unsigned long x2)  //子程序
{
    unsigned long sum;
    return (x1+x2);
}
```

执行结果，和数为443ADD7BH，依次存放在43H～40H单元中。

多字节减法程序与多字节加法程序完全类似，只是将其中的加法指令换成减法指令即可。因此，有关多字节减法程序就不在此举例了。

这个子程序适合于 n 个字节的两数相加，只要在主程序中改变 R2 的初值即可。

2. 多字节 BCD 码加法

前面已经提过，十进制数送到计算机内仍以二进制的形式出现，因此十进制数的加法完全可以借用二进制数加法指令，只要紧接着增加一条十进制数调整指令 DA A 即可。

例 15：主程序与上例相同，十进制数加法子程序如下：

```
JADSB: CLR    C
JAD1:  MOV    A ,@R0
       ADDC   A ,@R1           ;完成一个字节的加法运算
       DA     A                ;十进制数调整
       MOV    @R0,A
       INC    R0
       INC    R1
       DJNZ   R2,JAD1
       RET
```

3. 多字节数乘法

AT89C51 单片机指令系统有一条 8 位数的乘法指令，可以用来扩充多字节数的乘法。

例 16：先考虑一个 16 位×8 位数的乘法程序。假定 16 位的被乘数分别放在 R4，R3 中，8 位的乘法放在 R2 中，试作(R4)(R3)·(R2)，乘积分别放在 R7，R6 和 R5 中。

分析：由于

$$(R4)(R3)\cdot(R2)=[(R4)\cdot 2^8+(R3)]\cdot(R2)$$
$$=(R4)\cdot(R2)\cdot 2^8+(R3)\cdot(R2)$$

其中，(R4)·(R2)和(R3)·(R2)是两组 8 位×8 位数的运算，可以直接利用乘法指令，而乘以 2^8 意味着左移 8 位，所以不难编出 16 位×8 位数的乘法程序。

```
        ORG    0000H
        LJMP   CHENFA
        ORG    0040H
CHENFA: MOV    A,R2
        MOV    B,R3
        MUL    AB              ;(R3)·(R2)
        MOV    R5,A            ;积的低位送到 R5
        MOV    R6,B            ;积的高位送到 R6
        MOV    A,R2
        MOV    B,R4
        MUL    AB              ;(R4)·(R2)
```

```
        ADD     A,R6            ;(R3)·(R2)的高位加(R4)·(R2)的低位
        MOV     R6,A            ;结果送 R6 中,进位在 CY 中
        MOV     A,B
        ADDC    A,#00H          ;(R4)·(R2)的高位加低位来的进位
        MOV     R7,A            ;结果送 R7
        RET
```

本例 C 程序代码如下：

```
#include<reg51.h>
#include<absacc.h>
#define uchar unsigned char
#define uint unsigned int

void main(void)
{
    uchar num1;
    uint num2;
    uint num3;
    uint temp,temp0,val;
    DBYTE[0x20]=0x75;
    DBYTE[0x21]=0x46;
    DBYTE[0x22]=0x31;
    num1=DBYTE[0x20];
    num2=DBYTE[0x21];
    num3=DBYTE[0x22];
    temp=num1*num3;             //低、高 8 位分别作乘法运算
    temp<<=8;
    temp0=num2*num3;
    temp+=temp0;
    val=temp;
}
```

根据上面的算法，很容易把它推广到 16 位×16 位数的乘法上去。假定被乘数存放在 R3,R2 中;乘数存放在 R1,R0 中;乘积存放在 R7,R6,R5,R4 中。

计算方法为：

$$(R3)(R2)\cdot(R1)(R0)=[(R3)\cdot 2^8+(R2)]\cdot[(R1)\cdot 2^8+(R0)]$$
$$=(R3)(R1)\cdot 2^{16}+[(R3)\cdot(R0)+(R2)\cdot(R1)]\cdot 2^8+(R2)\cdot R0$$

程序部分完全可以仿照上面 16 位×8 位数的办法，充分利用 MUL AB 来完成。掌握了

这种编程方法，还可以编出 32 位×8 位、32 位×16 位数的乘法程序。

二、数据的拼拆和转换

利用程序对数据进行处理，除了数值计算之外，就是对数据进行预处理或后处理，或者使之成为所需要的数据形式，或者为了便于数据的传输和存储。这种非数值的处理，主要包括数据的拼装、拆卸以及代码的转换，它们在接口软件中用得很多。

1. 数据的拼拆

数据的拼装和拆卸，主要利用逻辑指令来完成。

例 17：设在 20H 和 21H 单元中各有一个 8 位数据：

(20H)＝$x_7\ x_6\ x_5\ x_4\ x_3\ x_2\ x_1\ x_0$　(21H)＝$y_7\ y_6\ y_5\ y_4\ y_3\ y_2\ y_1\ y_0$

现在要从(20H)单元中取出低 5 位，并从 21H 单元中取出低 3 位完成拼装，拼装结果送 30H 单元保存，即要求：(30H)＝$y_2\ y_1\ y_0\ x_4\ x_3\ x_2\ x_1\ x_0$。

程序如下：

```
MOV     30H,20H          ;将 x7～x0 传送到 30H 单元
ANL     30H,#00011111B   ;将高 3 位屏蔽掉
MOV     A,21H            ;将 y7～y0 传送到累加器中
SWAP    A                ;将 A 的内容左移 4 次
RL      A                ;y2～y0 移到高 3 位
ANL     A,#11100000B     ;将低 5 位屏蔽掉
ORL     30H,A            ;完成拼装任务
```

从上面例子可以看出 AT89C51 单片机的逻辑指令很灵活，而且有些指令独具特点。如：

```
ANL     30H,#00011111B   ;说明逻辑操作可以不经过累加器进行
ORL     30H,A            ;这条指令将累加器作为第二操作数，逻辑操
                          作的结果送到 30H 单元，而不是送到 A 中。
                          这都是指令系统特殊的地方
```

在上述程序中，为实现左移 5 位，采用了一条 SWAP A 指令，相当于左移 4 位，然后再 RL A 左移一位。也可采用乘以 2^5(20H)的方法达到左移 5 位的目的。

```
MOV     30H,20H
ANL     30H,#00011111B
MOV     A,21H
MOV     B,#20H           ;2^5＝20H
MUL     AB               ;将 y7～y0 左移 5 位
ORL     30H,A            ;完成拼装的任务
```

结果正确与否，我们可以通过代入具体数来验证。

本例 C 程序代码如下：

```
#include<reg51.h>
#include<absacc.h>
#define uchar unsigned char

void main(void)
{
    uchar temp1;
    uchar temp2;
    DBYTE[0x20]=0x54;
    DBYTE[0x21]=0xA6;
    temp1=DBYTE[0x20]&0x1f;      //屏蔽高 3 位
    temp2=DBYTE[0x21]&0x07;      //屏蔽高 5 位
    temp2<<=5;
    DBYTE[0x30]=temp1|temp2;     //拼装
}
```

例 18：假定暂存单元 7CH 中的数据是两个 BCD 码，现在要将它们分开，并将高位 BCD 码送到 R6 中，将低 BCD 码送到 R5 中。

程序如下：

```
        MOV     R1,#7CH         ;R1 作地址指针
        MOV     A,#00H
        XCHD    A,@R1           ;将 7CH 单元的低 4 位与累加器中的低 4 位
                                 互换
        MOV     R5,A            ;将低位 BCD 码送存
        MOV     A,7CH           ;取 7CH 单元内容
        SWAP    A               ;累加器的高 4 位与低 4 位互换
        MOV     R6,A            ;将高位 BCD 码送存
```

半字节交换指令(XCHD、SWAP)在处理 BCD 码时很有用。

本例 C 程序代码如下：

```
#include<reg51.h>
#include<absacc.h>
#define uint unsigned int
```

```
void main(void)
{
        uint Hbit,Lbit;
        DBYTE[0x7c]=12;
        Hbit=DBYTE[0x7c]/10;  //取高位
        Lbit=DBYTE[0x7c]%10;  //取低位
}
```

2. 数据的转换

在计算机内部，任何数据都是以二进制数的形式出现的，然而，当计算机经 I/O 设备输入或输出数据时，往往又是采用一些别的形式。所以，在微型计算机的应用中都会碰到数据的转换问题(或称为代码转换)。这里就 BCD 码以及二进制数的互相转换方法作一简单介绍。

例 19：BCD 码与二进制数的转换。假定在 43H～40H 单元中有 4 个 BCD 数，现在要将它们转换成二进制数，转换的结果存于 R3R2 中。即：

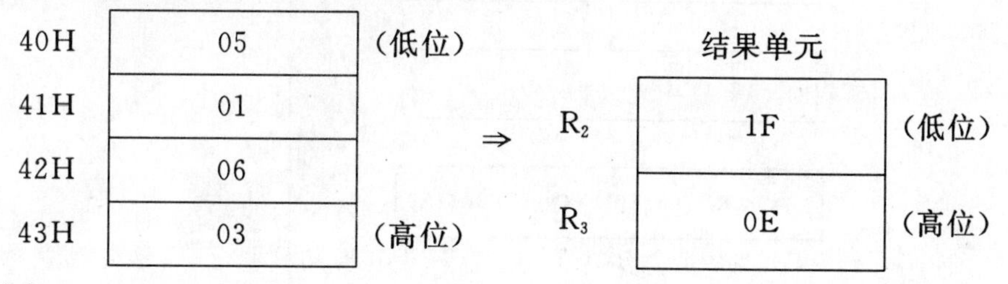

因为 $3\,615 = 3\times10^3+6\times10^2+1\times10+5$

$$= [((3\times10)+6)\times10+1]\times10+5$$

不难看出，这是一个迭代算式，其内核是高位乘 10 再加相邻的低位。由于 AT89C51 单片机有乘法指令，所以直接用乘法指令参与转换。其程序流程图(图 4-4)及程序如下：

```
BCDB:  MOV    R7,#03H        ;设计数初值
       MOV    R0,#43H        ;指向 BCD 数最高位
       MOV    R3,#00H        ;结果单元高位清零
       MOV    A,@R0
       MOV    R2,A           ;将转换初值送 R2
MUL10: MOV    A,R2           ;实现高位乘 10 运算
       MOV    B,#0AH
       MUL    AB             ;(R2)×10
       MOV    R2,A           ;暂存(R2)×10 的低位
       MOV    A,B
       XCH    A,R3           ;暂存(R2)×10 的高位
       MOV    B,#0AH
       MUL    AB
       ADD    A,R3           ;(R3)×10 的低位加(R2)×10 的高位
```

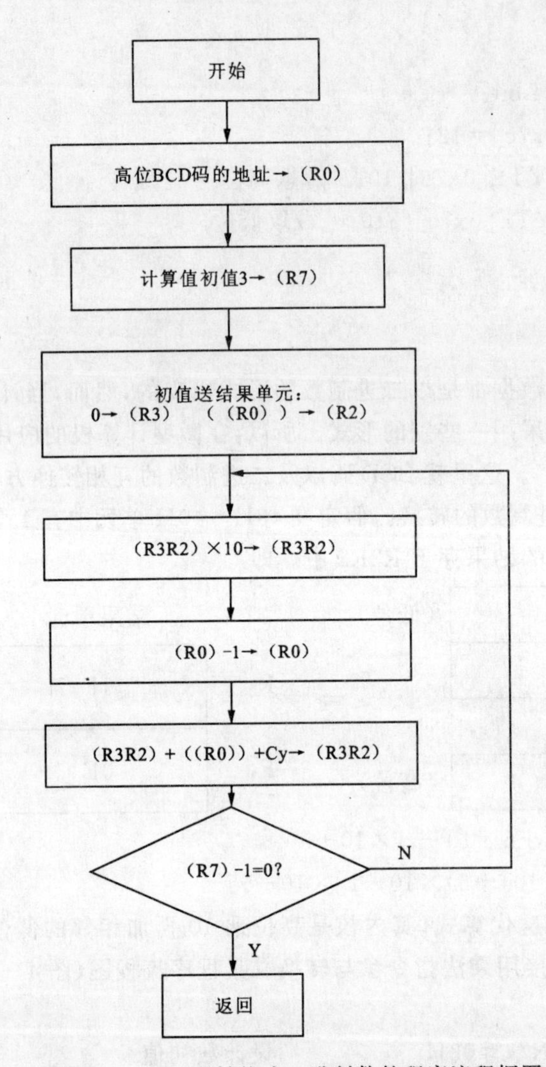

图 4-4　BCD码转换成二进制数的程序流程框图

```
        MOV     R3,A          ;完成高位乘 10 运算
JAFA:   DEC     R0            ;指向低一位的 BCD 数实行加相邻低位运算
        MOV     A,@R0         ;取出低位 BCD 数
        ADD     A,R2          ;与结果单元低位相加
        MOV     R2,A
        MOV     A,R3          ;取结果单元高位
        ADDC    A,#00H        ;加上低位来的进位
        MOV     R3,A          ;送结果单元高位
        DJNZ    R7,MUL10      ;未完再作下一次迭代
        RET
```

本例 C 程序代码如下：

```
#include<reg51.h>
#include<absacc.h>
#define uchar unsigned char
#define uint unsigned int

uint BCDTOB(uchar a[]);
void main(void)
{
    uchar num[4]=0;
    uint val;
    DBYTE[0x43]=3;
    DBYTE[0x42]=6;
    DBYTE[0x41]=1;
    DBYTE[0x40]=5;
    num[0]=DBYTE[0x43];
    num[1]=DBYTE[0x42];
    num[2]=DBYTE[0x41];
    num[3]=DBYTE[0x40];
    val=BCDTOB(num);
}

uint BCDTOB(uchar a[])
{
    int i,j=0;
    uchar temp;
    temp=a[0];
    for(i=0;i<3;i++)
    {
        temp*=10;
        j++;
        temp+=a[j];
    }
    return temp;
}
```

由于4位BCD码最大值为9 999，转换成二进制数为270FH，不超过两字节，所以在完成乘10运算时，可略去(R3)×10的高位。

以上通过具体编程举例说明了程序设计的基本思想和方法。但是程序设计灵活性很大，往往一个问题就可以用多种编程方法来进行。这就要求读者既要熟悉机器的指令系统，又要熟悉编程对象（即题目要求）的各种算法或功能要求，再加上一些编程技巧就可编写出质量较高的程序。而编程技巧则是要通过反复的编程实践才能逐步领会和掌握，因此还要求读者多作一些练习，在反复的实践中提高自己的编程能力。

习题与思考题

(1)片外数据存储区 2000H 单元起始处，存放着数字 0～9，长度为 FFH，请统计其中数字 0 的 ASCⅡ码的个数。

(2)已知在片内 30H 单元有一个二进制编码的十进制数 x，请编写程序计算 y，其结果存入 R5 单元中。

$$y=\begin{cases}4x & \text{当 } x<5\\ 4x-8 & \text{当 } 5\leqslant x<20\\ 50 & \text{当 } x\geqslant 20\end{cases}$$

(3)编写一段程序，把片外数据存储器 2000H～2050H 中的内容传送到片内数据存储器 20H～70H 中。

(4)在起始地址为 2100H，长度为 64H 的数据存储区中找出 F 的 ASCⅡ码，并将其地址送到 1000H 和 1001H 单元中去。

(5)试编写 8 位十进制(BCD 码)数加法子程序，设被加数存放在内部 RAM 的 33H、32H、31H、30H 单元，加数存放在 43H、42H、41H、40H 单元，和数存放在 53H、52H、51H、50H 单元中，数据均由高位到低位顺序排列，最高位进位舍去。

(6)在 3000H 为首的存储器区域中，存放着 14 个由 ASCⅡ码表示的 0～9 之间的数，试编写程序将它们转换成 BCD 码，并以压缩 BCD 码的形式存放在 2000H～2006H 中。

(7)试编写一段程序，把 0200H～0204H 单元中的 5 位 BCD 数转换成 ASCⅡ码，并放入从 0205H 开始的存储单元中。

(8)从片外 RAM 2000H 地址单元开始，连续存放有 200 个补码数。编写程序，将各数取出处理，若为负数则求补，若为正数则不予处理，结果存入原数据单元中。

(9)AT89C51 单片机 P1 端口上，经驱动器接有 8 只发光二级管，若晶振频率为 12MHz，试编写程序，使这 8 只发光管每隔 2s 由 P1.0～P1.7 输出高电平循环发光。

(10)在内部 RAM 24H 和 25H 地址单元中，有两个无符号数，试编一段程序比较两者大小。将大数存于内部 RAM 中 BIG 单元，小数存于 SMALL 单元，如两数相等则分别送入这两个单元。

第五章　单片机系统的扩展技术

单片机内部的硬件电路已基本上构成基本形式的微机系统，可满足许多简单应用场合的需要。但是，在另外一些场合，如传感器接口、伺服控制接口、大容量数据存贮等，片内的硬件资源就显得不够，需要在片外加以扩展。

按照扩展目的分类，系统扩展分为存储器扩展和 I/O 口扩展两类。按照扩展方法分类，系统扩展分为并行扩展和串行扩展两种。本章主要讨论程序存储器扩展、数据存储器扩展、A/D 与 D/A 扩展、并行 I/O 口扩展、串行接口扩展以及键盘与显示接口的扩展。

第一节　89C51 单片机最小应用系统

89C51 单片机内部包含有 I/O 口、程序存储器、数据存储器、定时器以及中断源等，它本身应该是一个最小应用系统。但是，在这个最小应用系统中，仍有一些功能器件如晶体振荡器、复位电路等无法集成到芯片内部，因而需要在片外增加相应的电路。

89C51 内部含有 4K 字节的程序存储器，因此，这种芯片构成的最小应用系统非常简单。用 89C51 单片机构成最小应用系统时，只要将单片机接上时钟电路和复位电路即可，如图 5－1 所示。由于单片机内部资源有限，它只用在比较简单的场合。其应用特点包括以下几点：

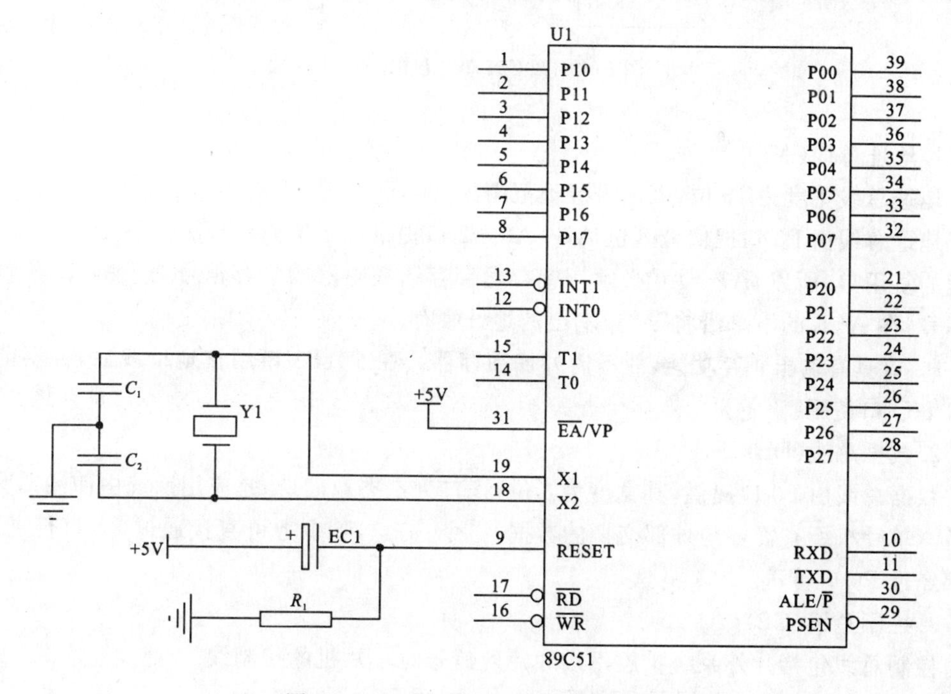

图 5－1　89C51 单片机最小应用系统

(1)单片机的 P0、P1、P2、P3 口都可用作 I/O 口使用，故 I/O 口资源比较丰富。

(2)由于没有外部存储器扩展，$\overline{EA}$应该接高电平。

(3)内部存储器容量有限，只有 4KB 地址空间。

第二节　89C51 单片机的外部并行扩展性能

一、89C51 单片机的片外并行总线结构

单片机都是通过片外引脚进行系统扩展的。为了满足系统扩展的要求，89C51 单片机片外引脚可以构成如图 5－2 所示的三总线结构，即地址总线(AB)、数据总线(DB)和控制总线(CB)。所有的外部芯片都通过这 3 组总线进行扩展。

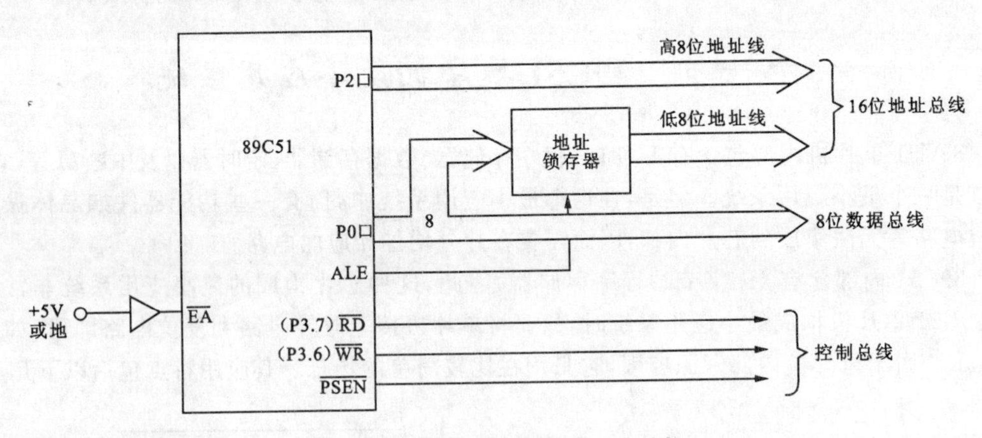

图 5－2　89C51 单片机的三总线结构

1. 地址总线(AB)

地址总线宽度为 16 位，因此可寻址范围为 64KB。

地址总线由 P0 口提供低 8 位 A7～A0，P2 口提供高 8 位 A15～A8。由于 P0 口是地址和数据的复用口，所以，A7～A0 必须用锁存器锁存。锁存器的锁存信号为引脚 ALE 输出的控制信号，在 ALE 的下降沿将 P0 口输出的地址锁存。

P2 口具有输出锁存功能，故不需外加锁存器。在 P0、P2 口用作地址线后，便不能再用作一般 I/O 口使用。

2. 数据总线(DB)

数据总线由 P0 口提供，其宽度为 8 位，该口为三态双向口，是应用系统中使用最为频繁的通道。单片机所有需要与外部交换的数据、指令、信息，除少数可直接通过 P1 口传送外，大部分都经过 P0 口传送。

3. 控制总线(CB)

控制总线包括片外系统扩展用线和片外信号对单片机的控制线。

系统扩展用控制线有$\overline{WR}$、$\overline{RD}$、$\overline{PSEN}$、ALE、$\overline{EA}$。

$\overline{WR}$、$\overline{RD}$:用于片外数据存储器(RAM)的读/写控制。当执行片外数据存储器操作指令

MOVX 时，这两个信号自动产生。

$\overline{PSEN}$：用于片外程序存储器(EPROM)的读数控制。当$\overline{PSEN}$为低时，EPROM 中的数据(指令)置入数据总线上。$\overline{PSEN}$由单片机自动产生。

ALE：用于锁存 P0 口输出的低 8 位地址的控制线。通常，ALE 在 P0 口输出地址期间用其下降沿控制锁存器锁存低 8 位地址。

$\overline{EA}$：用于选择片内或片外程序存储器。当$\overline{EA}$＝0 时，只访问外部程序存储器，而不论片内有无程序存储器。因此，在扩展并使用外部程序存储器时，必须将$\overline{EA}$接地。当$\overline{EA}$＝1，低 4KB 访问片内程序存储器；超过 4KB，将自动转入访问外部程序存储器。

把扩展芯片接入单片机系统，数据总线和控制总线的连接比较简单，而地址总线的连接则比较复杂，因为地址总线的连接通常会涉及到 I/O 编址和芯片的选取问题。

二、89C51 单片机的外部扩展地址空间

单片机的外部扩展地址空间，与它的存储器系统有关。89C51 单片机的存储器系统与外扩展地址空间结构如图 5－3 所示。因为 89C51 单片机的地址总线宽度为 16 位，在片外可扩展的存储器最大容量为 64KB，地址范围为 0000H～FFFFH。

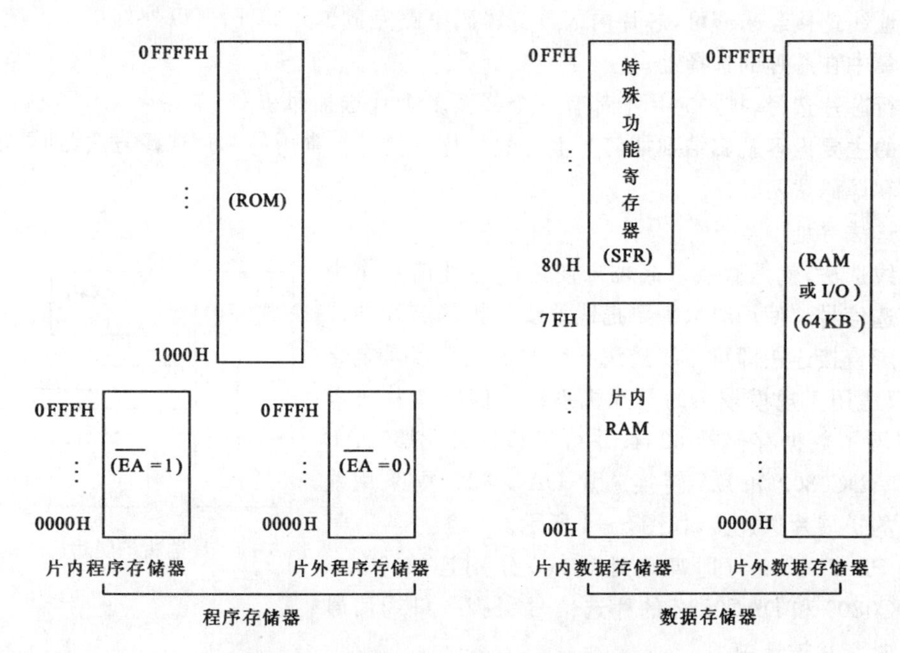

图 5－3 89C51 单片机系统地址空间结构图

89C51 单片机系统中，有两个并行存在且相互独立的存储器系统，即程序存储器系统和数据存储器系统。在程序存储器系统中，包括 4KB 的片内程序存储器和 64KB 的外部扩展地址空间，其中外部扩展地址空间正是供扩展程序存储器使用。在数据存储器系统中，包括 256 字节的片内数据存储器和 64KB 的外部扩展地址空间，其中外部扩展地址空间正是供扩展数据存储器和 I/O 口使用。

程序存储器系统和数据存储器系统的外部扩展地址空间大小相同，但是外部扩展程序存

储器的起始地址与$\overline{EA}$的连接有关。如果$\overline{EA}$脚接高电平，扩展的程序存储器地址从 1000H 开始；如果$\overline{EA}$脚接低电平，则扩展的程序存储器地址从 0000H 开始。而外部扩展数据存储器的地址总是从 0000H 开始。

可以看出，扩展外部数据存储器和程序存储器的地址空间是重叠的，都是从 0000H 到 FFFFH，而且两种扩展使用的数据总线和地址总线都是共用的。允许两者地址重叠是因为：

(1)访问外部数据存储器和程序存储器使用不同的指令；

(2)访问外部数据存储器和程序存储器使用不同的控制信号。

另外，扩展 I/O 口与片外数据存储器统一编址，不再另外提供地址线。所以，当应用系统需要扩展较多的 I/O 口时，要占去大量的外部数据存储器地址空间。

三、89C51 单片机并行扩展的片选技术

进行单片机并行接口扩展，首先要解决寻址问题，即如何找到要访问的扩展芯片以及芯片内的目标单元；因此，寻址分为芯片选择和芯片内目标单元选择两个层次。由于芯片内单元的选择问题已在芯片内解决，外部扩展时只需要把扩展芯片的地址引脚与系统地址总线中对应的低位地址线连接起来即可，芯片内部具有译码电路完成单元寻址；所以外部扩展系统的寻址问题主要集中在芯片的选择上。

为进行芯片选择，扩展芯片上都有一个甚至多个片选信号引脚(常用名为$\overline{CE}$或$\overline{CS}$)，所以寻址问题的主要内容就归结到如何产生有效的片选信号。常用的芯片选择方法(即寻址方法)有线选法和译码法两种。

1. 线选法寻址

所谓线选法，就是直接以高位未使用的地址信号作为芯片的片选信号。使用时只需要把地址线与扩展芯片的片选信号引脚直接连接即可。线选法寻址的最大特点是电路简单，但只适用于规模较小的单片机系统。假定单片机系统分别扩展了数据存储器 6264、并行接口芯片 8155、AD 转换芯片 ADC0809 和 DA 转换芯片 DAC0832，则采用线选法寻址的扩展片选连接，如图 5-4 所示。

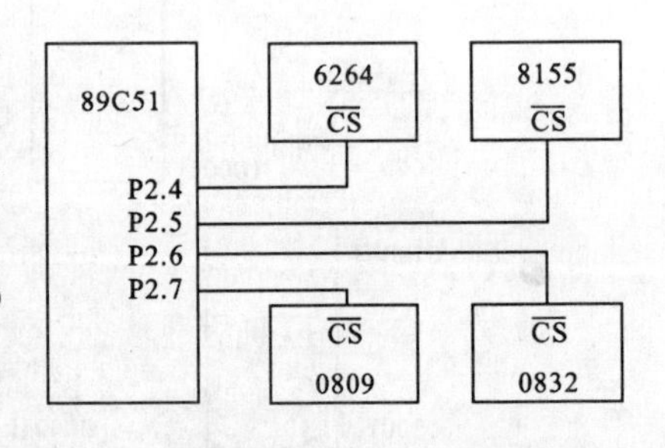

图 5-4　线选法扩展片选连接示意图

口线 P2.7—P2.4(即高位地址线)分别连接 6264、8155、ADC0809 和 DAC0832 的片选信号引脚。口线信号为低电平时芯片被选中。

2. 译码法寻址

所谓译码法寻址，就是使用译码器对高位、未使用的地址信号进行译码，以其译码输出信号作为扩展芯片的片选信号。这是一种最常用的寻址方法，能有效地利用存储空间，适用于大容量、多芯片的系统扩展。

同样是扩展数据存储器 6264、并行接口芯片 8155、AD 转换芯片 ADC0809 和 DA 转换芯片 DAC0832，采用 74LS138(3-8 译码器)，以译码法寻址的系统扩展片选连接，如图 5-5 所示。

口线 P2.7—P2.5 经译码后产生 8 种状态输出，只需其中的 4 个分别连接 6264、8155、

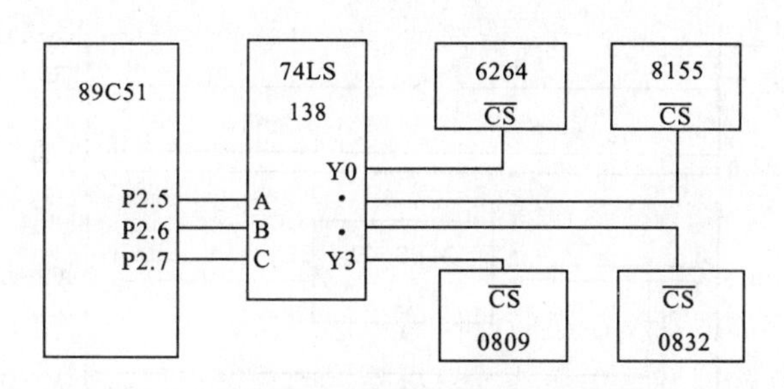

图 5-5　译码法扩展片选连接示意图

0809 和 0832 的片选信号引脚。可见，译码法能提高系统的寻址能力，但增加了硬件开销。

第三节　程序存储器的扩展

89C51 单片机内部有 4K 字节的程序存储器，当此容量不够系统使用时，一般可以选择具有更大内部程序存储器的单片机，如 8K 字节的 89C52、32K 字节的 89C55 等，也可以在外部扩展程序存储器。常用的扩展芯片有：2K 字节的 EPROM2716、4K 字节的 EPROM2732、8K 字节的 EPROM2764、16K 字节的 EPROM27128、32K 字节的 EPROM27256 和 64K 字节的 EPROM27512 等。

一、程序存储器扩展的一般方法

程序存储器扩展使用只读存储器芯片，下面以过去常用的 2764 芯片为例进行原理说明。2764 信号引脚排列如图 5-6 所示。

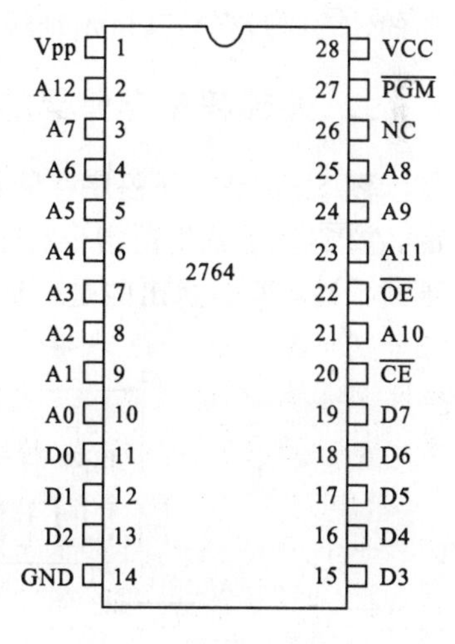

图 5-6　2764 引脚图

主要引脚功能如下：

● A12—A0：13 位地址总线。

● D7—D0：8 位数据总线。

● $\overline{\text{CE}}$：片选信号，低电平有效。

● $\overline{\text{PGM}}$：编程控制信号，用于引入编程脉冲。

● $\overline{\text{OE}}$：输出允许信号。当$\overline{\text{OE}}$信号为低电平时，输出缓冲器打开，被寻址单元的内容输出到数据总线上。

● Vpp：编程电源。当芯片编程时，该端加＋25V 编程电压；当正常使用时，该端加＋5V 电源。

● VCC：电源(＋5V)。

● GND：地。

89C51 单片机扩展一片 8KB 的程序存储器 2764，如图 5-7 所示。

从图 5-7 可以看出，扩展程序存储器的主要内容是地址总线、数据总线和控制总线的连接。地址总线的连接与存储芯片的容量有关。2764 的容量为 8KB，需要 13 根地址线(A12—A0)进行存储单元编址。首先将地址总线分为低 8 位 A7—A0 和高 5 位 A12—A8，然后分别

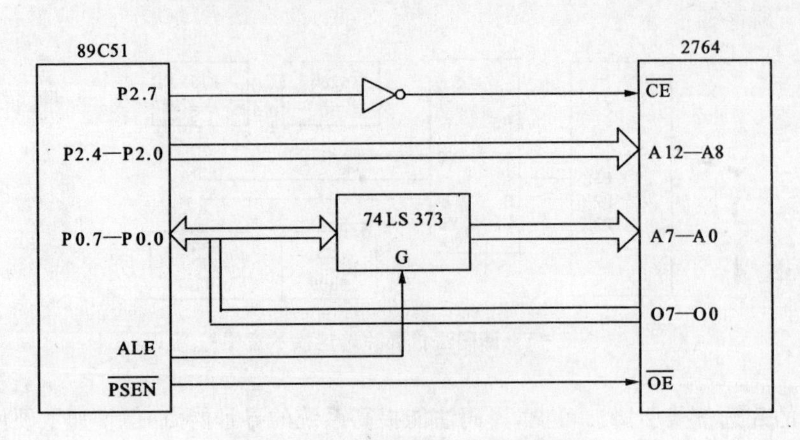

图 5-7 单片机扩展程序存储器连接

连接。低 8 位地址线 A7－A0 与地址锁存器的 8 位输出地址对应连接，再把高 5 位地址线 A12—A8 与单片机 P2.4—P2.0 对应连接。

数据总线的连接相对比较简单，只要把存储器芯片的数据总线 D7—D0 与单片机的 P0.7—P0.0 对应连接就可以了。

对于控制信号，程序存储器的扩展只涉及到单片机的 $\overline{\text{PSEN}}$ 引脚（外部程序存储器读选通），把该信号连接到 2764 的 $\overline{\text{OE}}$ 引脚，用于存储器读出选通。

图 5-7 中，采用线选法片选连接方式，直接将最高位地址线 P2.7 反向后连接到程序存储器的 $\overline{\text{CE}}$ 引脚，当最高位地址线 P2.7 为高时则选中该程序存储器芯片。

二、外部程序存储器的访问时序分析

图 5-8 是外部程序存储器的访问时序。从图中可以看出，P0 口是低位地址和指令复用的，在 $\overline{\text{PSEN}}$ 上跳沿前指令有效，所以，必须在 $\overline{\text{PSEN}}$ 上跳沿前采样 P0 口，读取指令，而在 ALE 下跳沿时，P0 口送出的是地址，所以，必须用 ALE 信号锁存地址。

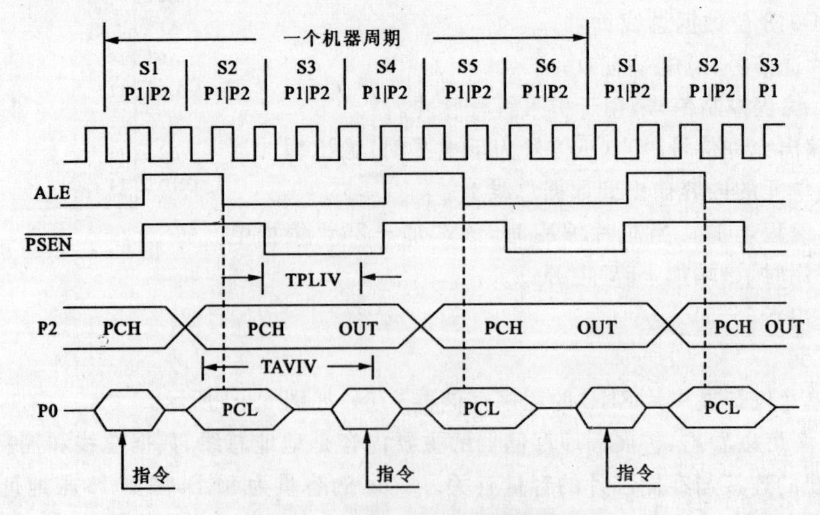

图 5-8 外部程序存储器访问时序

P2 口送出的总是高 8 位地址，并且 P2 口输出本身带有锁存功能，它可以直接接到程序寄存器的高 8 位地址线上，无需再加锁存。

从图中还可以看出，ALE 和$\overline{PSEN}$信号在一个机器周期内两次有效，即 ALE 以 1/6 的时钟频率出现在引脚上，它可以作为外部电路的时钟信号和定时器的定时脉冲。

三、存储单元地址分析

只要把最低地址和最高地址找出来，扩展的存储器在存储空间中所占据的地址范围即可确定。在本例中，若把 P2 口中没有用到的高位地址线假定为 0 状态，则所扩展的 2764 芯片的地址范围是：

最低地址：8000H

A15A14A13A12_A11A10A9A8_A7A6A5A4_A3A2A1A0＝1000_0000_0000_0000

最高地址：9FFFH

A15A14A13A12_A11A10A9A8_A7A6A5A4_A3A2A1A0＝1001_1111_1111_1111

由于 P2.6 和 P2.5 的状态与 2764 的寻址无关，所以在该芯片被寻址时，P2.6 和 P2.5 可以为任意状态，即 00、01、10、11 共 4 种状态组合。表明 2764 芯片对应着 4 个地址区间，即 8000H～9FFFH、A0000H～BFFFH、C000H～DFFFH、E000H～FFFFH。在这些地址区间内都能访问到 2764，这就是线选法存在的地址空间浪费问题。

第四节　数据存储器的扩展

在 89C51 系列单片机中，片内数据存储器的容量为 256 字节，其中高 128 字节为特殊功能寄存器。当数据量大时，就需要在片外扩展外部数据存储器，扩展的容量最大可达 64KB。但由于 89C51 系列单片机对片外扩展的 I/O 口采用外部数据存储器映射方式进行输入/输出(即将片外 I/O 口当作外部数据存储器的存贮单元，在指令及接口上不加区别)，在这种情况下，如果系统扩展有 I/O 口，则允许直接扩展的外部数据存储器的容量将不足 64KB。

一、数据存储器扩展的一般方法

扩展外部数据存储器通常均采用 SRAM(静态随机存储器)。目前，市场上有不同容量的 SRAM 芯片，常用的有 6116(2K×8 位)、6264(8K×8 位)、62256(32K×8 位)等，用户应根据需要选用较大容量的存储器以满足实际需要。现以 6264 为例讨论数据存储器扩展的一般方法。6264 的引脚排列如图 5-9 所示。

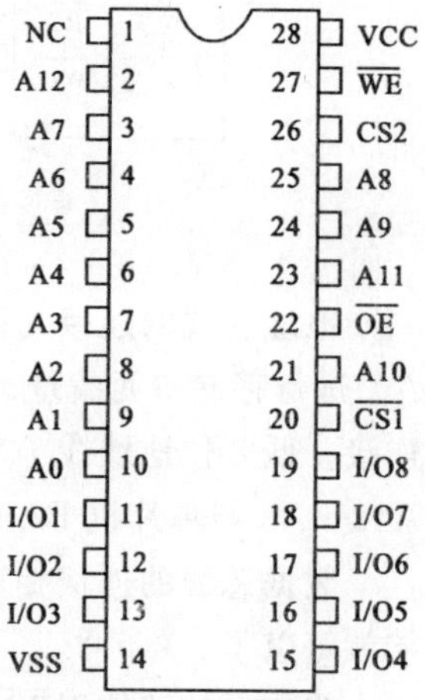

引脚名	引脚号	引脚号	引脚名
NC	1	28	VCC
A12	2	27	$\overline{WE}$
A7	3	26	CS2
A6	4	25	A8
A5	5	24	A9
A4	6	23	A11
A3	7	22	$\overline{OE}$
A2	8	21	A10
A1	9	20	$\overline{CS1}$
A0	10	19	I/O8
I/O1	11	18	I/O7
I/O2	12	17	I/O6
I/O3	13	16	I/O5
VSS	14	15	I/O4

图 5-9　芯片 6264 引脚图

- A12—A0：地址总线；
- I/O8—I/O1：数据总线；
- $\overline{CS1}$：片选信号 1，低电平有效；
- $\overline{CS2}$：片选信号 2，高电平有效；
- $\overline{OE}$：数据输出使能信号；

●$\overline{WE}$:写选通信号;

●VCC:电源(+5V);

●GND:地。

6264 共有 4 种工作方式,如表 5-1 所示。

表 5-1　6264 工作方式

状态	$\overline{CS1}$	CS2	$\overline{OE}$	$\overline{WE}$	I/O8—I/O1
未选中	0	0	×	×	高阻抗
未选中	1	0	×	×	高阻抗
未选中	1	1	×	×	高阻抗
禁止	0	1	1	1	高阻抗
读出	0	1	0	1	数据读出
写入	0	1	1	0	数据写入

数据存储器扩展与程序存储器扩展在数据总线、地址总线的连接上是完全相同的,所不同的是控制信号。使用一片 6264 扩展 8KB 外部数据存储器的电路连接,如图 5-10 所示。

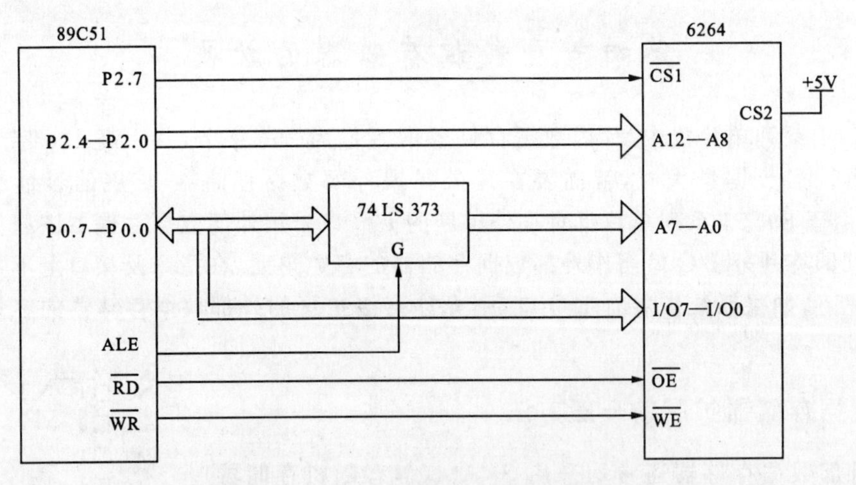

图 5-10　单片机扩展数据存储器连接图

地址总线的连接与存储芯片的容量有关。6264 的容量为 8KB,需要 13 根地址线(A12—A0)进行存储单元编址。首先将地址总线分为低 8 位 A7—A0 和高 5 位 A12—A8,然后分别连接。低 8 位地址线 A7—A0 与地址锁存器的 8 位输出地址对应连接,再把高 5 位地址线 A12—A8 与单片机 P2.4—P2.0 对应连接。

数据总线的连接相对比较简单,只要把存储器芯片的数据总线与单片机的 P0 口对应连接就可以了。

程序存储器使用$\overline{PSEN}$作为读选通信号,而数据存储器则使用$\overline{RD}$和$\overline{WR}$分别作为读/写选通信号,即$\overline{RD}$连接 SRAM 的$\overline{OE}$信号,作为读选通信号,$\overline{WR}$连接 SRAM 的$\overline{WE}$信号,作为写选

通信号。

图 5 - 10 中，采用线选法片选连接方式，直接将最高位地址线 P2.7 连接到 SRAM 的 $\overline{CS1}$ 引脚，而将 SRAM 的 CS2 脚直接连接到高电平上。当最高位地址线 P2.7 为低时则选中该 SRAM 芯片。

二、外部数据存储器的访问时序分析

1. 外部数据存储器的写操作

写外部数据存储器有以下两条指令：

(1)MOVX　@DPTR,A

(2)MOVX　@Ri,A　;(i=0,1)

可以看出，对外部数据存储器的写操作都采用了间接寻址方式。当用 DPTR 间接寻址时，则由 DPTR 提供外部数据存储器的 16 位地址，实现对芯片内部目标单元的寻址。当用 Ri 间接寻址时，由 P2 端口提供高 8 位地址，Ri 提供低 8 位地址，实现对芯片内部目标单元的寻址。

例如，要把累加器 A 中内容写入外部数据存储器 5040H 地址单元，其程序可以是：

```
(1)MOV    DPTR,  #5040H
   MOVX   @DPTR,A
(2)MOV    P2,    #50H
   MOV    R0,    #40H
   MOVX   @R0,   A
```

在执行上述两条间接寻址指令时，单片机的外部总线输出时序如图 5 - 11 所示。在振荡周期 S4P2 的下跳沿开始，P0 口和 P2 口输出被写单元的地址；在振荡周期 S6P1 的下跳沿开始，P0 口停止输出低位地址，开始输出需要写入的数据；在振荡周期 S3P2 的下跳沿，结束写操作。

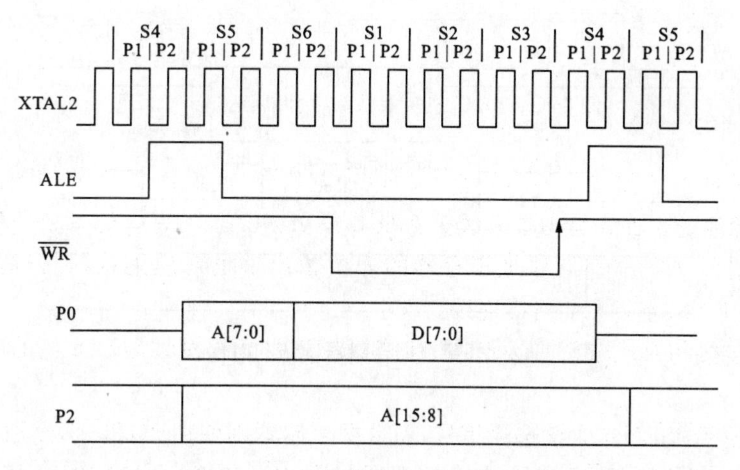

图 5 - 11　外部数据存储器写访问时序

2. 外部数据存储器的读操作

读外部数据存储器有以下两条指令：

```
(1)MOVX    A,    @DPTR
(2)MOVX    A,    @Ri;(i=0,1)
```

可以看出，对外部数据存储器的读操作同样都采用了间接寻址方式。当用 DPTR 间接寻址时，则由 DPTR 提供外部数据存储器的 16 位地址，实现对芯片内部目标单元的寻址。当用 Ri 间接寻址时，由 P2 端口提供高 8 位地址，由 Ri 提供低 8 位地址，实现对芯片内部目标单元的寻址。

例如，要把外部数据存储器 5040H 地址单元内的数据读入累加器 A 中，其程序可以是：

```
(1)MOV     DPTR,  #5040H
   MOVX    A,     @DPTR
(2)MOV     P2,    #50H
   MOV     R0,    #40H
   MOVX    A,     @R0
```

在执行上述两条间接寻址指令时，单片机的外部总线时序如图 5-12 所示。在振荡周期 S4P2 的下跳沿开始，P0 口和 P2 口输出被读出单元的地址；在振荡周期 S6P1 的下跳沿开始，P0 口停止输出低位地址；在振荡周期 S6P2 的下跳沿开始，P0 口输出高阻态，允许外部数据存储器向 P0 口上输出数据；在振荡周期 S3P1 期间，单片机从 P0 口上读入数据；在振荡周期 S3P2 的下跳沿，结束读操作。

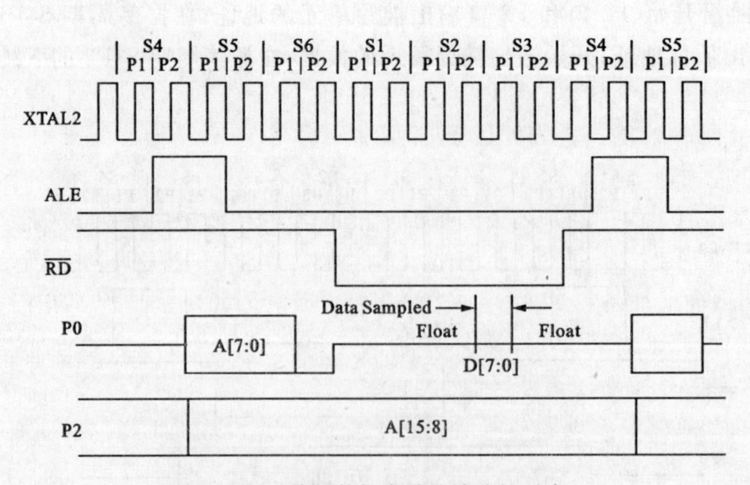

图 5-12　外部数据存储器读访问时序

第五节　并行 I/O 口的扩展

通过 I/O(Input/Output)口，可以实现一些简单的数据输入/输出传送，例如，按键状态的输入、发光二极管的驱动输出等。

89C51 单片机共有 4 组 I/O 端口：P0、P1、P2、P3，P0 口兼作地址/数据总线使用，P2 口兼作高位地址总线使用，当单片机系统扩展有外部程序存储器或外部数据存储器时，P0 口和 P2 口就不能再作 I/O 口使用。实际上，可供用户使用的只有 P1 口和 P3 口的部分口线，这在许多单片机应用场合往往显得不够用，不可避免地要进行 I/O 口的扩展。

从功能上看，单片机 I/O 口的扩展有两种基本类型：简单 I/O 口扩展和可编程 I/O 口扩展。前者功能单一，多用于简单外设的数据输入、输出，例如状态指示灯的控制、按键状态的输入等；后者功能丰富，应用范围广，但芯片价格相对较昂贵。

89C51 单片机对于片外扩展并行 I/O 口，是采用外部数据存储器映射方式进行输入、输出的。因此，外部 I/O 口的扩展与外部数据存储器的扩展在方法上是基本相同的。下面分别对两种不同的 I/O 口扩展加以介绍。

一、简单 I/O 口的扩展

当单片机需要扩展的端口数量不多时，可利用缓冲器和锁存器直接在总线上扩展 I/O 端口。

图 5－13 就是利用 8 位三态缓冲器 74LS244 组成的输入口，8D 锁存器 74LS373 组成的输出口电路。

正如上面提到过，89C51 单片机是将外部 I/O 和外部 RAM 统一编址的，每个扩展的接口相当于一个扩展的外部 RAM 单元。因此，访问外部接口就像访问外部 RAM 一样，用的是 MOVX 类指令。据此，在连接芯片时，可利用执行 MOVX 类指令时产生的 $\overline{RD}$ 和 $\overline{WR}$ 信号来参加片选。

输出控制信号由 P2.0 和 $\overline{WR}$ 合成，当两者同时输出低电平时，“或非”门输出“1”，将 P0 口数据锁存到 74LS373，其输出控制着发光二极管 LED。当某线输出为低电平时，该线上的 LED 发光。

输入控制信号由 P2.0 和 $\overline{RD}$ 合成，当两者同时为输出低电平时，“或”门输出“0”，选通 74LS244，将外部信息输入到总线。无键按下时，输入为全 1；若按下某键，则所在线输入为“0”。可见，输入和输出都是在 P2.0 为“0”时有效。设它们的口地址为 FEFFH(实际上只要保证 P2.0＝0 即可，其他地址无关紧要)，即输入口和输出口占有相同的地址空间，但由于它们分别由 $\overline{RD}$ 和 $\overline{WR}$ 信号控制，仍然不会发生冲突。

图 5－13 中，如果需要实现的功能是按下任意一个键，对应的 LED 发光，则程序如下：

```
LOOP:MOV    DPTR,#0FEFFH          ;数据指针指向 I/O 口地址
     MOVX   A,@DPTR               ;从 244 读入数据，检测按扭
     MOVX   @DPTR,A               ;向 373 输出数据，驱动相应的 LED
     SJMP   LOOP                  ;循环
```

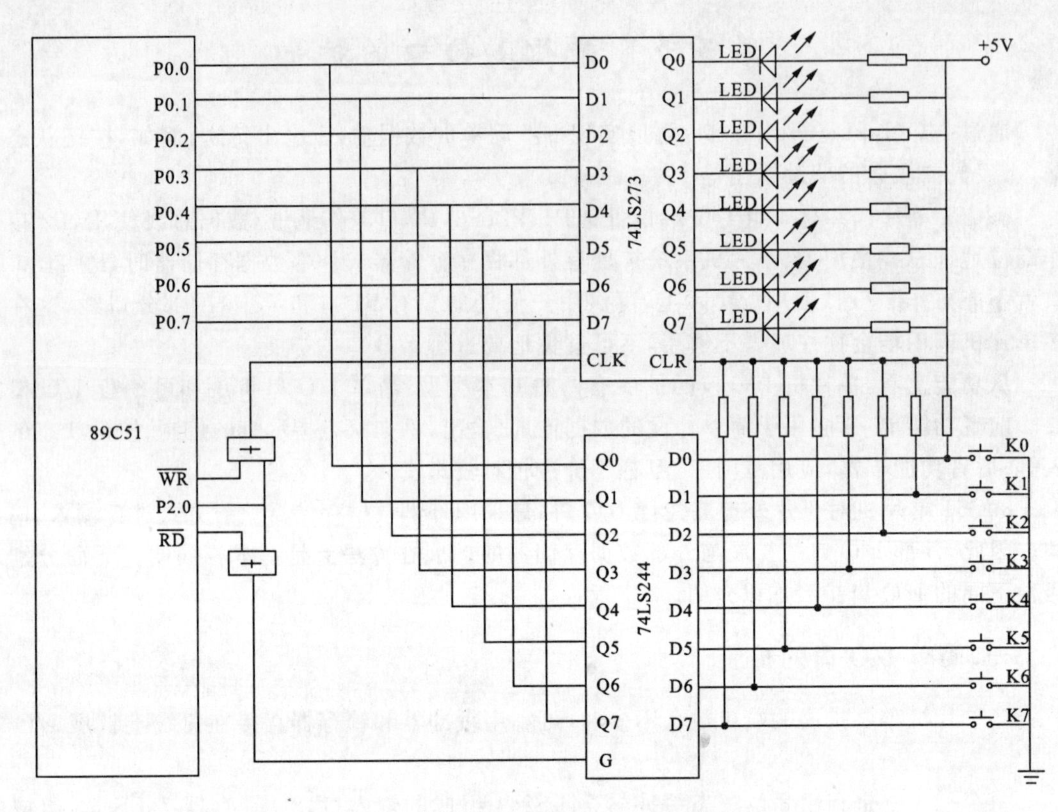

图 5-13　简单并行 I/O 口扩展

二、可编程 I/O 口的扩展

在单片机接口中，常使用一些结构复杂的接口芯片，以完成各种复杂的操作。这类芯片一般具有多种功能，在使用前，必须由 CPU 对其编程，以设定其工作方式，之后才能使芯片按设定的方式进行操作，这就是可编程接口。

常见的可编程接口芯片如表 5-2 所示。这些原是 Intel 公司 MCS8080/8085CPU 的通用外围接口芯片，由于 89C51 单片机也具有类似的总线结构，因此，这些芯片几乎可以与 89C51 单片机进行直接配接。

表 5-2　常用 Intel 系列可编程接口芯片

编号	名　称	说　明
8155	并行接口	带 256B 的 RAM 和 14 位定时/计数器
8255	通用并行接口	
8251	同步/异步通讯接口	
8253	定时/计数器	
8279	键盘、显示接口	

如何正确使用这些芯片，使之成为单片机的扩展接口，除了保证正确的硬件接线之外，关键在于控制字的设定。下面以 8155 为例来说明这类芯片的连接方法。

(一)8155 的结构和技术性能

图 5-14 是 8155 的内部结构和引脚配置。在 8155 内部具有：

●256 字节的静态随机存储器，最快存取时间为 400ns。

●有 3 组通用的输入、输出口。其中 A 口和 B 口是 8 位口，C 口是 6 位口。C 口可作状态口，这时，A 口和 B 口能在应答式的输入/输出方式下工作。

●有一个 14 位的可编程定时/计数器。

●内部有地址锁存器，多路转换的地址和数据总线。

●单一+5V 电源，40 条引脚。

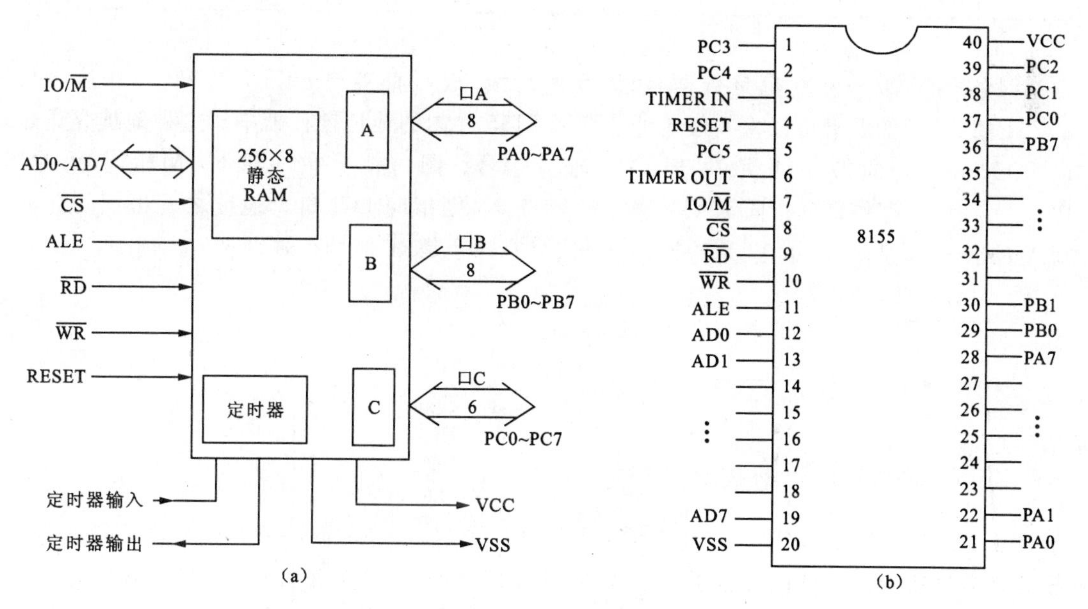

图 5-14　8155 的内部结构和引脚配置

a. 内部结构；b. 引脚配置

(二)8155 的片选、内部 RAM 和 I/O 口地址

8155 的片选信号为$\overline{CE}$，当$\overline{CE}$=0 时，选中该芯片。8155 的另一引脚 IO/$\overline{M}$对片内 RAM 和 I/O 口进行选择，当 IO/$\overline{M}$=0 时，选中片内 RAM；当 IO/$\overline{M}$=1 时，选中 I/O 口。8155 的 I/O 寄存器共有 6 个，它们各占有的地址如表 5-3 所示。

(三)8155 与 89C51 的连接

由于 8155 内部既有 256 字节的静态 RAM，又有 3 组 I/O 口和一个计数器，因此是单片机系统的理想扩展器件。图 5-15 给出了 8155 与 89C51 的最基本连接方式。

表 5-3 8155 口地址分布

AD7～AD0								选中寄存器
A7	A6	A5	A4	A3	A2	A1	A0	
×	×	×	×	×	0	0	0	内部命令状态寄存器
×	×	×	×	×	0	0	1	通用 I/O 口 A
×	×	×	×	×	0	1	0	通用 I/O 口 B
×	×	×	×	×	0	1	1	口 C——通用 I/O 口或控制口
×	×	×	×	×	1	0	0	计数器的低 8 位
×	×	×	×	×	1	0	1	计数器的高 6 位和 2 位方式位

8155 的 AD7—AD0 也是数据/地址复用总线，故可直接与 89C51 的 P0 口相连。利用 89C51 的 ALE 的后沿可以将 8 位地址锁存到 8155 片内的地址锁存器中。这种地址究竟是指向 RAM 还是指向 I/O 口，取决于 IO/$\overline{M}$输入信号。图中将 P2.4 与 IO/$\overline{M}$相连，因此，当 P2.4＝0 时，锁存的地址指向 RAM；当 P2.4＝1 时，则指向 I/O 口。地址之后出现的数据是写入 8155 还是从 8155 读出，取决于是$\overline{WR}$信号有效还是$\overline{RD}$信号有效。

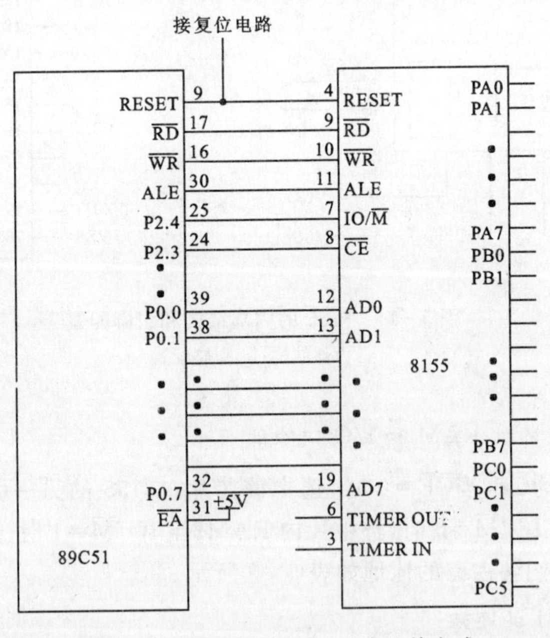

图 5-15 8155 与 89C51 基本连接方式

(四)8155 片内 RAM 的使用

对于 89C51 单片机来说，8155 的 RAM 就是外部 RAM，因此必须利用 MOVX 指令进行读/写，RAM 的读写必须确保 IO/$\overline{M}$＝0。

下面是一段测试程序，可以检验数据是否能正确地从 8155 读出和写入。

```
EXAM:MOV    DPTR,#0E700H     ;指向 8155RAM 的零单元
     MOV    A,#01H           ;存入数 1
     MOVX   @DPTR,A
     INC    DPTR             ;指向下一个单元
     MOV    A,#0FFH
     MOVX   @DPTR,A          ;存入数 FFH
     MOV    DPTR,#0E700H     ;重新指向零单元
     MOVX   A,@DPTR          ;从 8155 RAM 中读数
     MOV    R2,A             ;暂存到 R2 中
     INC    DPTR
     MOVX   A,@DPTR          ;取出第二个数
     ADD    A,R2             ;将取出的数相加
     JZ     OK               ;判断和数是否为 0
ERR:  …                      ;不为零，读/写不正确
OK:   …                      ;和为零，读/写正确
```

(五)8155 片内 I/O 口的使用

用好 8155 片内 I/O 口的关键是正确地理解各个 I/O 寄存器每一位的含义，并根据这些含义编写准确的控制字。

1. 命令寄存器的用法

8155 的命令控制字格式如图 5-16 所示。这里的 8 个控制位全部用于 I/O 口和定时器的方式控制。

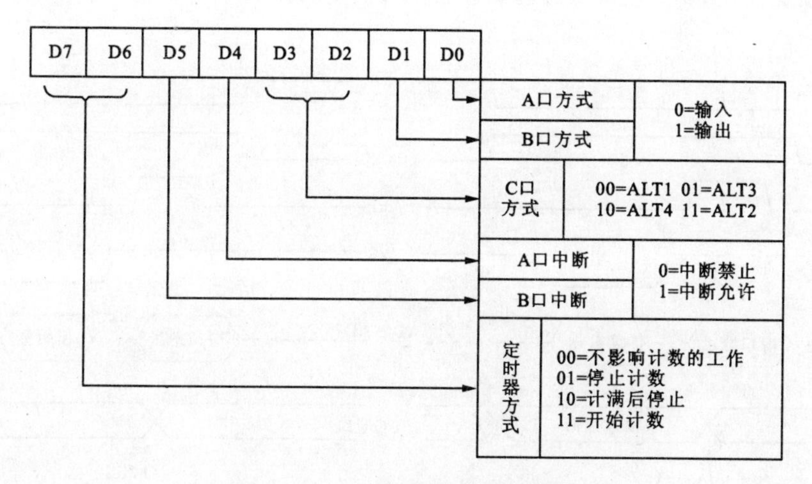

图 5-16　8155 的命令控制字格式

8155 的 C 口可以设置成 4 种工作方式(ALT1、ALT2、ALT3、ALT4)中的一种。表 5-4 给出了在不同工作方式下 C 口各位的功能及 A 口、B 口所处在的相应工作方式:

表 5-4　C 口工作方式及控制信号分布

<table>
<tr><th>方式
位</th><th>ALT1</th><th>ALT2</th><th>ALT3</th><th>ALT4</th></tr>
<tr><td>PC0</td><td rowspan="6">输入方式</td><td rowspan="6">输出方式</td><td>AINTR(A 口中断)</td><td>AINTR(A 口中断)</td></tr>
<tr><td>PC1</td><td>ABF(A 口缓冲器满)</td><td>ABF(A 口缓冲器满)</td></tr>
<tr><td>PC2</td><td>$\overline{ASTB}$(A 口选通)</td><td>$\overline{ASTB}$(A 口选通)</td></tr>
<tr><td>PC3</td><td rowspan="3">输出方式</td><td>BINTR(B 口中断)</td></tr>
<tr><td>PC4</td><td>BBF(B 口缓冲器满)</td></tr>
<tr><td>PC5</td><td>BSTB(B 口选通)</td></tr>
<tr><td>备注</td><td>A 口、B 口为
基本 I/O 口</td><td>A 口、B 口为
基本 I/O 口</td><td>A 口为选通 I/O 方式,
B 口为基本 I/O 口</td><td>A 口、B 口选通
输入/ 输出方式</td></tr>
</table>

· 在 ALT1 方式时,A 口、B 口为基本 I/O 口,C 口为输入口。

· 在 ALT2 方式时,A 口、B 口为基本 I/O 口,C 口为输出口。

· 在 ALT3 方式时,A 口被定义为选通输入/输出方式,由 C 口的低 3 位作为 A 口的联络线,C 口的其余位作输出口线,而 B 口为基本 I/O 口。

· 在 ALT4 方式时,A 口、B 口均定义为选通输入/输出方式,C 口的低 3 位仍作为 A 口的联络线,C 口的另外 3 位作为 B 口的联络线。

8155 的 A 口和 B 口工作于选通工作方式时,输入/输出过程的时序见图 5-17。在输入操作时,$\overline{STB}$是外设送来的选通信号。当$\overline{STB}$有效(低电平)后,便将数据装入 8155,然后 BF 信号变高,以反映 8155 的缓冲器已装满。在$\overline{STB}$恢复为高电平时,$\overline{INTR}$信号变高,向 CPU 请

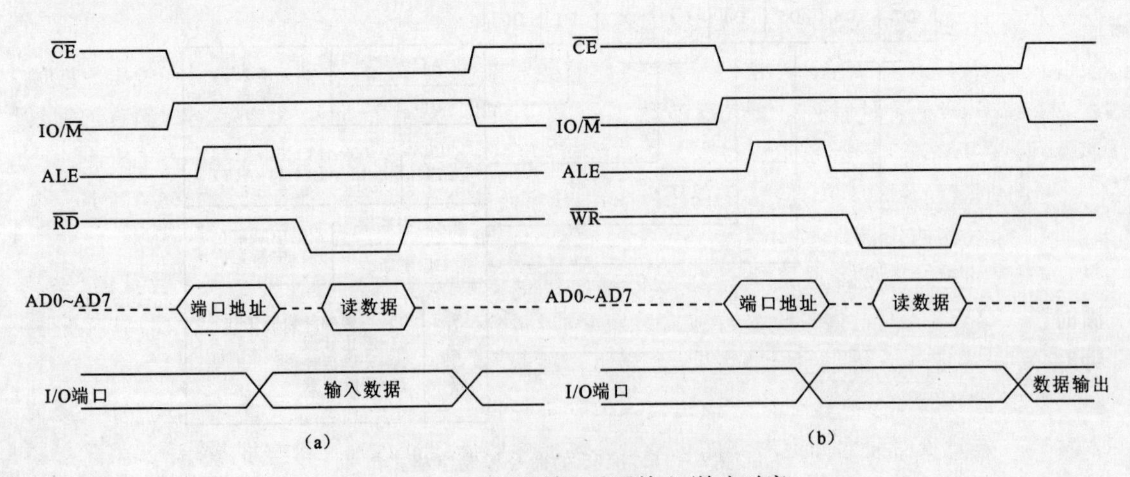

图 5-17　8155I/O 端口选通输入/输出时序

a. 端口选通输出时序;b. 端口选通输入时序

求中断。当 CPU 开始读取输入数据时($\overline{RD}$信号下降沿),$\overline{INTR}$恢复为低电平,读取数据完毕后($\overline{RD}$信号上升沿),使 BF 信号恢复低电平,一次数据输入结束。

在输出操作时,$\overline{STB}$是外设的应答信号。当外设接收并处理完数据后,发出$\overline{STB}$负脉冲,在$\overline{STB}$变高之后使$\overline{INTR}$有效,以向 CPU 请求中断,即要求 CPU 发送下一个数据。CPU 通过中断服务程序把数据写到 8155,并使 BF 变高,以通知外设可以接收和处理数据。外设处理完数据后再以$\overline{STB}$信号来应答。

至于 A 口和 B 口是否工作在中断方式,除了取决于 C 口的方式是否提供联络信号之外,还要看在对命令寄存器进行初始化时,是否允许 A 口和 B 口中断。

例 1:假定要求选择 8155 的 A 口为基本输出口,B 口为基本输入口,C 口为输出口,并立即启动计数器工作,则向命令寄存器写的控制字应该为 CDH,即:

1	1	0	0	1	1	0	1
启动				ALT2		B 口 输入	A 口 输出

根据图 5-15,命令寄存器口地址为 F700H,因此只要执行以下 3 条指令,便可将 8155 的 A 口、B 口和 C 口设定为要求的方式:

```
MOV     DPTR,#0F700H        ;选中命令寄存器
MOV     A,#0CDH             ;CDH 为控制字
MOVX    @DPTR,A             ;控制字写入命令寄存器
```

2. 状态寄存器

8155 内部的状态寄存器保存着定时器和 I/O 通道的状态,可以用指令查询。要注意的是命令寄存器和状态寄存器是共用一个口地址的。如图 5-15 中,它们共用口地址 F700H,当执行 MOVX @DPTR,A 指令时,是将控制字写入命令寄存器,当执行 MOVX A,@DPTR 指令时,则是将状态信息读入累加器中。

状态寄存器各位的定义如图 5-18 所示。

3. A 口、B 口、C 口的用法

A 口、B 口、C 口的工作方式由命令寄存器的控制字决定,如果写入的控制字规定它们在 ALT1 或 ALT2 下,则这 3 个口都是独立的 I/O 口,可以直接利用 MOVX A,@DPTR 或 MOVX @DPTR,A 指令完成对这 3 个口的读/写(输入/输出)任务。

至于规定在 ALT3、ALT4 下的使用方法,已在讨论命令控制字时作过介绍,这里不再重复。

4. 定时器的用法

8155 的定时器实际上是一个 14 位的减法计数器。在 TIMER IN 端输入计数脉冲,当数满时由 TIMER OUT 端输出脉冲或方波。当 TIMER IN 接外脉冲时为计数方式,接系统时钟时,可作为定时方式,但须注意芯片的最高计数频率。

定时器的操作分两步。第一步由写入命令寄存器的控制字确定定时器的启动、停止或装入常数。第二步由写入到定时器的两个寄存器的内容确定计数长度和输出方式。其格式如图 5-19 所示。

计数器的计数长度可为 0002H～3FFFH。当计数长度为偶数时,方波输出是对称的;当

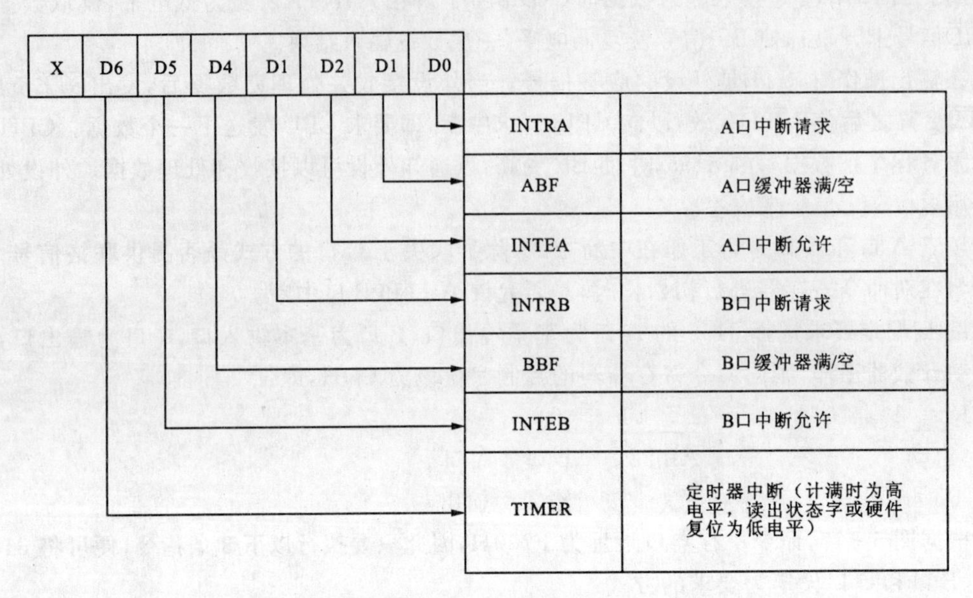

图 5-18　8155 状态字格式

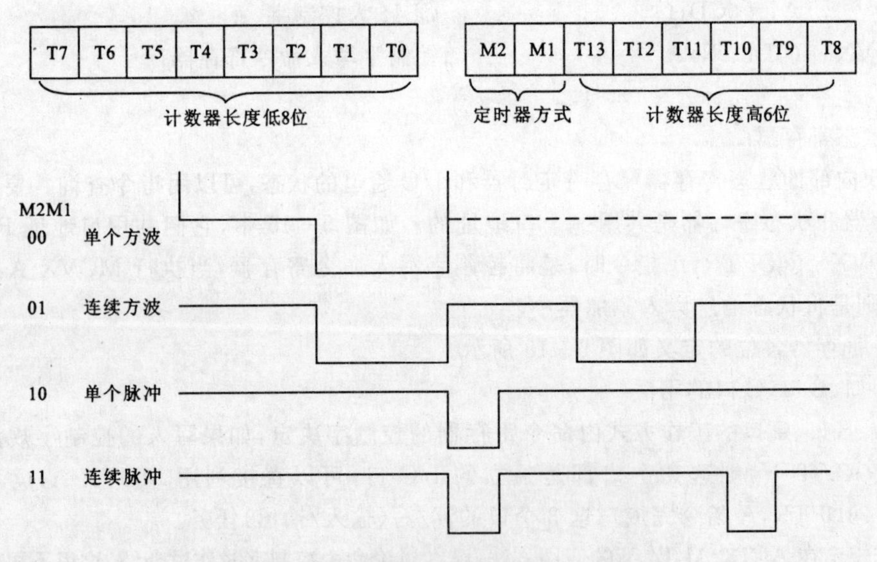

图 5-19　8155 定时器格式和输出方式

计数长度为奇数时，则方波是不对称的：高电平的半个周期比低电平的半个周期多计一个数。当计数器正在计数时可以将新的计数长度和输出方式装入计数寄存器，但在计数器进入新的计数长度和输出方式操作之前，必须向定时器发出一个启动命令。硬件复位后并不能将定时器预置成任何工作方式和计数长度，只能使计数停止，因此，必须注意给予启动命令。

假设将 8155 用作 I/O 口和定时器工作方式：A 口定义为基本输入方式，B 口定义为基本输出方式，定时器作为方波发生器，对输入脉冲进行 24 分频。仍按图 5-15 所示，则 8155 的操作如下：

```
MOV     DPTR,#0F704H        ;指向定时器低 8 位
MOV     A,#18H              ;计数常数 0018H=24
MOVX    @DPTR,A             ;装入计数常数低 8 位
INC     DPTR                ;指向定时器高 8 位
MOV     A,#40H              ;设定时器方式为连续方波输出
MOVX    @DPTR,A             ;装入定时器高 8 位
MOV     DPTR,#0F700H        ;指向命令/状态口
MOV     A,#0C2H             ;命令控制字设定 A 口为基本输入
                            ;方式,B 口为基本输出方式,并
                            ;启动定时器
MOVX    @DPTR,A
```

第六节　A/D 转换电路接口技术

A/D 转换电路的功能是将连续变化的模拟信号转换成数字信号,以适于计算机处理。按 A/D 转换的原理可分为并行方式、双积分式、逐次逼近式等。本节以逐次逼近式 8 位 8 通道 A/D 转换器 ADC0809 为例,介绍 A/D 转换电路与单片机的接口技术。

一、ADC0809 芯片

ADC0809 采用逐次逼近式 A/D 转换原理,可实现 8 路模拟信号的分时采集,片内有 8 路模拟选通开关,以及相应的通道地址锁存与译码电路,转换时间为 100μs 左右。ADC0809 的内部逻辑结构及引脚如图 5-20 所示。

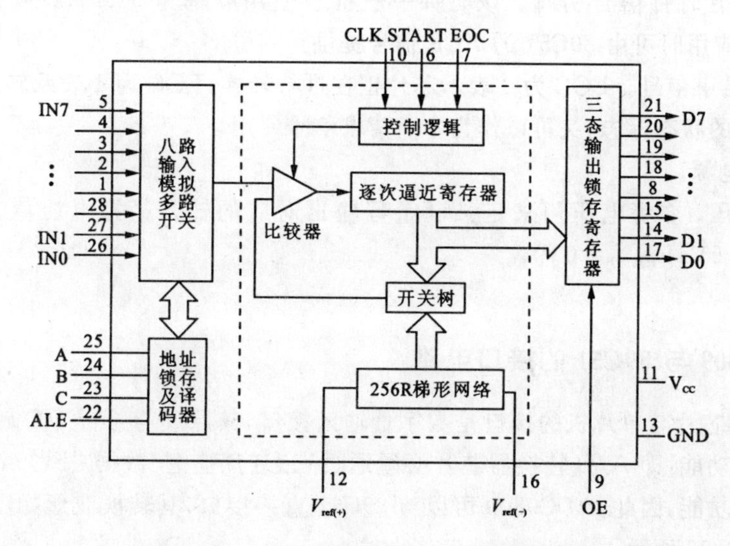

图 5-20　ADC0809 内部逻辑结构及引脚图

图 5-20 中多路模拟开关可选通 8 个模拟通道，允许 8 路模拟量分时输入，共用一个 A/D 转换芯片进行转换。地址锁存与译码电路完成对 A、B、C 三个地址位进行锁存和译码，其译码输出用于通道选择。8 位 A/D 转换器是逐次逼近式，由控制与时序电路、逐次逼近寄存器、树状开关以及 256R 电阻阶梯网络等组成。输出锁存器用于存放和输出转换得到的数字量。ADC0809 芯片为 28 引脚双列直插式封装，引脚排列如图 5-20 所示。各引脚功能如下。

IN7—IN0：模拟量输入通道。

A、B、C：地址线，模拟量通道的选择信号。A 为低地址，C 为高地址。其地址状态与通道选择的对应关系见表 5-5。

表 5-5　输入通道选择表

地址	C	0	0	0	0	1	1	1	1
	B	0	0	1	1	0	0	1	1
	A	0	1	0	1	0	1	0	1
被选中输入通道		IN0	IN1	IN2	IN3	IN4	IN5	IN6	IN7

ALE：地址锁存允许信号。对应 ALE 下跳沿，A、B、C 地址状态送入地址锁存器中。

START：转换启动信号。START 上跳沿时，所有内部寄存器清 0；START 下跳沿时，开始进行 A/D 转换；在 A/D 转换期间，START 应保持低电平。

D7—D0：数据输出线。为三态缓冲输出形式，可以与单片机的数据总线直接相连。

OE：输出允许信号。用于控制三态输出锁存器向数据总线 D7～D0 上输出转换结果。OE 为 0，输出数据线呈高阻态；OE 为 1，输出转换结果。

CLK：外部时钟信号输入端。ADC0809 的内部没有时钟产生电路，所需时钟信号必须由外部提供，因此，有时钟信号引脚。该时钟一般推荐使用频率为 640kHz，最大允许频率为 1280kHz。简单应用时可由 89C51 的 ALE 信号提供。

EOC：转换结束信号。EOC 为 0 表示芯片正在进行转换；EOC 为 1 表示转换结束。该信号可以作为查询的状态标志，又可以作为中断请求信号使用。

V_{CC}：＋5V 电源。

V_{ref}：参考电压。参考电压用来定义满量程输出对应的输入模拟电压值。其典型值为＋5V（$V_{ref(+)}=+5V$，$V_{ref(-)}=0V$）。

GND：地。

二、ADC0809 与 89C51 的接口电路

A/D 转换器芯片与单片机的接口是数字量输入接口，其原理与并行 I/O 输入接口相似，需要有三态缓冲功能，即 A/D 转换器芯片必须通过三态门“挂上”数据总线。ADC0809 芯片已具有三态输出功能，因此，ADC0809 可以与 89C51 直接接口，其转换波形如图 5-21 所示，转换电路如图 5-22 所示。

在图 5-22 中，D0～D7 连至 89C51 的 P0 口。8 路模拟通道选择信号 A、B、C 分别接 89C51 的 P0 口低 3 位。P2.0 位线启动 ADC0809 转换，口地址为 0FEFFH。通过写口地址可

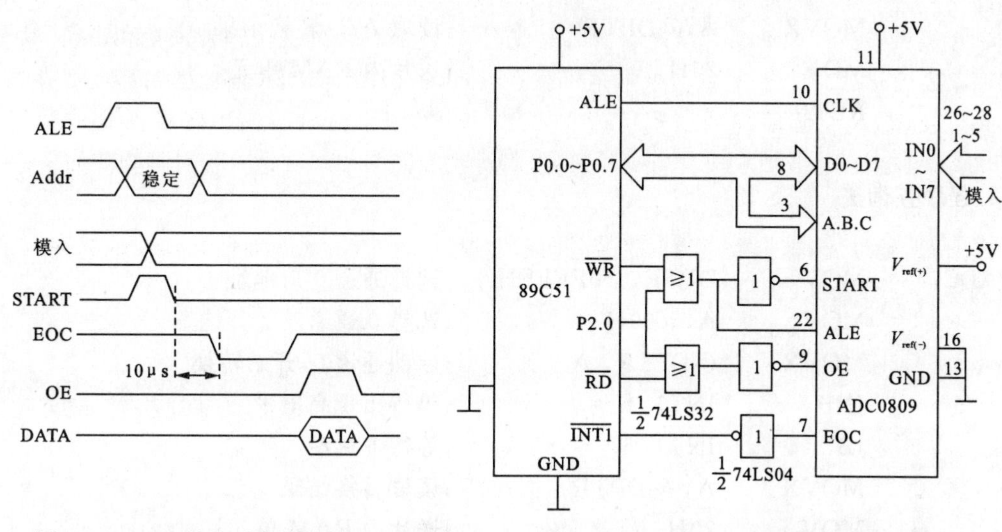

图 5-21　AD 转换时序波形图　　　　图 5-22　ADC0809 与单片机的连接图

以实现启动转换，读口地址可以读出转换结果。由于采取中断方式，故将 ADC0809 的 EOC 与单片机的 INT1 相连。由 INT1 的中断服务程序读入 A/D 转换结果。

执行写口地址指令，在 ALE 信号和 START 信号上产生一个高脉冲，锁存通道地址并启动 A/D 转换器。在 START 信号的下跳沿延时约 10μs，EOC 信号输出低电平，表示转换开始。待转换结束，EOC 输出高电平。当单片机判断到 A/D 转换结束后，执行读口地址操作，OE 信号上产生高脉冲。在 OE 信号为高期间，ADC0809 将把转换结果输出到数据总线上，供单片机读入累加器 A 中。

三、A/D 转换程序

A/D 转换程序需分 3 个阶段进行：启动 A/D 转换，等待 A/D 转换结束，读取 A/D 转换结果。前文已经讨论启动 A/D 转换和读取 A/D 转换结果分别可以通过写口地址和读口地址来实现。

判别 A/D 转换是否结束，可采用中断控制法、程序查询法或软件延时等待 3 种方法。

下面分别采用中断控制法和程序查询法设计程序，实现采集模拟通道 0，并将转换结果保存到内部数据存储器的 20H 单元中。

1. 中断控制法

```
START：  SETB    IT1             ;设置中断 1 为边沿触发
         SETB    EA              ;中断允许
         SETB    EX1             ;外部中断 1 允许
         MOV     DPTR,#0FEFFH    ;0809 口地址送数据指针
         MOV     A,#00H          ;选择 0 通道
         MOVX    @DPTR,A         ;启动 A/D 转换
HERE：   AJMP    HERE            ;等待 A/D 转换结束
```

```
INT1:   MOV     DPTR,#0FEFFH
        MOVX    A,@DPTR         ;读取 A/D 转换结果
        MOV     20H,A           ;送片内 RAM 单元
        RETI
```

2. 程序查询法

```
ADC:    MOV     DPTR,#0FEFFH    ;选择通道 0 口地址
        MOV     A,#00H          ;选择 0 通道
        MOVX    @DPTR, A        ;启动通道 0,开始转换
        JNB     INT1,$          ;等待出现高电平
        JB      INT1,$          ;等待下跳沿
        MOVX    A, @DPTR        ;读取转换结果
        MOV     20H,A           ;送片内 RAM 单元
        RET
```

3. 软件延时法

```
ADCY:   MOV     DPTR,#0FEFFH    ;选择通道 0 口地址
        MOV     A,#00H          ;选择 0 通道
        MOVX    @DPTR,A         ;启动通道 0,开始转换
        MOV     R7,#50
        DJNZ    R7, $           ;软件延时,根据 ADC0809 的转换时间调
                                 整延时时间
        MOVX    A,@DPTR         ;读取转换结果
        MOV     20H,A           ;送片内 RAM 单元
        RET
```

第七节 D/A 转换电路接口技术

D/A 转换是将数字量转换成模拟量的器件,D/A 转换的输出是电压或电流信号。在过程控制和实时控制等应用中,常常需要数模转换器 DAC。

衡量 D/A 转换器性能的主要参数是:

●分辨率,即输出模拟量的最小变化量;

●满刻度误差,即输入为全 1 时输出电压与理想值之间的误差;

●输出范围;

●转换时间,指从转换器的输入改变到输出稳定的时间间隔;

●是否容易与 CPU 接口。

根据转换原理，D/A 可以分调频式、双电阻式、梯形电阻式、双稳流式等。其中梯形电阻式用得较普遍，它是通过内部的梯形电阻解码网络对基准电流分流来实现 D/A 转换的，转换分辨率高。

本节将介绍梯形电阻式 D/A 转换器 DAC0832 及其与 89C51 的接口方法。

一、DAC0832 芯片

DAC0832 是八位 DAC，片内带数据锁存器，电流输出，输出电流稳定时间为 1μs，功耗为 20mW。

DAC0832 的引脚分布和结构框图分别如图 5－23 及图 5－24 所示。

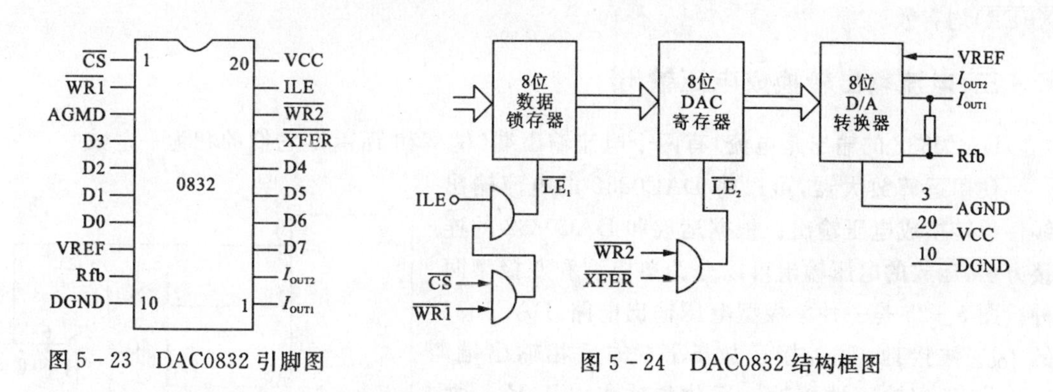

图 5－23　DAC0832 引脚图　　　　图 5－24　DAC0832 结构框图

DAC0832 的引脚功能如下：

●D0～D7：数据输入线，TTL 电平，有效时间应大于 90ns(否则锁存的数据会出错)；

●ILE：数据锁存允许控制信号输入线，高电平有效；

●$\overline{\text{CS}}$：选片信号输入线，低电平有效；

●$\overline{\text{WR1}}$：输入锁存器写选通输入线。负脉冲有效(脉宽应大于 500ns)。当$\overline{\text{CS}}$为“0”、ILE 为“1”、$\overline{\text{WR1}}$为“0”时，ID7—D0 状态被锁存到输入锁存器；

●$\overline{\text{XFER}}$：数据传输控制信号输入线，低电平有效；

●$\overline{\text{WR2}}$：DAC 寄存器写选通输入线，负脉冲(宽于 500ns)有效。当$\overline{\text{XFER}}$为“0”且$\overline{\text{WR2}}$有效时，输入锁存器的状态被传送到 DAC 寄存器中；

●I_{OUT1}：电流输出线，当输入为全 1 时 I_{OUT1} 最大；

●I_{OUT2}：电流输出线，其值与 I_{OUT1} 值之和为一常数；

●Rfb：反馈信号输入线，改变 Rfb 端外接电阻器值可调整转换满量程精度；

●VCC：电源电压线，VCC 范围为＋5V～＋15V；

●VREF：基准电压输入线，VREF 范围为－10V～＋10V；

●AGND：模拟地；

●DGND：数字地。

二、DAC0832 的 3 种工作方式

根据对 DAC0832 的输入锁存器和 DAC 寄存器的不同控制方法，DAC0832 有如下 3 种工作方式。

1. 单缓冲方式

此方式适用于只有一路模拟量输出或几种模拟量非同步输出的情形。方法是控制输入锁存器和 DAC 寄存器同时接入，或者只用输入锁存器而把 DAC 寄存器接成直通方式。

2. 双缓冲方式

此方式适用于多个 DAC0832 同时输出的情形。方法是先分别将数据锁存到这些 DAC0832 的输入锁存器接数，再控制这些 DAC0832 同时传递数据到 DAC 寄存器以实现多个 D/A 转换同步输出。

3. 直通方式

此方式适宜于连续反馈控制线路中。方法是使所有控制信号（$\overline{CS}$、$\overline{WR1}$、$\overline{WR2}$、ILE、$\overline{XFER}$）均有效。

三、电流输出转换成电压输出

DAC0832 的输出是电流，有两个电流输出端（I_{OUT1} 和 I_{OUT2}），它们的和为一常数。

使用运算放大器，可以将 DAC0832 的电流输出线性地转换成电压输出。根据运放和 DAC0832 的连接方法，运放的电压输出可以分为单极型和双极型两种。图 5-25 是一种单极型电压输出电路，DAC0832 的 I_{OUT2} 被接地，I_{OUT1} 接运放 5G24 的反相输出端，5G24 的正相输入端接地。运放的输出电压 V_{OUT} 之值等于 I_{OUT1} 与 R_{fb} 之积，V_{OUT} 的极性与 DAC0832 的基准电压 V_{ref} 极性相反。

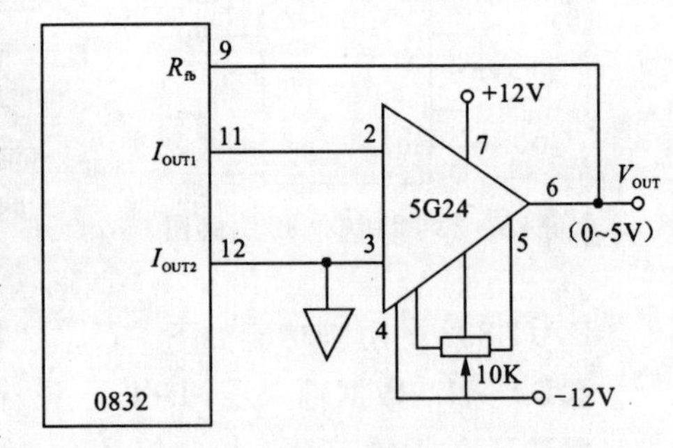

图 5-25　DAC0832 单极型电压输出电路

如果在单极型输出的线路中再加一个放大器，可构成双极型输出线路。

四、DAC0832 与 89C51 的接口方法

由于 DAC0832 有数据锁存器、片选、读、写控制信号线，故可与 89C51 扩展总线直接接口。下面举两个例子。

例 2：具有一路模拟量输出的 89C51 系统

图 5-26 所示是只有一路模拟量输出的 89C51 系统，单极型电压输出。其中 DAC0832 工作于单缓冲器方式，它的 ILE 接+5V，$\overline{CS}$和$\overline{XFER}$相连后由 89C51 的 P2.7 控制，$\overline{WR1}$和$\overline{WR2}$相连后由 89C51 的$\overline{WR}$控制。这样，89C51 对 DAC0832 执行一次写操作就把一个数据直接写入 DAC 寄存器，模拟量输出随之而变化。

89C51 执行下面的程序后，运放的输出端将产生一个锯齿电压形波。

```
START:MOV     DPTR,#7FFFH
      MOV     A,#0
LOOP: MOVX    @DPTR,A
      INC     A
      AJMP    LOOP
```

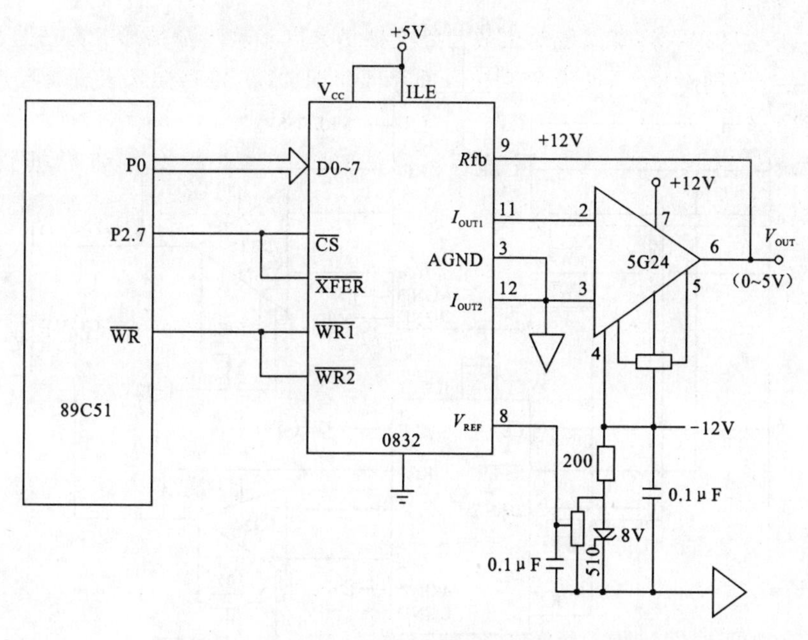

图 5-26　具有一路模拟量输出的 89C51 系统

例 3:具有两路模型量同步输出的 89C51 系统

图 5-27 所示线路具有两路模型量输出的 D/A 系统。这两路模型量输出分别控制显示器的 X、Y 偏转,所以这两片 DAC0832 应工作于双缓冲器方式以实现同步输出。

图 5-27 中,两片 DAC0832 的$\overline{CS}$分别连 89C51 的 P2.5 和 P2.6,两片的$\overline{WR1}$、$\overline{WR2}$都接 89C51 的$\overline{WR}$,两片的$\overline{XFER}$都接 89C51 的 P2.7。这样,这两片 DAC0832 的数据输入锁存器被分别编址为 0DFFFH 和 0BFFFH,而两片的 DAC 寄存器地址都是 7FFFH。

执行下面程序后,可使显示器上的光点根据参数 X、Y 的值移动。

```
STAR:MOV    DPTR,#0DFFFH     ;参数 X 写入 DAC0832①的数据输入锁存器
     MOV    A,#X
     MOVX   @DPTR,A
     MOV    DPTR,#0BFFFH     ;参数 Y 写入 DAC0832②的数据输入锁存器
     MOV    A,#Y
     MOVX   @DPTR,A
     MOV    DPTR,#7FFFH      ;两片 DAC0832 同时接数,同步输出
     MOVX   @DPTR,A
     RET
```

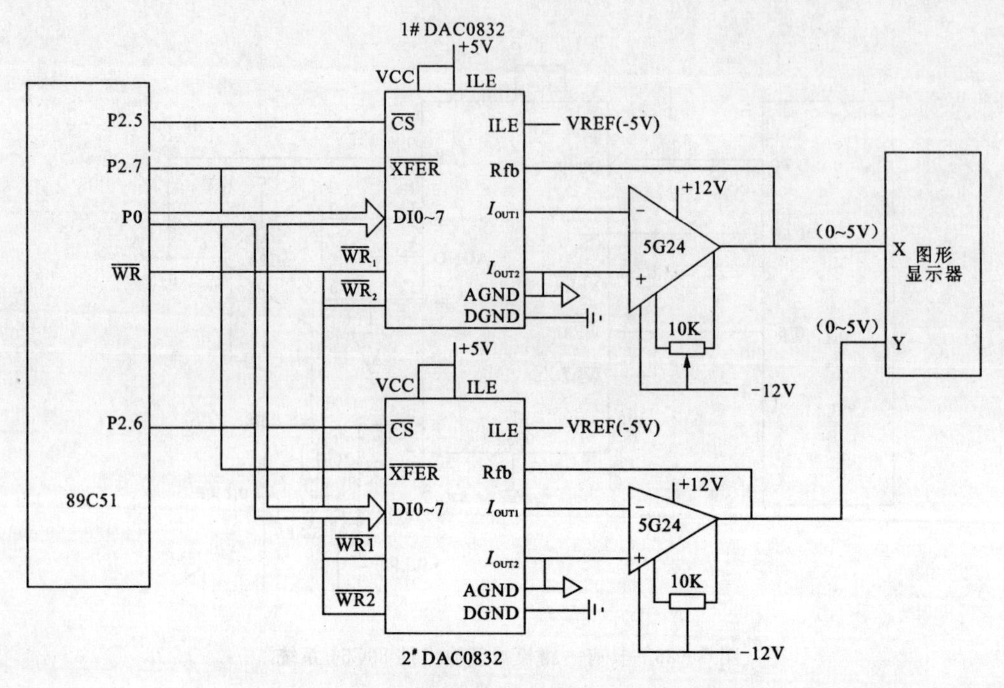

图 5-27　具有两路模型量输出的 89C51 系统

第八节　串行通讯接口设计

89C51 单片机片内有一个串行 I/O 端口，通过引脚 RXD(P3.0)和 TXD(P3.1)可与外设电路进行通讯。为了便于理解 89C51 串行口的用法，本节先介绍串行通讯的一般知识，然后重点讨论 89C51 单片机串行口的特点及应用。

一、串行通讯概论

计算机的 CPU 与其外部设备之间常常要进行信息的交换，一台计算机与其他的计算机之间也往往要交换信息，所有这样的信息交换均称之为"通讯"。

通讯的基本方式可分为并行通讯和串行通讯两种。

并行通讯是指数据的各位同时进行传送的通讯方式。其优点是传送速度快，缺点是数据有多少位，就需要有多少根传输线，这在位数较多，传输距离又较远的情况下就不太适宜了，因为这会导致传输成本的急剧增加。

串行通讯是指数据的各位是一位一位地按顺序传送的通讯方式。它的突出优点是只需一根传输线，甚至可以利用电话线来传输，这样就大大降低了传输成本，特别适用于远距离通讯。其缺点是传送速度较低。假设并行传送 N 位数据所需的时间为 T，那么串行传送的时间至少为 NT，而实际上总是大于 NT。

图 5-28 分别表示了单片机 P1 口与外部设备并行通讯的连接方法以及串行口与外部设备串行通讯的连接方法。

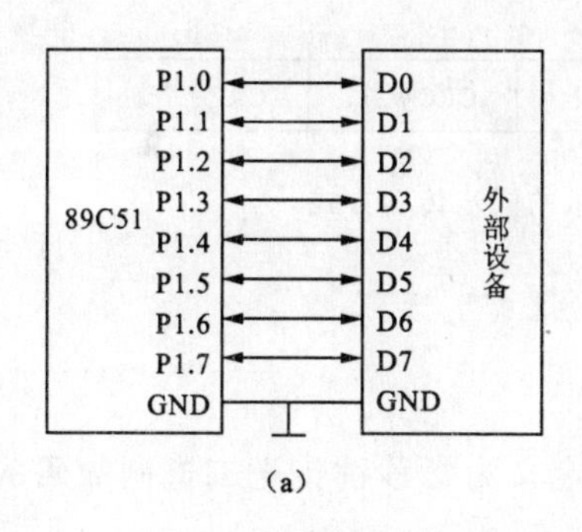

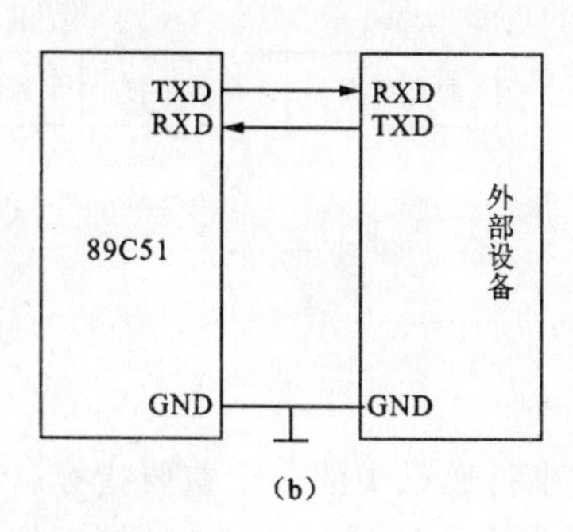

图 5-28　基本通讯系统

a. 并行通讯；b. 串行通讯

(一)串行通讯的两种基本方式

在两个设备进行串行通讯时，怎样才能保证接收机接收到正确的字符呢？通常采用通讯双方都认可的两种通讯方式。

1. 异步通讯方式

在异步通讯中，字符是按帧格式进行传送的。每帧的格式如图 5-29 所示。在帧格式中，先是一个起始位“0”；然后是 5～8 位数据，且规定低位在前，高位在后；接下来是奇偶校验位(可略)；最后一位是停止位“1”。

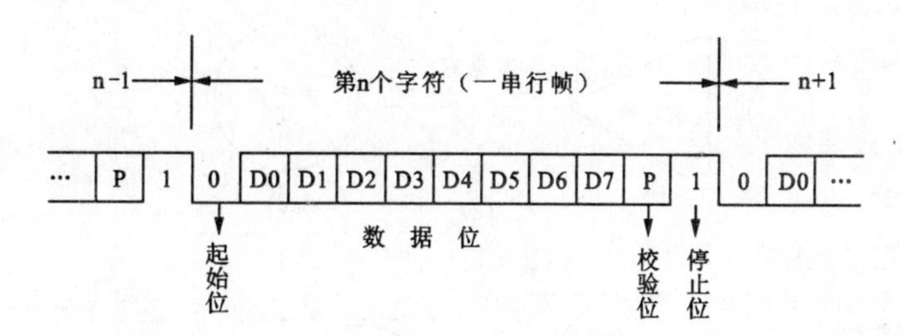

图 5-29　异步通讯的帧格式

这种通讯方式利用每一帧的起、止信号来建立发送与接收之间的同步。其特点是：每一帧内部位均采用固定的时间间隔，但帧与帧之间的时间间隔是随机的。接收机完全靠每一帧的起始位和停止位来识别字符传送是正在进行还是已经结束，或是一个新的字符。这也就是“异步”的含义所在。

必须指出，在异步通讯时，同步时钟脉冲并不传送到接收方，即双方各用自己的时钟源来控制发送与接收。

2. 同步通讯方式

同步通讯方式是一种连续传送的方式，它不必像异步通讯方式那样要在每个字符都加上起、止位，而是在要传送的数据块前加上同步字符 SYN，而且数据没有间隙，如图 5-30 所示。使用同步通讯方式，可以实现高速度、大容量的数据传送。

在同步传送时，为了保证接收正确无误，发送方除了传送数据外，还要将时钟信号同时传

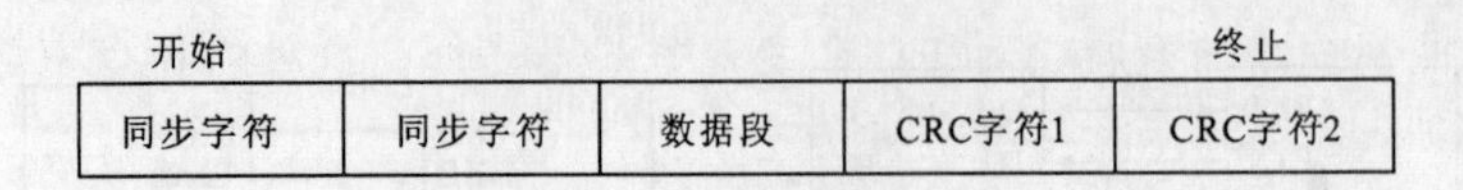

图 5-30　串行通讯的同步传送方式

送。

(二)波特率

波特率是串行通讯中的一个重要指标。它定义为每秒钟传送二进制数码的位数(亦称比特数),以位/s 作为单位。

波特率反映了串行通讯的速率,也反映了对传输通道的要求:波特率越高,要求传输通道的频带就越宽。

一般异步通讯的波特率在 50～115 200 之间。

波特率与时钟频率并不是一回事。时钟频率比波特率要高得多。

(三)数据传送的方向

就串行通讯中数据的传送方向而言,有所谓单工、半双工和全双工之分。

1. 单工方式

在这种方式中只允许一个方向传输数据。如图 5-31(a)所示,A 只作为数据发送器,B 只作为数据接收器,而不能进行相反方向的数据传输。

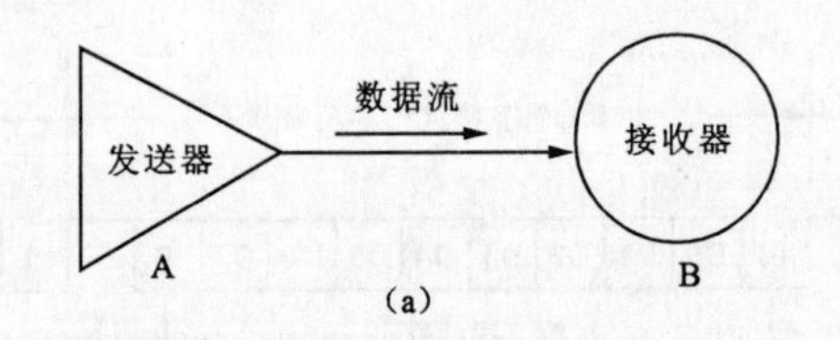

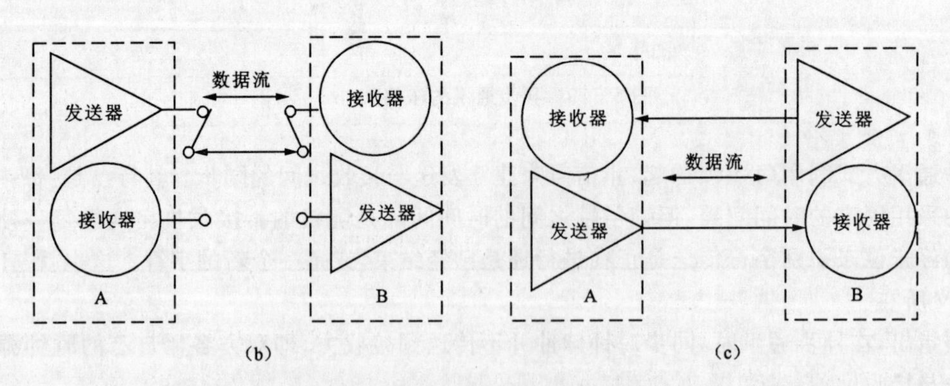

图 5-31　串行通讯中数据传送方向

a. 单工方式;b. 半双工方式;c. 全双工方式

2. 半双工方式

在这种方式中只有一条传输线。尽管传输可以双向进行,但任何时候只能是一个站发送,另一个站接收，既可以是A发送到B，也可以是B发送到A，但A、B不能同时发送，如图5-31(b)所示。为了控制线路的换向，必须对收、发双方进行协调。这种协调可以靠增加接口的附加控制线路来实现，也可以用软件约定来实现。

3. 全双工方式

在这种方式中有两条传输线，因此无论是对于A站还是B站，都允许发送和接收同时进行。显然，在这种方式下，两个传输方向的资源必须完全独立，A和B都必须有独立的接收器和发送器，如图5-31(c)所示。

二、89C51单片机的串行接口

89C51系列单片机内有一个串行I/O端口，通过引脚RXD(P3.0)和TXD(P3.1)可与外设进行全双工的串行异步通讯。

(一)串行端口的控制寄存器

串行端口共有两个控制寄存器SCON和PCON，用以设置串行端口的工作方式、接收/发送的运行状态、接收/发送数据的特征、波特率的大小，以及作为运行的中断标志等。

1. 串行口控制寄存器SCON

SCON的字节地址是98H，位地址(由低位到高位)分别是98H～9FH。SCON的格式如图5-32所示。

SCON	SM0	SM1	SM2	REN	TB8	RB8	TI	RI	字节地址98H

图5-32　SCON的格式

SM0,SM1：串行口工作方式控制位，见表5-6。

表5-6　SM0,SM1控制位的工作方式

SM0	SM1	方式	功能	波特率
0	0	0	同步移位寄存器	$f_{osc}/12$
0	1	1	10位异步通讯	可变
1	0	2	11位异步通讯	$f_{osc}/32$ 或 $f_{osc}/64$
1	1	3	11位异步通讯	可变

SM2：仅用于方式2和方式3的多机通讯控制位。当为方式2或方式3时，发送机SM2=1(要求程控设置)。接收机SM2=1时，若RB8=1，可引起串行接收中断；若RB8=0，不引起串行接收中断。SM2=0时，若RB8=1，可引起串行接收中断；若RB8=0，可引起串行接收中断。方式0中，SM2必须是0。

REN：串行接收允许控制位。

0—禁止接收；1—允许接收。

TB8：在方式2、方式3中，TB8是发送机要发送的第9位数据。

RB8：在方式 2、方式 3 中，RB8 是接送机接收到的第 9 位数据，该数据正好来自发送机的 TB8。

TI：发送中断标志位。发送前必须用软件清零，发送过程中 TI 保持零电平，发送完一帧数据后，由硬件自动置 1。如要再发送，必须用软件再清零。

RI：接收中断标志位。接收前，必须用软件清零，接收过程中 RI 保持零电平，接收完一帧数据后，由片内硬件自动置 1。如要再接收，必须用软件再清零。

2. 电源控制寄存器 PCON

PCON 的字节地址为 87H，无位地址，PCON 的格式如图 5－33 所示。

PCON	SMOD	×	×	×	×	×	×	×	字节地址 87H

图 5－33　电源控制寄存器 PCON

SMOD：波特率加倍位。在计算串行方式 1,2,3 的波特率时，0—不加倍；1—加倍。

（二）串行端口的工作方式

1. 方式 0

在方式 0 状态下，串行口为 8 位移位寄存器输入/输出方式。多用于外接移位寄存器以扩展 I/O 端口。波特率固定为 $f_{osc}/12$。其中，f_{osc} 为时钟频率。

发送：只要向串行缓冲器 SBUF 写入一字节数据后，串行端口就把此 8 位数据以 $f_{osc}/12$ 的波特率，从 RXD 引脚逐位输出（从低位到高位）；此时，TXD 输出频率为 $f_{osc}/12$ 的同步移位脉冲。数据发送前，中断标志 TI 必须清零，8 位数据发送完后，TI 自动置 1。如果再发送，必须用软件先将 TI 清零。

接收：RXD 为数据输入端，TXD 仍为同步信号输出端，输出频率为 $f_{osc}/12$ 的同步移位脉冲，使外部数据逐位移入 RXD。当接收到 8 位数据（一帧）后，中断标志 RI 自动置 1。如要再接收，必须用软件先将 RI 清零。

串行方式 0 发送和接收的时序过程见图 5－34。

2. 方式 1

在方式 1 状态下，串行口为 10 位异步通讯方式。其中，1 个起始位（0），8 个数据位（由低位到高位）和 1 个停止位．波特率由定时器 T1 的溢出率和 SMOD 位的状态确定。

发送：一条写 SBUF 指令就可启动数据发送过程。在发送移位时钟（由波特率确定）的同步下，从 TXD 先送出起始位，然后是 8 位数据位，最后是停止位。这样的一帧 10 位数据发送完后，中断标志 TI 置“1”。

接收：在允许接收的条件下（REN＝1），当 RXD 出现由 1 到 0 的负跳变时，即被当成是串行发送来的一帧数据的起始位，从而启动一次接收过程。当 8 位数据接收完，并检测到高电平停止位后，即把收到的 8 位数据装入 SBUF，中断标志 RI 置 1，一帧数据的接收过程就完成了。

方式 1 的数据传送波特率可以编程设定，使用范围宽，其计算式为：

$$波特率 = (2^{SMOD}/32) \times 定时器\ T1\ 的溢出率$$

其中 SMOD 是控制寄存器 PCON 中的第 7 位，其取值有 0 和 1 两种状态。显然，当 SMOD＝0 时，波特率＝1/32（定时器 T1 溢出率）；而当 SMOD＝1 时，波特率＝1/16（定时器 T1 溢出率）。所谓定时器的溢出率是指定时器 1s 内的溢出次数。波特率的算法，以及定时器

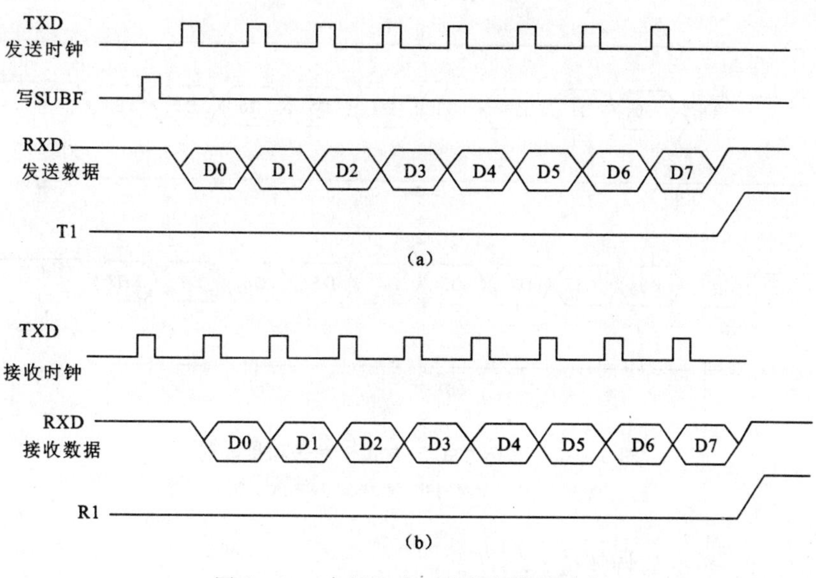

图 5-34　串行方式 0 发送和接收时序

a. 方式 0 发送时序；b. 方式 0 接收时序

定时初值的求法，后面将详细讨论。

串行方式 1 的发送和接收过程的时序见图 5-35。

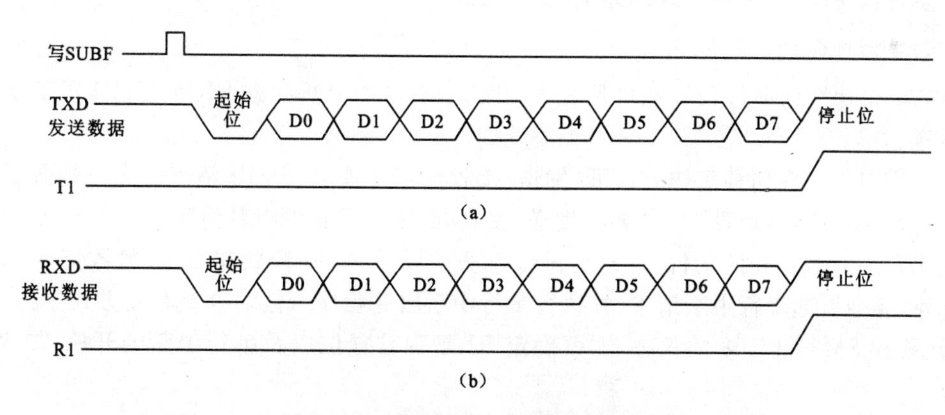

图 5-35　串行方式 1 发送和接收时序

a. 方式 1 发送时序；b. 方式 1 接收时序

3. 方式 2 和方式 3

串行口工作在方式 2 和方式 3 时为 11 位异步通讯方式。其中，1 个起始位(0)，8 个数据位(由低位到高位)，1 个附加的第 9 位和 1 个停止位(1)。方式 2 和方式 3 除波特率不同外，其他性能完全相同。方式 2、方式 3 的发送接收时序见图 5-36。

由图可见，方式 2 和方式 3 与方式 1 的操作过程基本相同，主要差别在于方式 2、方式 3 有第 9 位数据。发送时，发送机的第 9 位数据来自该机 SCON 中的 TB8，而接收机将接收到的第 9 位数据送入本机 SCON 中的 RB8。这个第 9 位数据通常用作数据的奇偶检验位，或在多

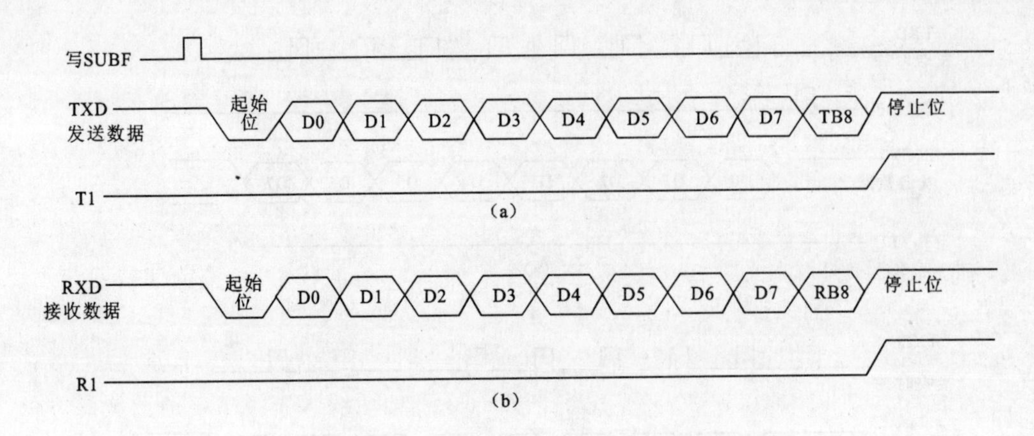

图 5-36　串行方式 2、方式 3 发送和接收时序

a. 方式 2、方式 3 发送时序；b. 方式 2、方式 3 接收时序

机通讯中作为地址/数据的特征位。

方式 2 和方式 3 的波特率算式如下：

方式 2 的波特率＝($2^{SMOD}/64$)×f_{osc}

方式 3 的波特率＝($2^{SMOD}/32$)×定时器 T1 的溢出率

由此可见，在晶振时钟频率一定的条件下，方式 2 只有两种波特率，而方式 3 可通过编程设置成多种波特率，这两种方式的差别仅在于此。

(三)串行中断的应用特点

89C51 单片机的串行 I/O 端口是一个中断源，有两个中断标志 RI 和 TI，RI 用于接收，TI 用于发送。

串行端口无论在何种工作方式下，发送/接收前都必须对 TI/RI 清零。当一帧数据发送/接收完成后，TI/RI 自动置 1。如要再发送/接收，必须先用软件将其清除。

在串行中断被打开的条件下，对方式 0 和方式 1 来说，一帧数据发送/接收完后，除置位 TI/RI 外，还会引起串行中断请求，并执行串行中断服务程序。但对方式 2 和方式 3 的接收机而言，还要视 SM2 和 RB8 的状态，才可确定 RI 是否被置位以及串行中断的开放，如表 5-7 所示。

表 5-7　SM2,RB8 在接收机中的中断状态标志

SM2	RB8	接收机中断标志与中断状态
0	0	激活 RI,引起中断
0	1	激活 RI,引起中断
1	0	不激活 RI,不引起中断
1	1	激活 RI,引起中断

单片机正是利用方式 2、方式 3 的这一特点，实现多机间的通讯。

(四)波特率的确定

对方式 0 来说，波特率已固定成 $f_{osc}/12$，随着外部晶振频率的不同，波特率亦不相同。常用的 f_{osc} 有 12MHz 和 6MHz，所以波特率相应为 $1\ 000\times10^3$ 和 500×10^3 位/s。在此方式下，数据将自动地按固定的波特率发送/接收，完全不用设置。

对方式 2 而言，波特率的计算式为 $2^{SMOD}\cdot f_{osc}/64$。当 SMOD=0 时，波特率为 $f_{osc}/64$；当 SMOD=1 时，波特率 $f_{osc}/32$。在此方式下，程控设置 SMOD 位的状态后，波特率就确定了，不需要再作其他设置。

对方式 1 和方式 3 来说，波特率的计算公式为 $2^{SMOD}/32\times$ T1 的溢出率。根据 SMOD 状态位的不同，波特率有 T1 溢出率/32 和 T1 溢出率/16 两种。由于 T1 溢出率的设置是方便的，因而波特率的选择将十分灵活。

前已叙及，定时器 T1 有 4 种工作方式。为了得到其溢出率，而又不必进入中断服务程序，往往使 T1 设置在工作方式 2 的运行状态，也就是 8 位自动加入时间常数的方式。由于在这种方式下，T1 的溢出率算式可表达成：

$$\text{T1 溢出率}=f_{osc}/[12\times(256-x)]$$

式中 x 为设置的定时初值，于是波特率表达式为：

$$BR=(2^{SMOD}/32)\times f_{osc}/[12\times(256-x)]$$

由上式可见，选取不同的 x 初值，就可得到不同的波特率。

把上式变换一下形式，就可根据所要求的波特率 BR，算出 T1 定时器初值的大小来，其算式为：

$$x=256-(2^{SMOD}\times f_{osc})/(384\times BR)$$

例 4：需要产生 1 200 位/s 的波特率，求定时器 T1 定时初值 x 的大小。

设　$f_{osc}=6MHz$，SMOD=0

则　$1\ 200=(1/32)\times6\times10^6/[12\times(256-x)]$

解得　$x=243D=F3H$

下面是一段中断服务程序中，利用串行方式 1 从数据 00H 开始连续串行发送一片数据的程序例。设单片机晶振的频率为 6MHz，波特率为 1 200 位/s。

```
        ORG     2 000H
        MOV     TL1,#0F3H       ;1 200 位/s 的定量器初值
        MOV     TH1,#0F3H
        MOV     PCON,#00H       ;使 SMOD=0
        MOV     TMOD,#20H       ;T1 方式 2
        SETB    EA
        CLR     ET1             ;关 T1 中断
        SETB    ES              ;开串行中断
        SETB    TR1             ;开 T1 定时
        MOV     SCON,#40H       ;串行方式 1
```

```
        CLR     A
        MOV     SBUF,A          ;串行发送
                                ;等待发送完
                                ;延时
                                ;清标志
        SJMP    $
        ORG     0023H           ;串行中断矢量地址
        CLR     TI
        INC     A
        MOV     SBUF,A          ;连续发送

        RETI                    ;中断返回
```

三、89C51 单片机的串行接口与 PC 机的连接

89C51 单片机的串口采用 TTL 电平，而 PC 机的串口采用 RS-232C 电平标准，两者不能直接连接。为了能够在 89C51 单片机和 PC 机直接建立串行通讯接口，必须设计电平转换电路。

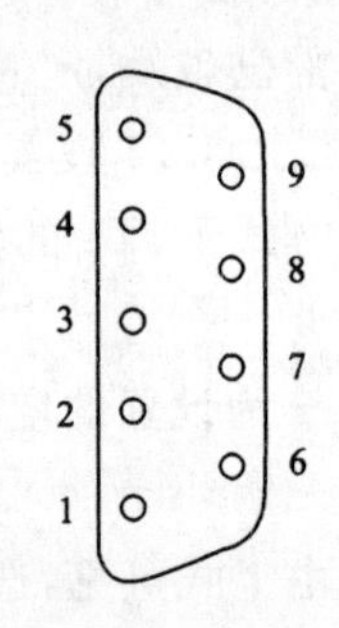

图 5-37 PC 机 9 针串行接口插座及信号排列

1. 保护地；2. 接收数据 RXD；3. 发送数据 TXD；4. 数据终端准备 $\overline{DTR}$；5. 信号地；6. 数据装置准备 $\overline{DSR}$；7. 请求发送 $\overline{RTS}$；8. 清除发送 $\overline{CTS}$；9. 响铃指令 RI

(一)PC 机串行接口介绍

台式计算机一般都配置有 9 针的串口插座，其引脚排列和定义见图 5-37。2 脚为数据接收引脚 RXD，3 脚为数据发送引脚 TXD。PC 机串口采用的 RS-232C 电平标准。RS-232C 电平采用负逻辑，即逻辑“1”：-5～-15V；逻辑“0”：+5～+15V。由于具有较大的电平域值范围，适合更远距离的信号传输。

(二)TTL 电平与 RS-232C 电平转换电路

MAX232 是一款专门用于 TTL 电平与 RS-232C 电平转换的芯片。其引脚排列及典型外围电路如图 5-38 所示。MAX232 具有两组 TTL 电平到 RS-232C 电平的转换电路，也具有两组 RS-232C 电平到 TTL 电平的转换电路。外围连接较简单，只需要 5 只电容。

(三)89C51 单片机与 PC 机的串行接口连接电路

89C51 单片机与 PC 机的串行接口连接电路如图 5-39 所示。使用了 1 片 MAX232 芯片，实现 TTL 电平与 RS-232C 电平间的转换。89C51 单片机的串口发送信号 TXD，经过 U1 转换为 RS-232C 电平信号，然后连接到 PC 机串口的数据接收引脚 RXD。PC 机的串口发送信号 TXD，经过 U1 转换为 TTL 电平信号，然后连接到 89C51 单片机的数据接收引脚 RXD。

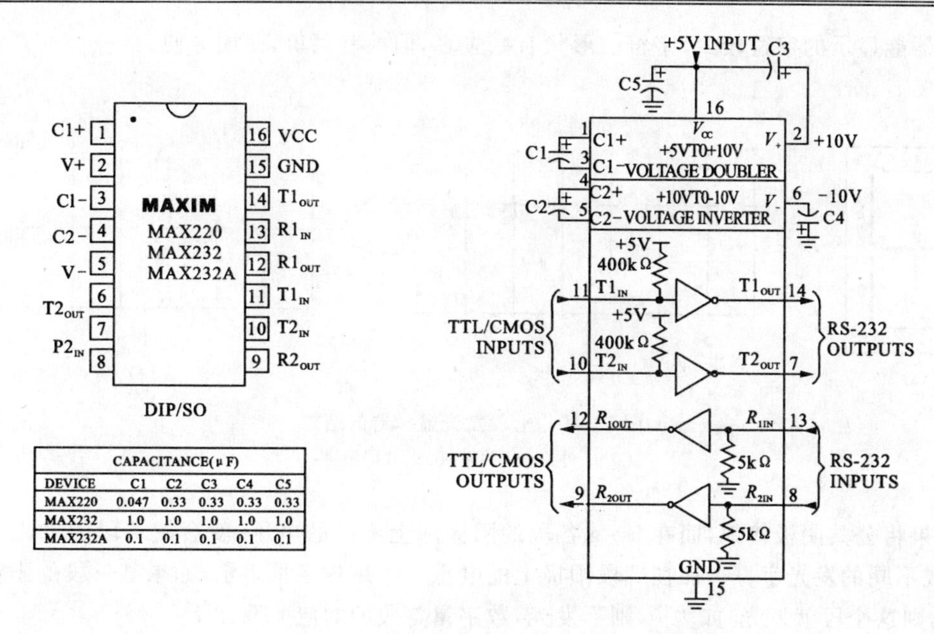

CAPACITANCE(μF)					
DEVICE	C1	C2	C3	C4	C5
MAX220	0.047	0.33	0.33	0.33	0.33
MAX232	1.0	1.0	1.0	1.0	1.0
MAX232A	0.1	0.1	0.1	0.1	0.1

图 5-38　MAX232 的引脚排列及典型外围电路

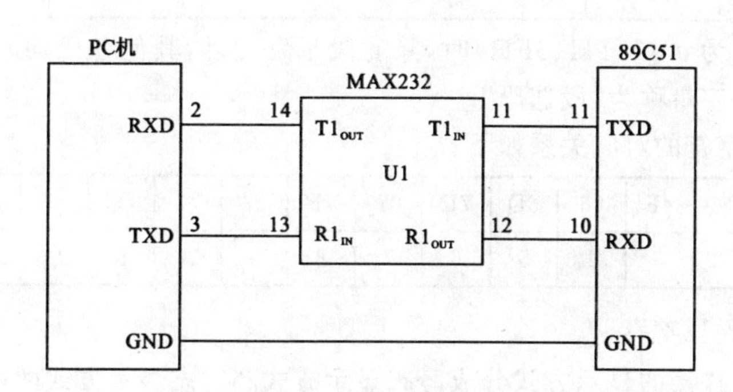

图 5-39　89C51 单片机与 PC 机的串行接口连接电路

第九节　单片机的键盘与显示接口技术

一、七段发光显示器接口

发光二极管组成的显示器是单片机应用产品中最常用的廉价输出设备。它由若干个发光二极管按一定的规律排列而成。当某一个发光二极管导通时，相应的一个点或一个笔划被点亮，控制不同组合的二级管导通，就能显示出各种字符。

(一)显示器的结构

常用的七段显示器的结构如图 5-40 所示。发光二极管的阳极连在一起的称为共阳极显示器，阴极连在一起的称为共阴极显示器。一位显示器由 8 个发光二级管组成，其中 7 个发光二极管 a～g 控制 7 个笔划(段)的亮或暗，另一个控制一个小数点的亮和暗。这种笔划式的七段显示器能显示的字符较少，字符的形状有些失真，但控制简单，使用方便。

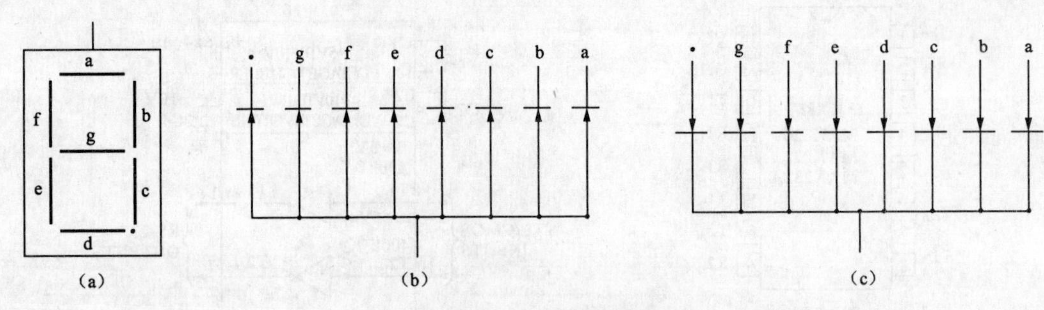

图 5-40　七段发光显示器的结构

a. 外形；b. 共阳极；c. 共阴极

如果将公共阴极接地，而在 a～g 各段的阳极加上不同的电压，就会使各段的发光情况不同，形成不同的发光字符。加在 7 段阳极上的电压可以用数字量表示，如果某一段的阳极为数字量 1，则这个段就发光；如为 0，则不发光，数字量与段的对应关系如下：

D7	D6	D5	D4	D3	D2	D1	D0	(D7 未用)
	g	f	e	d	c	b	a	

例如，当数字量为 00111111(3FH)时，除 g 段不发光外，其他各段均发光，因此显示一个"0"字符。这样的数字量称为"段选码"。

段选码与显示字符的对应关系如下：

段选码 00	3F	06	5B	4F	66	6D	7D	07	7F	67	77	7C	39	5E	79	71	40
显示字符	0	1	2	3	4	5	6	7	8	9	A	B	C	D	E	F	—

(二)显示器的工作方式

单片机与 LED 连接的显示方式分成静态显示方式和动态显示方式两种。

1. 静态显示方式

作为 89C51 串行口方式 0 输出的应用，我们可以在串行口上扩展多片串行输入、并行输出的移位寄存器 74LS164，作为静态显示器接口。图 5-41 给出了 8 位静态显示器的接口逻辑。

下面列出汇编语言更新显示器子程序清单：

```
DIR:    MOV     R7,#08H
        MOV     R0,#7FH          ;7FH～78H 为显示缓冲器
DL0:    MOV     A,@R0            ;取出要显示的数
        ADD     A,#0BH           ;加上偏移量
        MOVC    A,@A+PC          ;查表取出字形数据
        MOV     SBUF,A           ;送出显示
DL1:    JNB     TI,DL1           ;输出完否?
        CLR     TI               ;完,清中断标志
```

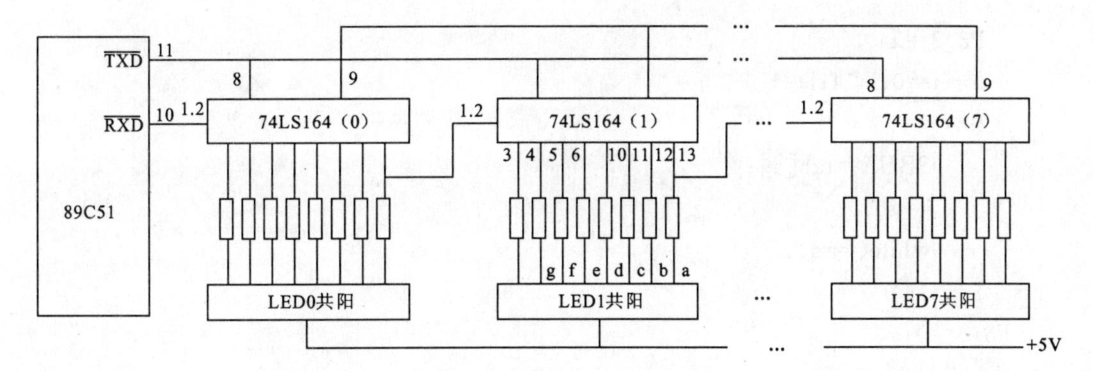

图 5-41　8 位静态显示接口

```
        DEC     R0                          ;再取下一个数
        DJNZ    R7,DL0                      ;循环 8 次
        RET                                 ;返回
SEGTAB: DB      0C0H,0F9H,0A4H,0B0H,99H     ;0,1,2,3,4
        DB      92H,82H,0F8H,80H,90H        ;5,6,7,8,9
        DB      88H,83H,0C6H,0A1H,86H       ;A,b,C,d,E
        DB      8EH,0BFH,8CH,0E3H,0FFH      ;E,—,P,  ,暗
```

下面是利用 AT89C51 的串行口设计 4 位静态数码管显示器，按图 5-41 选 4 位显示器，要求 4 位显示器上每隔 1s 交替显示“ABCD”和“1234”。以下给出 C 语言程序清单。

程序代码如下：

```
#include<reg51.h>
#define uchar unsigned char
sbit P3_3=P3^3;
uchar a=3;
char code tab[]={0x88,0x83,0xC6,0xA1,0xF9,0xA4,0xB0,0x99};
void timer(uchar);
void int4(void);

void main(void)
{
uchar i,j;
SCON=0;
EA=1;
ES=1;
for(;;)
```

```
{
    P3_3=1;
    for(i=0;i<4;i++)
    {
        SBUF=tab[a];
        j=a;
        while(j==a);
    }
  P3_3=0;
  timer(100);
  if(a==255)
    a=7;
}
}

void int4(void) interrupt 4
{
TI=0;
a--;
}

void timer(uchar t)
{
uchar i;
for(i=0;i<t;i++)
{
    TMOD=0x01;
    TH0=-10000/256;
    TL0=-10000%256;
    TR0=1;
    while(! TF0);
    TF0=0;
}
}
```

静态显示的优点是显示稳定，在发光二极管导通电流一定的情况下显示器的亮度大，系统在运行过程中，仅仅在需要更新显示内容时，CPU 才执行一次显示更新子程序，这样大大节省了 CPU 的时间，提高了 CPU 的工作效率；其缺点是位数较多时显示接口随之增加。为了节省 I/O 线，常采用另外一种显示方式——动态显示方式。

2. 动态显示方式

所谓动态显示就是一位一位地轮流点亮各位显示器(扫描),对于每一位显示器来说,每隔一段时间点亮一次。显示器的亮度既与导通电流有关,也与点亮时间和间隔时间的比例有关。调整电流和时间参数,可实现亮度较高较稳定的显示。若显示器的位数不大于 8 位,则控制显示器公共极电位只需一个 8 位口(称为扫描口),控制各位显示器所显示的字形也需一个 8 位口(称为段数据口)。6 位共阴极显示器和 8155 的接口逻辑如图 5-42 所示。8155 的 A 口作为扫描口,经反相驱动器 75452 接显示器公共极,B 口作为段数据口,经同相驱动器 7407 接显示器的各个极。

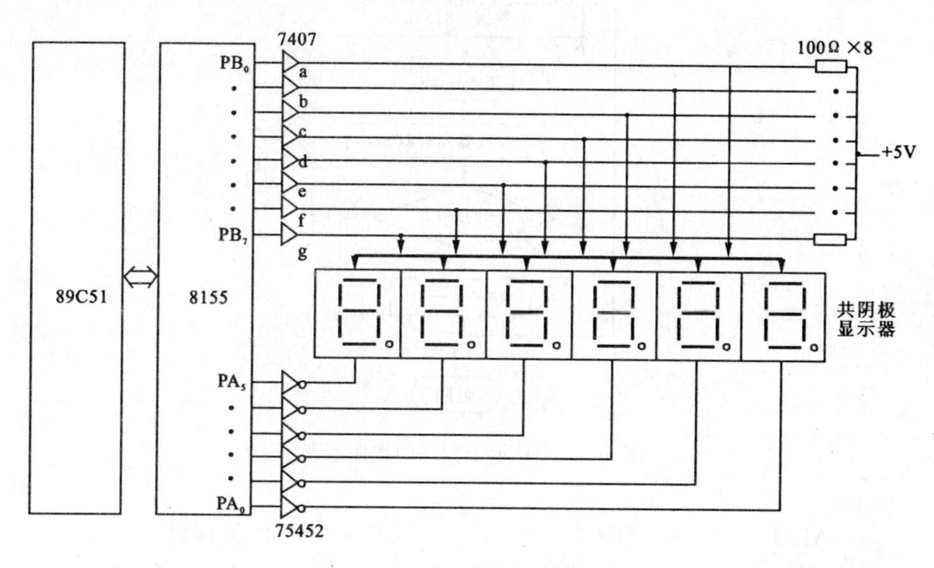

图 5-42　6 位动态显示器接口

对于图 5-42 中的 6 位显示器,在 89C51 RAM 存储器中设置 6 个显示缓冲器单元 79H～7EH,分别存放 6 位显示器的显示数据,8155 的 A 口扫描输出总是只有一位为高电平,即 6 位显示器中仅有一个公共阴极为低电平,其他位为高电平,8155 的 B 口输出相应位(阴极为低)的显示数据的段数据,使某一位显示出一个字符,其他位为暗,依次地改变 A 口输出为高的,B 口输出对应的段数据,6 位显示器就显示出由缓冲器中显示数据所确定的字符。下面是根据图 5-42 所示结构显示子程序的程序框图(图 5-43)和程序清单。

程序清单

```
DIR:    MOV     R0,#79H          ;置缓冲器指针初值
        MOV     R3,#01H
        MOV     A,R3
LD0:    MOV     DPTR,#7F01H      ;模式→8155A 口
        MOVX    @DPTR,A
        INC     DPTR
        MOV     A,@R0            ;取显示数据
```

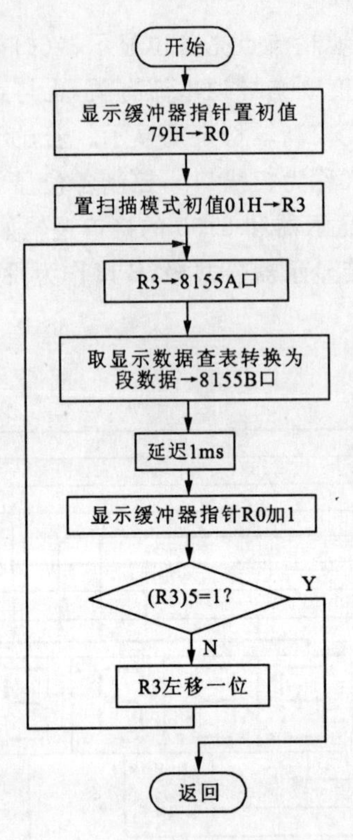

图 5-43　显示子程序的程序框图

```
        ADD     A,0DH                          ;加偏移量
        MOVC    A,@A+PC                        ;查表取段数据
DIR1:   MOVX    @DPTR,A                        ;段数据→8155B 口
        ACALL   DL1                            ;延迟 1ms
        INC     R0
        MOV     A,R3
        JB      ACC.5,LD1
        RL      A
        MOV     R3,A
        SJMP    LD0
LD1:    RET
DSEG:   DB      3FH,06H,5BH,4FH,66H,6DH        ;段数据表
DSEG1:  DB      7DH,07H,7FH,6FH,77H,7CH        ;段数据表
DSEG2:  DB      39H,5EH,79H,71H,73H,3EH        ;段数据表
DSEG3:  DB      31H,6EH,1CH,23H,40H,03H        ;段数据表
DSEG4:  DB      18H,00,00,00
DL1:    MOV     R7,#02H                        ;延时子程序
DL:     MOV     R6,#0FFH
```

```
DL6：   DJNZ    R6,DL6
        DJNZ    R7,DL
        RET
```

二、键盘接口技术

键盘是由若干个按键组成的开关矩阵，用于向单片机输入数字、字符等代码，是最常用的输入电路。

(一)键盘接口的基本任务

(1)首先要判断有无键按下，进而确定所按下键的键值。

(2)在键盘接口中需增加消除开关抖动的功能。由于在按键一次操作中，其开闭均会产生弹跳的过渡过程，抖动次数为 6～8 次，前后沿抖动时间不超过 10～20ms。开关的弹跳会引起一次按键操作被计算机多次读入的情况。

通常采用 RC 吸收电路或 RS 触发器组成的闩锁电路来消除弹跳，也可采用软件延时的方法来解决。

(3)由于串键(同时有多个键按下)，有可能向单片机送入错误的代码。因此，还需要对有效键或无效键进行识别。

以上基本任务可由硬件和软件共同来完成。但在单片机应用系统中，为节省硬件开销，通常全由软件对键盘的扫描来实现。

(二)键盘接口设计

单片机系统对键盘管理有 3 种方式：程序控制扫描方式、定时扫描方式和中断扫描方式。

程控扫描方式，就是利用一段程序扫描键盘，以确定有无键按下，并确定键号等。在这种方式下，只有当单片机空闲时，才能调用键盘扫描子程序，响应键盘的输入请求。定时扫描方式，是利用单片机内部的定时器、每到一定时间就扫描键盘。中断扫描方式，则是在有键按下时，才进入中断服务程序并作键盘扫描。

下面以较为常用的程序控制扫描方式为例，讨论键盘电路与单片机的接口及其软件编程。4×4 键盘与 89C51 的接口电路如图 5-44 所示。图中，P1.0～P1.3 称为键盘矩阵的行线；P1.4～P1.7 为键盘矩阵的列线，接高电平。键盘扫描程序对键盘矩阵进行逐行逐列地检测，以确定键盘的状态，进行相应的处理。具体扫描过程为：行线 P1.0～1.3 逐行输出低电平信号，逐列查询列线 P1.4～P1.7 输入信号的状态。若其中有低电平时，表明有键被按下。例如，程序控制 P1.2 为低电平，其余 3 根 P1.0，P1.1，P1.3 为高电平，若测试 P1.4～P1.7 全为“1”，则说明 P1.2 行线上无闭合线；若列线状态不全为“1”，则设定 P1.i(i=4,5,6,7)与 P1.2 相交的那个键被按下，进而读取 P1 口状态的特征字节，在程序中安排计算法或查表法来求得与闭合键相对应的键值。

例如：图 5-44 中“A”键被压下时，P1 口状态为 10111011B=0DDH，即为该键值的特征字节。程序框图如图 5-45 所示。

(三)汇编语言程序设计

根据以上分析和图 5-45 的设计思路，用程序扫描的方法，汇编语言程序设计如下。

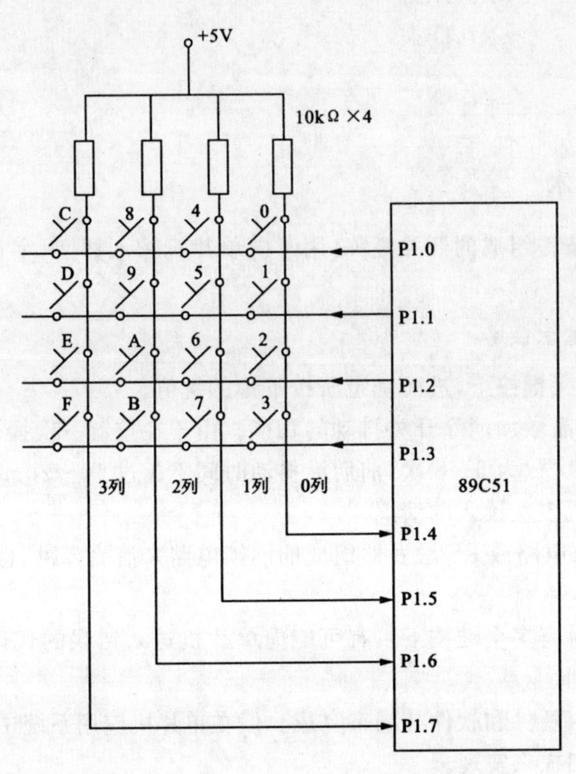

图 5-44　4×4 键盘与 89C51 的接口电路

```
KINP:  LCALL  KAP        ;调键盘查询子程序
       JNZ    KP1        ;A 不全为"0",有键闭合,转去抖动处理
       LJMP   KINP       ;无键闭合,再查询
KP1:   LCALL  DELY       ;延时 10ms,去抖动
       LCALL  KAP        ;再次查询有无闭合键
       JNZ    KP2        ;有键闭合,转键盘扫描处理
       LJMP   KINP       ;无键闭合,重新查询
KP2:   MOV    R2,#0FEH   ;从第 0 行开始扫描
       MOV    R4,#00H    ;置第 0 行行首键号
KP4:   MOV    P1,R2      ;置扫描行为低
       MOV    A,P1       ;读 P1 状态
       JB     ACC.4,L1   ;第 0 列不为"0",转测试第 1 列
       MOV    A,#00H     ;行首键值→A
       AJMP   KP5
L1:    JB     ACC.5,L2   ;测试第 1 列
       MOV    A,#04H
       AJMP   KP5
```

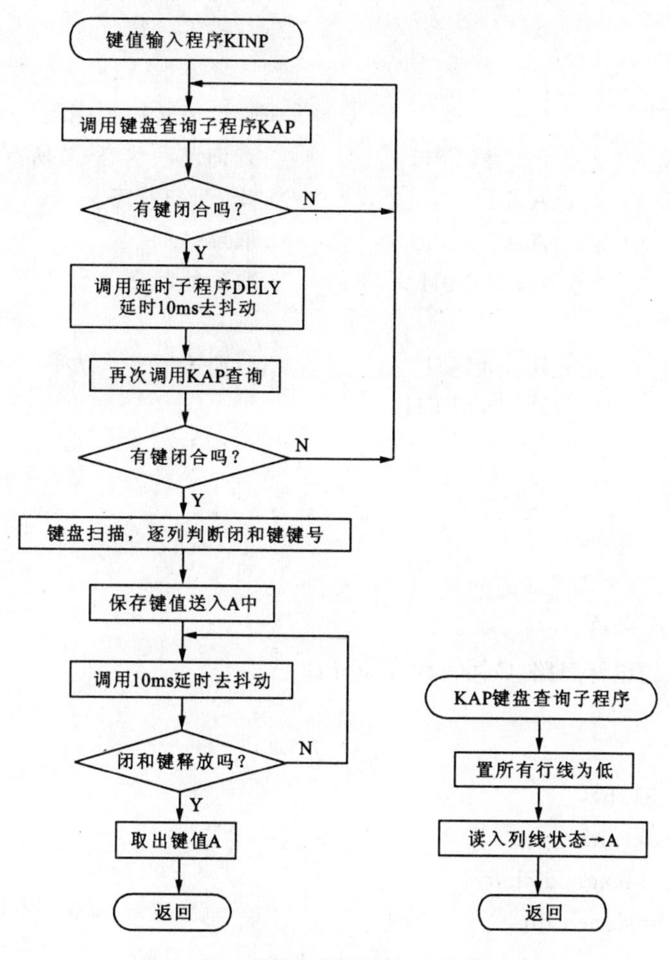

图 5-45　程序扫描键值输入程序框图

```
L2:    JB       ACC.6,L3        ;测试第 2 列
       MOV      A,#08H
       AJMP     KP5
L3:    JB       ACC.7,NEXT      ;该行扫描不为零,转下一行
       MOV      A,#0CH
KP5:   ADD      A,R4
       PUSH     ACC             ;保存键值
KP3:   LCALL    DELY            ;延时 10ms,去抖动
       LCALL    KAP             ;查询键释放否
       JNZ      KP3             ;未释放,再查询
       POP      ACC             ;键已释放,取出键值
       RET
NEXT:  INC      R4              ;行首键值加 1
       MOV      A,R2            ;行扫描指针 R2→A
```

```
        JNB     ACC.4,KINP      ;各行已扫描完毕,转程序入口
        RL      A               ;扫描下一行
        MOV     R2,A
        AJMP    KP4             ;转键值转换程序段
KAP:    MOV     P1,#0F0H        ;查询键盘状态,置所有行线为低
        MOV     A,P1            ;读P1口状态
        CPL     A               ;取反
        ANL     A,#0F0H         ;取列线状态
        RET
DELY:   MOV     R6,#14H         ;延时10ms子程序
DL:     MOV     R7,#0FFH
        DJNZ    R7,$
        DJNZ    R6,DL
        RET
```

(四)C语言程序设计

根据前面分析的设计思路,C语言程序设计如下。

程序如下:

```
#include <reg51.h>
#include <absacc.h>
#define uchar unsigned char
#define uint unsigned int
void delays(void);
uchar kbscan(void);
void main(void)
{
uchar key;
while(1)
{
key=kbscan()                        ;/*键扫描函数*/
delays()                            ;/*键消抖的延时函数*/
}
}

//键消抖的延时函数
void delays(void)
{
uchar i;
```

```
for(i=300;i>0;i--);
}

//kbscan(void)键扫描函数
uchar kbscan(void)
{
uchar sccode,recode;
P1=0xf0;                                /*发全"0"行扫描码,列线输入*/
if((P1&0xf0)!=0xf0)                     /*若有键按下*/
{
delays();                               /*延时去抖动*/
if((P1&0xf0)!=0xf0)
{
sccode=0xfe;                            /*逐行扫描初值*/
while((sccode&0x10)!=0)
{
P1=sccode;                              /*输出行扫描码*/
if((P1&0xf0)!=0xf0)                     /*本行有键按下*/
{
recode=(P1&0xf0)|0x0f;
return((~sccode)+(~recode));            /*返回特征字节码*/
}
else sccode=(sccode<<1)|0x01;           /*行扫描码左移一位*/
}
}
}
return(0);                              /*无键按下,返回值为0*/
}
```

习题与思考题

(1)89C51 单片机与外部扩展的存储器相接时,为何低 8 位地址信号通过地址锁存器,而高 8 位地址信号不加锁存器?

(2)哪些指令能访问单片机外部数据存储器?执行这些指令时,会产生什么信号?这些信号与单片机访问片外程序存储器时产生的信号有什么不同?

(3)为什么从总线扩展输出/输入端口时,扩展输入口必须用三态缓冲器,而扩展输出口时可用锁存器?

(4)试画出 89C51 单片机扩展片外 16K 字节程序存储器 27128 EPROM 的接线图(要求

画出完整的电路)。

(5)用 74LS138 设计一个译码电路，利用 89C51 单片机的 P0 口和 P2 口译出地址为 2000H～3FFFH 的片选信号$\overline{CS}$。

(6)用译码电路译出的地址片选信号能同时用于单片机扩展的程序存储器和数据存储器吗？为什么？

(7)用一片 74LS138 译出两片存储器的片选信号，地址空间分别为 1000H～1FFFH，3000H～3FFFH。试画出译码器的接线图。

(8)用缓冲器和锁存器扩展单片机的输入/输出端口时，其地址能与外部数据存储器某一存贮单元的地址相同吗？为什么？

(9)设计一个以 89C51 单片机为中心的系统，要求外部程序存储器有 16K 字节、外部数据存储器有 8K 字节，系统共有 20 条 I/O 口线，试画出硬件结构原理图。

(10)根据图 5-15 的电路，把 8155 的 PB 口设置成输出方式，PA 口为输出方式，并把 PB 口输出的数据与 89C51 的 P1 口输入数据相“异或”，结果从 PA 口输出。试编写满足此要求的程序。

(11)单片机片内 RAM 20H 地址单元有一小于 100D 的数，要求编制程序，按图 5-13 的电路，把该数据换成 BCD 数后，从 74LS273 输出。

(12)利用单片机与 DAC 0832 接口实现正弦波输出(周期与幅值不限)。

(13)利用书中 89C51 与 ADC0809 接口电路，分别编写出查询方式、延时等待和中断方式的程序，并比较这 3 种不同方式的优缺点。

(14)设计 89C51 与 ADC0809 和 DAC0832 的接口电路，要求有三路模拟量输入、三路模拟量输出，并编写相应程序。

(15)利用单片机静态显示接口，编写程序并设计接口电路，使 6 只共阴极数码管显示英文字母 HAPPY。

(16)利用 89C51 单片机的 P1 口，设计一个可扫描 16 个键的电路，并编写用扫描方式得到某一键按下时的键值程序。

第六章　嵌入式系统微处理器 S3C2410A 内部结构

第一节　S3C2410A 的内部结构简介

S3C2410A 是 Samsung 公司推出的 32/16 位 RISC 处理器。S3C2410A 的 CPU 内核采用的是 32/16ARM920T 内核，同时还采用了 AMBA 新型总线和 Harvard 高速缓存体系结构。S3C2410A 提供一组完整的系统外围设备接口，从而大大减少了整个系统的成本。S3C2410A 在片上集成了单独的 16KB 指令 Cache 和 16KB 数据 Cache、用于虚拟存储器管理的 MMU、LCD 控制器、NAND Flash Boot Loader、系统管理器、3 通道 UART、4 通道 DMA、4 通道 PWM 定时器、I/O 口、RTC、8 通道 10 位 ADC 和触摸屏接口、I^2C 总线接口、USB 主从设备、SD 主卡、2 通道的 SPI 以及 PLL 时钟发生器。

S3C2410A 的内部结构方框图如图 6－1 所示。

一、S3C2410A 的技术特点

S3C2410A 具有如下特点：

1. 体系结构

●采用 ARM920T CPU 内核，具有 32/16 位 RISC 体系结构和强大的指令集，为手持设备和通用嵌入式应用提供片上集成系统解决方案；

●增强的 ARM 体系结构 MMU，支持 WinCE、EPOC 32 和 Linux；

●使用指令 Cache、数据 Cache、写缓冲器和物理地址 TAG RAM 减少主存储器带宽和反应时间对性能的影响；

●ARM920T CPU 内核支持 ARM 调试体系结构。

2. 系统管理

●支持小/大端方式。

●地址空间：每个 bank 128 MB(总共 1GB)。

●每个 bank 支持可编程的 8/16/32 位数据总线宽度。

●bank0～bank6 都采用固定的 bank 起始地址。

●bank7 具有可编程的 bank 起始地址和大小。

●8 个存储器 bank：6 个用于 ROM、SRAM 及其他存储器；两个用于 ROM、SRAM 和同步 DRAM。

●支持各种类型的 ROM 启动，包括 NOR/NAND Flash 和 EEPROM 等。

3. NAND Flash Boot Loader(启动装载)

●支持从 NAND Flash 存储器的启动，采用 4 KB 内部缓冲器用于启动引导。

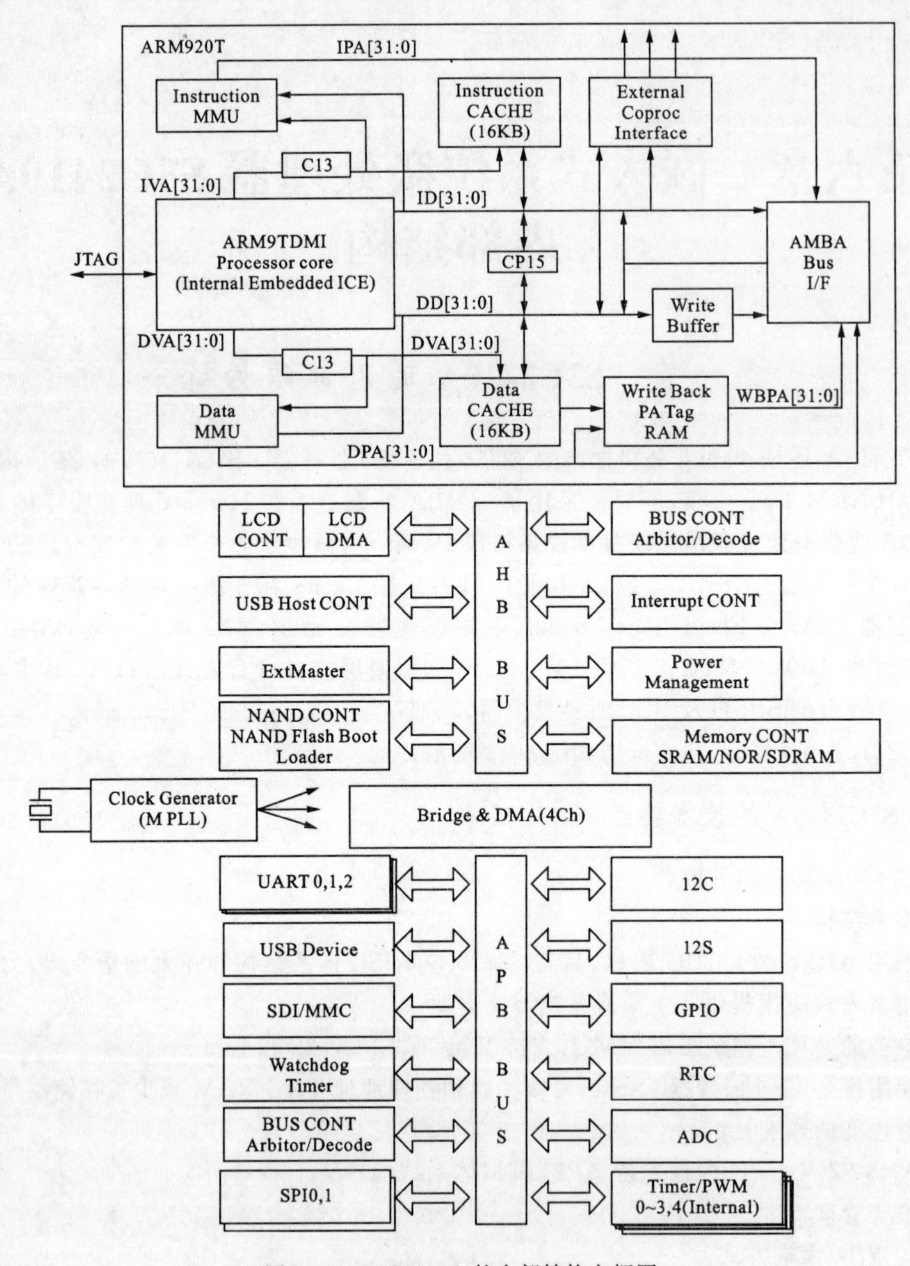

图 6－1　S3C2410A 的内部结构方框图

●支持启动之后 NAND 存储器仍然作为外部存储器使用。

4. Cache 存储器

●单独的 16KB 指令 Cache 和 16KB 数据 Cache。

●采用伪随机数或循环替换算法。

●写缓冲器可以保存 16 个字的数据值和 4 个地址值。

5. 时钟和电源管理

●片上 MPLL 和 UPLL：MPLL 产生操作 MCU 的时钟，时钟频率最高可达 266MHz；

UPLL 产生用于 USB 主机/设备操作的时钟。

●通过软件可以有选择地为每个功能模块提供时钟。

●电源模式包括正常、慢速、空闲和掉电模式：正常模式为正常运行模式；慢速模式为不加 PLL 的低时钟频率模式；空闲模式只停止 CPU 的时钟；掉电模式切断所有外设和内核的电源。

●可以通过 EINT[15：0]或 RTC 报警中断从掉电模式中唤醒处理器。

6. 中断控制器

●55 个中断源(1 个看门狗定时器、5 个定时器、9 个 UART、24 个外部中断、4 个 DMA、两个 RTC、两个 ADC、1 个 I^2C、两个 SPI、1 个 SDI、两个 USB、1 个 LCD 和 1 个电池故障)；

●支持电平/边沿触发模式的外部中断源和可编程的电平/边沿触发极性；

●为紧急中断请求提供快速中断服务(FIQ)支持。

7. 定时器

●具有脉冲宽度调制 PWM 功能的 4 通道 16 位定时器，可基于 DMA 或中断操作的 1 通道 16 位内部定时器；

●可编程的占空比周期、频率和极性，能产生死区；

●支持外部时钟源。

8. RTC(实时时钟)

●完整的时钟特性：秒、分、时、日期、星期、月和年；

●工作频率 32.768 kHz；

●具有报警中断；

●具有时钟滴答中断。

9. 通用 I/O 口

●24 个外部中断口；

●多路复用的 I/O 口。

10. UART

●3 通道 UART，可以基于 DMA 模式或中断模式操作；

●支持 5 位、6 位、7 位或者 8 位串行数据发送/接收；

●支持外部时钟作为 UART 的运行时钟；

●每个通道内部都具有 16 字节的发送 FIFO 和 16 字节的接收 FIFO 。

11. DMA 控制器

●4 通道的 DMA 控制器；

●支持存储器到存储器、I/O 到存储器、存储器到 I/O 和 I/O 到 I/O 的传送；

●采用突发传送模式提高传送速率。

12. A/D 转换和触摸屏接口

●8 通道多路复用 ADC；

●转换速率最大为 500 KSPS(每秒采样千点)，10 位分辨率。

13. LCD 控制器 STN LCD 显示特性

●支持 3 种类型的 STN LCD 显示屏：4 位双扫描、4 位单扫描和 8 位单扫描显示类型；

●对于 STN LCD 支持单色模式、4 级灰度、16 级灰度、256 彩色和 4 096 彩色；

●支持多种屏幕尺寸；

14. 看门狗定时器

●16 位看门狗定时器；

●定时器溢出时产生中断请求或系统复位。

15. I²C 总线接口

●1 通道多主机 I²C 总线；

●串行、8 位、双向数据传送，在标准模式下数据传送速率可达 100kb/s，在快速模式下可达 400kb/s。

16. I²S 总线接口

●1 通道音频 I²S 总线接口，可基于 DMA 方式操作；

●串行，每通道 8/16 位数据传输；

●发送和接收(Tx/Rx)各具备 64 字节 FIFO。

17. USB 主设备

●两个 USB 主设接口。

18. USB 从设备

●1 个 USB 从设接口；

●具备 5 个 USB 设备端口。

19. SD 主机接口

●发送和接收采用字节 FIFO；

●基于 DMA 或中断模式操作。

20. SPI 接口

●发送和接收采用 2 字节的移位寄存器；

●基于 DMA 或中断模式操作。

21. 工作电压

●内核电压：1.8V，最高工作频率 200MHz；2.0 V，最高工作频率 266MHz。

●存储器和 I/O 电压：3.3 V。

22. 封装

●采用 272 - FBGA 封装。

二、S3C2410A 的处理器运行模式与工作状态

ARM9 微处理器支持 7 种运行模式，分别为：

●usr(用户模式)：ARM 处理器正常程序执行模式。

●fiq(快速中断模式)：用于高速数据传输或通道处理。

●irq(外部中断模式)：用于通用的中断处理。

●svc(管理模式)：操作系统使用的保护模式。

●abt (数据访问终止模式)：当数据或指令预取终止时进入该模式，可用于虚拟存储及存储保护。

●sys(系统模式)：运行具有特权的操作系统任务。

●und(未定义指令中止模式)：当未定义的指令执行时进入该模式，可用于支持硬件协处

理器的软件仿真。

ARM 微处理器的运行模式可以通过软件改变，也可以通过外部中断或异常处理改变。大多数的应用程序运行在用户模式下，当处理器运行在用户模式下时，某些被保护的系统资源是不能被访问的。除用户模式以外，其余的所有 6 种模式称之为非用户模式；其中除去用户模式和系统模式以外的 5 种又称为异常模式，常用于处理中断或异常，以及需要访问受保护的系统资源等情况。

ARM 处理器在每一种处理器模式下均有一组相应的寄存器与之对应。即在任意一种处理器模式下，可访问的寄存器包括 15 个通用寄存器（R0～R14）、1 或 2 个状态寄存器和程序计数器。在所有的寄存器中，有些是在 7 种处理器模式下共用的同一个物理寄存器，而有些寄存器则是在不同的处理器模式下有不同的物理寄存器。

ARM 处理器有 32 位 ARM 和 16 位 Thumb 两种工作状态。在 32 位 ARM 状态下执行字对齐的 ARM 指令，在 16 位 Thumb 状态下执行半字对齐的 Thumb 指令。ARM 处理器在两种工作状态之间可以切换，切换不影响处理器的模式或寄存器的内容。

三、S3C2410A 的寄存器结构

ARM9 微处理器共有 37 个寄存器，被分为若干个组，这些寄存器包括：31 个通用寄存器，包括程序计数器（PC），6 个状态寄存器，用以标识 CPU 的工作状态及程序的运行状态，均为 32 位的寄存器。

ARM 处理器的 37 个寄存器被安排成部分重叠的组，不能在任何模式都可以使用，寄存器的使用与处理器状态和工作模式有关，每种处理器模式使用不同的寄存器组。其中 15 个通用寄存器（R0～R14）、1 或两个状态寄存器和程序计数器是通用的。

（一）通用寄存器

通用寄存器（R0～R15）可分成不分组寄存器 R0～R7、分组寄存器 R8～R14 和程序计数器 R15 三类。

1. 不分组寄存器 R0～R7

不分组寄存器 R0～R7 是通用寄存器，可以工作在所有的处理器模式下，没有隐含的特殊用途。

2. 分组寄存器 R8～R14

分组寄存器 R8～R14 取决于当前的处理器模式，每种模式有专用的分组寄存器用于快速异常处理。

寄存器 R8～Rl2 可分为两组物理寄存器：一组用于 FIQ 模式，另一组用于除 FIQ 以外的其他模式。第 1 组访问 R8_fiq～R12_fiq，允许快速中断处理；第二组访问 R8_usr～R12_usr，寄存器 R8～R12 没有任何指定的特殊用途。

寄存器 R13～R14 可分为 6 个分组的物理寄存器：1 个用于用户模式和系统模式，而其他 5 个分别用于 svc、abt、und、irq 和 fiq 五种异常模式，访问时需要指定它们的模式。如

寄存器 R13 通常用作堆栈指针 SP，每种异常模式都有自己的分组 R13。一般 R13 应当被初始化成指向异常模式分配的堆栈。

寄存器 R14 用作子程序链接寄存器 LK。当执行带链接分支（BL）指令时，得到 R15 的备份。

在其他情况下，将 R14 当做通用寄存器。类似地，当中断或异常出现时，或当中断或异常程序执行 BL 指令时，相应的分组寄存器 R14_svc、R14_irq、R14_fiq、R14_abt 和 R14_und 用来保存 R15 的返回值。

FIQ 模式有 7 个分组的寄存器 R8～R14，映射为 R8_fiq～R14_fiq。在 ARM 状态下，许多 FIQ 处理没必要保存任何寄存器。User、IRQ、Supervisor、Abort 和 Undefined 模式每一种都包含两个分组的寄存器 R13 和 R14 的映射，允许每种模式都有自己的堆栈和链接寄存器。

3. 程序计数器 R15

寄存器 R15 用作程序计数器(PC)：

(1)读程序计数器。指令读出的 R15 的值是指令地址加上 8 字节。由于 ARM 指令始终是字对齐的，所以读出结果值的位[1∶0]总是 0。读 PC 主要用于快速地对临近的指令和数据进行位置无关寻址，包括程序中的位置无关转移。

(2)写程序计数器。写 R15 的通常结果是将写到 R15 中的值作为指令地址，并以此地址发生转移。由于 ARM 指令要求字对齐，通常希望写到 R15 中值的位[1∶0]＝0b00。

由于 ARM 体系结构采用了多级流水线技术，对于 ARM 指令集而言，PC 总是指向当前指令的下两条指令的地址，即 PC 的值为当前指令的地址值加 8 个字节。

(二)程序状态寄存器

寄存器 R16 用作程序状态寄存器 CPSR(Current Program Status Register)。在所有处理器模式下都可以访问 CPSR。CPSR 包含条件码标志、中断禁止位、当前处理器模式以及其他状态和控制信息。每种异常模式都有一个程序状态保存寄存器 SPSR。当异常出现，SPSR 用于保留 CPSR 的状态。

CPSR 和 SPSR 的格式如图 6－2 所示。

CPSR_f或SPSR_f								CPSR_s或SPSR_s								CPSR_x或SPSR_x								CPSR_c或SPSR_c							
31	30	29	28	27	26	25	24	23	22	21	20	19	18	17	16	15	14	13	12	11	10	09	08	07	06	05	04	03	02	01	00
N	Z	C	V	—	—	—	—	—	—	—	—	—	—	—	—	—	—	—	—	—	—	—	—	I	F	T	M4	M3	M2	M1	M0

图 6－2　CPSR 和 SPSR 的格式分配图

1. 条件码标志

N、Z、C、V(Negative、Zero、Carry、oVerflow)均为条件码标志位，它们的内容可被算术或逻辑运算的结果所改变，并且可以决定某条指令是否被执行。CPSR 中的条件码标志可由大多数指令检测以决定指令是否执行。在 ARM 状态下，绝大多数的指令都是有条件执行的。

通常条件码标志通过执行比较指令(CMN、CMP、TEQ、TST)、一些算术运算、逻辑运算和传送指令进行修改。条件码标志的通常含义如下：

●N：如果结果是带符号二进制补码，那么，若结果为负数，则 N 置 1；若结果为正数或 0，则 N 置 0。

●Z：若指令的结果为 0，则置 1，否则置 0。

●C：可用如下 4 种方法之一设置：

(1)加法(包括比较指令 CMN),若加法产生进位(即无符号溢出),则 C 置 1;否则置 0。

(2)减法(包括比较指令 CMP),若减法产生借位(即无符号溢出),则 C 置 0;否则置 1。

(3)对于结合移位操作的非加法/减法指令,C 置为移出值的最后 1 位。

(4)对于其他非加法/减法指令,C 通常不改变。

●V:可用如下两种方法设置,即:

(1)对于加法或减法指令,当发生带符号溢出时,V 置 1,认为操作数和结果是补码形式的带符号整数。

(2)对于非加法/减法指令,V 通常不改变。

2. 控制位

程序状态寄存器 PSR(Program Status Register)的最低 8 位 I、F、T 和 M[4:0]用作控制位。当异常出现时改变控制位。处理器在特权模式下时也可由软件改变。

(1)中断禁止位

I:置 1,则禁止 IRQ 中断;

F:置 1,则禁止 FIQ 中断。

(2)T 位

T=0 指示 ARM 执行;

T=1 指示 Thumb 执行。

(3)模式控制位

M4、M3、M2、Ml 和 M0(M[4:0])是模式位,决定处理器的工作模式,如表 6-1 所示。程序状态寄存器的其他位保留。

表 6-1　M[4:0]模式控制位

M[4:0]	处理器工作模式	可访问的寄存器
10000	用户模式	PC,CPSR,R14~R0
10001	FIQ 模式	PC,R7~R0,CPSR, SPSR_fiq,R14_fiq~R8_fiq
10010	IRQ 模式	PC,R12~R0,CPSR, SPSR_irq,R14_irq,R13_irq
10011	管理模式	PC,R12~R0, CPSR, SPSR_svc,R14_svc,R13_svc
10111	中止模式	PC,R12~R0, CPSR, SPSR_abt,R14_abt,R13_abt
11011	未定义模式	PC,R12~R0, CPSR, SPSR_und,R14_und,R13_und
11111	系统模式	PC,R14~R0,CPSR

第二节　S3C2410A 的存储器映射

ARM9 体系结构使用 2^{32} 个字节的单一、线性地址空间。将字节地址作为无符号数看待，范围为 $0\sim2^{32}-1$。S3C2410A 复位后，存储器的映射情况如图 6-3 所示，bank6 和 bank7 对应不同大小存储器时的地址范围参见表 6-2。

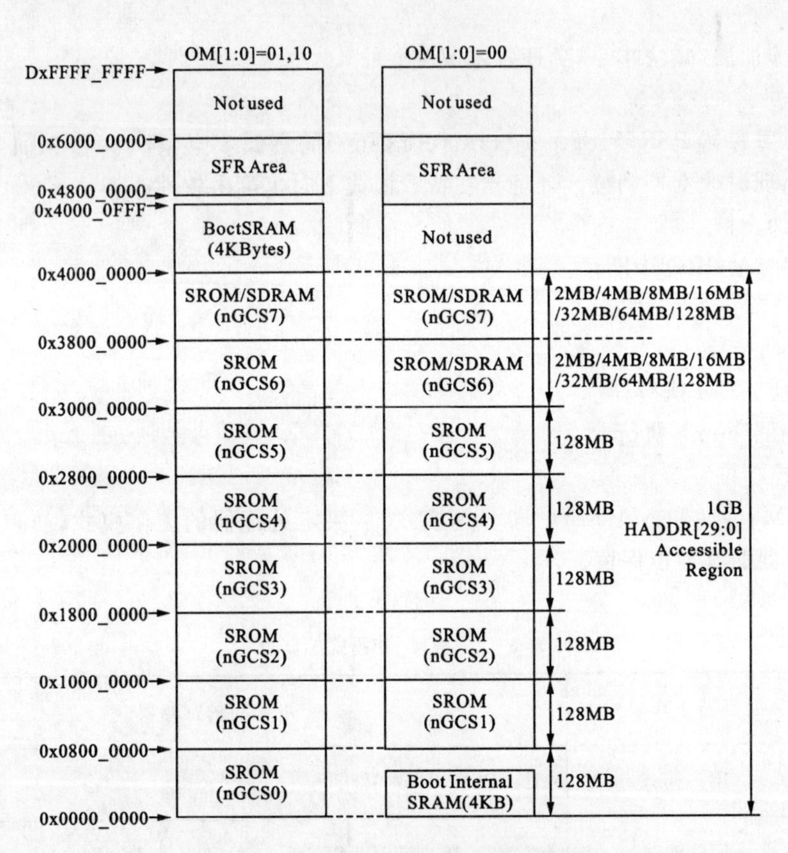

图 6-3　S3C2410A 复位后的存储器映射

表 6-2　bank 6 和 bank 7 地址

Address	2MB	4MB	8MB	16MB	32MB	64MB	128MB
Bank6							
Start address	0x3000_0000	0x3000_0000	0x3000_0000	0x3000_0000	0x3000_0000	0x3000_0000	0x3000_0000
End address	0x301f_fff	0x303f_fff	0x307f_fff	0x30ff_fff	0x31ff_fff	0x33ff_fff	0x37ff_fff
Bank7							
Start address	0x3020_0000	0x3040_0000	0x3080_0000	0x3100_0000	0x3200_0000	0x3400_0000	0x3800_0000
End address	0x303f_ffff	0x307f_ffff	0x30ff_ffff	0x31ff_ffff	0x33ff_ffff	0x37ff_ffff	0x3fff_ffff

注：bank 6 和 bank 7 必须具有相同的存储器大小。

第三节　复位、时钟和电源管理

1. 复位电路

在系统中,复位电路主要完成系统的上电复位和系统在运行时用户的按键复位功能。为了提供高效的电源监视性能,可选取专门的系统监视复位芯片。

2. 时钟电路

S3C2410A 微处理器的主时钟可以由外部时钟源提供,也可以由外部振荡器提供,采用何种方式通过引脚 OM[3:2]来进行选择。

●OM[3:2]=00 时,MPLL 和 UPLL 的时钟均选择外部晶振;

●OM[3:2]=01 时,MPLL 的时钟选择外部晶振,UPLL 选择外部时钟源;

●OM[3:2]=10 时,MPLL 的时钟选择外部时钟源,UPLL 选择外部晶振;

●OM[3:2]=11 时,MPLL 和 UPLL 的时钟均选择外部时钟源。

3. 电源电路

对于电源控制逻辑,S3C2410A 具有多种电源管理方案,对于每个给定的任务都具有最优的功耗。在 S3C2410A 中的电源管理模块具有正常模式、慢速模式、空闲模式和掉电模式 4 种有效模式。

S3C2410A 的电源引脚:VDDalive 引脚给处理器复位模块和端口寄存器提供 1.8V 电压;VDDi 和 VDDiarm 为处理器内核提供 1.8V 电压;VDDi_MPLL 为 MPLL 提供 1.8V 模拟电源和数字电源;VDDi_UPLL 为 UPLL 提供 1.8V 模拟电源和数字电源;VDDOP 和 VDDMOP 分别为处理器端口和处理器存储器端口提供 3.3V 电压;VDD_ADC 为处理器内的 ADC 系统提供 3.3V 电压;VDDRTC 为时钟电路提供 1.8V 电压,该电压在系统掉电后仍需要维持。系统需要使用 3.3V 和 1.8V 的直流稳压电源。

第四节　S3C2410A 的 I/O 口

一、S3C2410A 的 I/O 口配置

S3C2410A 共有 117 个多功能复用输入/输出端口(I/O 口),分为端口 A～端口 H 8 组,其中 8 组 I/O 口按照其位数的不同又可分为:端口 A 是 1 个 23 位输出口;端口 B 和端口 H 是两个 11 位 I/O 口;端口 C、端口 D、端口 E 和端口 G 是 4 个 16 位 I/O 口;端口 F 是 1 个 8 位 I/O 口。

为了满足不同系统设计的需要,每个 I/O 口可以通过软件进行配置。每个引脚的功能必须在使用之前进行定义。如果一个引脚没有使用复用功能,那么它可以配置为 I/O 口。

S3C2410A 的 I/O 口引脚的功能请参阅 S3C2410A 中文数据手册。

二、S3C2410A 的 I/O 口寄存器

在 S3C2410A 中,大多数的引脚端都是复用的。为了使用 I/O 口,首先需要定义引脚的功能。每个引脚端的功能通过端口控制寄存器(PnCON)来配置。与配置 I/O 口相关的寄存器包括:端口控制寄存器(GPACON～GPHCON)、端口数据寄存器(GPADAT～GPHDAT)、端

口上拉寄存器(GPBUP～GPHUP)、杂项控制寄存器以及外部中断控制寄存器(EXTINTN)等。在掉电模式,如果GPF0～GPF7和GPG0～GPG7用作唤醒信号,那么这些端口必须配置为中断模式。

如果端口配置为输出口,数据可以写入到端口数据寄存器的相应位中;如果将端口配置为输入口,则可以从端口数据寄存器的相应位中读出数据。

端口上拉寄存器用于控制每组端口的上拉电阻为使能/不使能。如果相应位设置为0,则表示该引脚的上拉电阻使能;为1,则表示该引脚的上拉电阻不使能。如果使能了端口上拉寄存器,则不论引脚配置为哪种功能,上拉电阻都会起作用。

杂项控制寄存器用于控制数据端口的上拉电阻、高阻状态、USB Pad和CLKOUT的选择。

24个外部中断通过不同的信号方式被请求。EXTINTn寄存器用于配置这些信号对于外部中断请求采用电平/边沿触发模式16 EINT引脚端(EINT[15:0])用来作为唤醒源。

相关寄存器的设置分别描述如下。

1.端口A控制寄存器参见表6-3。

表6-3　端口A控制寄存器

寄存器	地址	读/写	描述	复位值
GPACON	0x56000000	R/W	配置端口A引脚端,使用位[22:0]。 设置为0:输出引脚端; 设置为1:第2功能	0x7FFFFF
GPADAT	0x56000004	R/W	端口A数据寄存器,使用位[22:0]	—
保留	0x56000008	—	保留	—
保留	0x5600000C	—	保留	—

2.端口B控制寄存器参见表6-4。

表6-4　端口B控制寄存器

寄存器	地址	读/写	描述	复位值
GPBCON	0x56000010	R/W	配置端口B引脚端,使用位[21:0],分别对端口B的11个引脚端进行配置。 00:输入;01:输出;10:第2功能;11:保留	0x0
GPBDAT	0x56000014	R/W	端口B数据寄存器,使用位[10:0]	—
GPBUP	0x56000018	R/W	端口B上拉电阻不使能寄存器,使用位[10:0]。 0:使能;1:不使能	0x0
保留	0x5600001C	—	保留	—

3.端口C控制寄存器参见表6-5。

表 6－5　端口 C 控制寄存器

寄存器	地址	读/写	描述	复位值
GPCCON	0x56000020	R/W	配置端口 C 引脚端，使用位[31：0]，分别对端口 B 的 16 个引脚端进行配置。 00：输入；01：输出；10：第 2 功能；11：保留	0x0
GPCDAT	0x56000024	R/W	端口 C 数据寄存器，使用位[15：0]	未定义
GPCUP	0x56000028	R/W	端口 C 上拉电阻不使能寄存器，使用位[15：0]。 0：使能；1：不使能	0x0
保留	0x5600002C	—	保留	未定义

4. 端口 D 控制寄存器参见表 6－6。

表 6－6　端口 D 控制寄存器

寄存器	地址	读/写	描述	复位值
GPDCON	0x56000030	R/W	配置端口 D 引脚端，使用位[31：0]，分别对端口 B 的 16 个引脚端进行配置。 00：输入；01：输出；10：第 2 功能；11：保留/第 3 功能	0x0
GPDDAT	0x56000034	R/W	端口 D 数据寄存器，使用位[15：0]	—
GPDUP	0x56000038	R/W	端口 D 上拉电阻不使能寄存器，使用位[15：0]。 0：使能；1：不使能	0xF000
保留	0x5600003C	—	保留	—

5. 端口 E 控制寄存器参见表 6－7。

表 6－7　端口 E 控制寄存器

寄存器	地址	读/写	描述	复位值
GPECON	0x56000040	R/W	配置端口 E 引脚端，使用位[31：0]，分别对端口 B 的 16 个引脚端进行配置。 00：输入；01：输出；10：第 2 功能；11：保留/第 3 功能	0x0
GPEDAT	0x56000044	R/W	端口 E 数据寄存器，使用位[15：0]	—
GPEUP	0x56000048	R/W	端口 E 上拉电阻不使能寄存器，使用位[15：0]。 0：使能；1：不使能	0x0
保留	0x5600004C	—	保留	—

6. 端口 F 控制寄存器参见表 6－8。

表 6－8　端口 F 控制寄存器

寄存器	地址	读/写	描述	复位值
GPFCON	0x56000050	R/W	配置端口 F 引脚端，使用位[15：0]，分别对端口 B 的 8 个引脚端进行配置。 00：输入；01：输出；10：第 2 功能；11：保留	0x0
GPFDAT	0x56000054	R/W	端口 F 数据寄存器，使用位[7：0]	—
GPFUP	0x56000058	R/W	端口 F 上拉电阻不使能寄存器，使用位[7：0]。 0：使能；1：不使能	0x0
保留	0x5600005C	—	保留	—

7. 端口 G 控制寄存器参见表 6－9。

表 6－9　端口 G 控制寄存器

寄存器	地址	读/写	描述	复位值
GPGCON	0x56000060	R/W	配置端口 G 引脚端，使用位[31：0]，分别对端口 B 的 16 个引脚端进行配置。 00：输入；01：输出；10：第 2 功能；11：保留/第 3 功能	0x0
GPGDAT	0x56000064	R/W	端口 G 数据寄存器，使用位[15：0]	—
GPGUP	0x56000068	R/W	端口 G 上拉电阻不使能寄存器，使用位[15：0]。 0：使能；1：不使能	0xF800
保留	0x5600006C	—	保留	—

8. 端口 H 控制寄存器参见表 6－10。

表 6－10　端口 H 控制寄存器

寄存器	地址	读/写	描述	复位值
GPHCON	0x56000070	R/W	配置端口 H 引脚端，使用位[21：0]，分别对端口 B 的 11 个引脚端进行配置。 00：输入；01：输出；10：第 2 功能；11：保留/第 3 功能	0x0
GPHDAT	0x56000074	R/W	端口 H 数据寄存器，使用位[10：0]	—
GPHUP	0x56000078	R/W	端口 H 上拉电阻不使能寄存器，使用位[10：0]。 0：使能；1：不使能	0x0
保留	0x5600007C	—	保留	—

9. 杂项控制寄存器参见表 6 - 11。

表 6 - 11　杂项控制寄存器

寄存器	地址	读/写	描述	复位值
MISCCR	0x56000080	R/W	上拉电阻、高阻状态、USB Pad 和 CLK-OUT 的选择控制	0x10330

10. DCLK 控制寄存器参见表 6 - 12。

表 6 - 12　DCLK 控制寄存器

寄存器	地址	读/写	描述	复位值
DCLKCON	0x56000084	R/W	DCLK0/1 控制，位[27：16]控制 DCLK1，位[11：0]控制 DCLK9	0x0

11. 外部中断控制寄存器参见表 6 - 13。

表 6 - 13　外部中断控制寄存器

寄存器	地址	读/写	描述	复位值
EXTINT0	0x56000088	R/W	外部中断控制寄存器 0，使用位[30：0]，分别对 EINT7～EINT0 触发信号进行配置。000：低电平触发；001：高电平触发；01x：下降沿下降；10x：上升沿触发；11x：双边沿触发	0x0
EXTINT1	0x5600008C	R/W	外部中断控制寄存器 1，使用位[30：0]，分别对 EINT15～EINT8 触发信号进行配置。000：低电平触发；001：高电平触发；01x：下降沿下降；10x：上升沿触发；11x：双边沿触发	0x0
EXTINT2	0x56000090	R/W	外部中断控制寄存器 2，使用位[30：0]，分别对 EINT23～EINT16 触发信号进行配置。000：低电平触发；001：高电平触发；01x：下降沿下降；10x：上升沿触发；11x：双边沿触发。位 31 为 EINT23 滤波器使能控制，1：使能；0：不使能	0x0

12. 外部中断滤波寄存器参见表 6－14。

表 6－14　外部中断滤波寄存器

寄存器	地址	读/写	描述	复位值
EINTFLT0	0x56000094	R/W	保留	—
EINTFLT1	0x56000098	R/W	保留	—
EINTFLT2	0x5600009C	R/W	外部中断控制寄存器 2，控制 EINT19～EINT16 的滤波器时钟和带宽	0x0
EINTFLT3	0x4C6000A0	R/W	外部中断控制寄存器 3，控制 EINT23～EINT20 的滤波器时钟和带宽	0x0

13. 外部中断屏蔽寄存器参见表 6－15。

表 6－15　外部中断屏蔽寄存器

寄存器	地址	读/写	描述	复位值
EINTMASK	0x560000A4	R/W	外部中断屏蔽寄存器，使用位[23：4]，控制 EINT23～EINT4 中断屏蔽。0：使能中断；1：屏蔽中断	0x00FFFFF0

14. 外部中断挂起寄存器参见表 6－16。

表 6－16　外部中断挂起寄存器

寄存器	地址	读/写	描述	复位值
EINTPEND	0x560000A8	R/W	外部中断挂起寄存器，使用位[23：4]，控制 EINT23～EINT4 中断请求。0：不被请求；1：被请求	0x0

15. 通用状态寄存器参见表 6－17。

表 6-17　通用状态寄存器

寄存器	地址	读/写	描述	复位值
GSTATUS0	0x560000AC	R	外部引脚端状态	Undefined
GSTATUS1	0x560000B0	R	芯片 ID	0x32410000
GSTATUS2	0x560000B4	R/W	复位状态	0x1
GSTATUS3	0x560000B8	R/W	Infrom 寄存器,可以利用 nRESET 和看门狗定时器清零	0x0
GSTATUS4	0x560000BC	R/W	Infrom 寄存器,可以利用 nRESET 和看门狗定时器清零	0x0

第五节　S3C2410A 的中断控制

一、ARM 系统的中断处理

在 ARM 系统中,支持复位、未定义指令、软中断、预取中止、数据中止、IRQ 和 FIQ 7 种异常中断,每种异常中断对应于不同的处理器模式,有对应的中断向量。异常出现后,强制从异常类型对应的固定中断向量入口开始执行程序。异常处理模式和优先级如表 6-18 所示,通常执行如下的中断步骤:

(1)保存现场。保存当前的 PC 值到 R14,保存当前的程序运行状态到 SPSR。

(2)模式切换。根据发生的中断类型,进入 IRQ 模式或 FIQ 模式。

(3)获取中断服务子程序地址。PC 指针跳到中断向量表所保存的 IRQ 或 FIQ 地址处,进入中断服务子程序进行中断处理。

表 6-18　S3C2410A 的异常中断

异常中断类型	异常中断	进入模式	中断向量	优先级
复位	复位	管理模式	0x0000,0000	1(最高)
未定义指令	未定义指令	未定义模式	0x0000,0004	6(最低)
软件中断	软件中断	管理模式	0x0000,0008	6(最低)
指令预取中止	中止	中止模式	0x0000,000C	5
数据中止	中止	中止模式	0x0000,0010	2
IRQ	外部中断请求	IRQ	0x0000,0018	4
FIQ	快速中断请求	FIQ	0x0000,001C	3

(4)中断返回,恢复现场。当完成中断服务子程序后,将 SPSR 中保存的程序运行状态恢复到 CPSR 中,R14 中保存的被中断程序的地址恢复到 PC 中,继续执行被中断的程序。

二、S3C2410A 的中断控制器

S3C2410A 的中断包含有 IRQ 和 FIQ。IRQ 是普通中断,FIQ 是快速中断。FIQ 中断通常在进行批量的复制、数据传输等工作时使用。中断源见表 6-19。

表 6-19　S3C2410A 的中断源

中断源	描述	仲裁器分组
INT_ADC	ADCEOC 和触摸中断	ARB5
INT_RTC	RTC 报警中断	ARB5
INT_SPI1	SPI1 中断	ARB5
INT_UART0	UART0 中断(故障、接收和发送)	ARB5
INT_IIC	I2 C 中断	ARB4
VINT_USBH	USB 主设备中断	ARB4
INT_USB	USB 从设备中断	ARB4
INT_UART1	UART1 中断	ARB4
INT_SPI0	SPI0 中断	ARB4
INT_SDI	SDI 中断	ARB3
INT_DMA3	DMA 通道 3 中断	ARB3
INT_DMA2	DMA 通道 2 中断	ARB3
INT_DMA1	DMA 通道 1 中断	ARB3
INT_DMA0	DMA 通道 0 中断	ARB3
INT_LCD	LCD 中断	ARB3
INT_UART2	UART2 中断	ARB2
INT_TIMER4	定时器 4 中断	ARB2
INT_TIMER3	定时器 3 中断	ARB2
INT_TIMER2	定时器 2 中断	ARB2
INT_TIMER1	定时器 1 中断	ARB2
INT_TIMER0	定时器 0 中断	ARB2
INT_WDT	看门狗定时器中断	ARB1
INT_TICK	RTC 时钟滴答中断	ARB1
nBATT_FLT	电源故障中断	ARB1
EINT8_23	外部中断 8～23	ARB1
EINT4_7	外部中断 4～7	ARB1
EINT3	外部中断 3	ARB0
EINT2	外部中断 2	ARB0
EINT1	外部中断 1	ARB0
EINT0	外部中断 0	ARB0

S3C2410A 通过对程序状态寄存器中的 F 位和 I 位进行设置控制 CPU 的中断响应。如果设置 PSR 的 F 位为 1，则 CPU 不会响应来自中断控制器的 FIQ 中断；如果设置 PSR 的 I 位为 1，则 CPU 不会响应来自中断控制器的 IRQ 中断。如果设置 PSR 的 F 位或 I 位置 0，同时将中断屏蔽寄存器中的相对应位置 0，CPU 响应来自中断控制器的 IRQ 或 FIQ 中断请求。

中断屏蔽寄存器中如果设置相对应屏蔽位为 1，表示相对应的中断禁止；如果置 0，表示中断发生时将正常执行中断服务。如果发生中断时相对应的屏蔽位正好为 1，则中断挂起寄存器中的相对中断源挂起位将置 1。

S3C2410A 有 SRCPND（中断源挂起寄存器）和 INTPND（中断挂起寄存器）两个中断挂起寄存器。SRCPND 和 INTPND 两个挂起寄存器用于指示某个中断请求是否处于挂起状态。当多个中断源请求中断服务时，所有来自中断源的中断请求，首先被登记到中断源挂起寄存器 SRCPND 中，且相应位置 1，仲裁过程结束后 INTPND 寄存器中只有 1 位被自动置 1。

S3C2410A 中的中断控制器能够接收来自 56 个中断源的请求，这些中断源来自 DMA 控制器、UART、I^2C 及外部中断引脚等。S3C2410A 共有 32 个中断请求信号。S3C2410A 采用了中断共享技术，INT_UARTO、INT_UART1、INT_UART2、EINT8_23 和 EINT4_7 为多个中断源共享使用的中断请求信号。中断请求的优先级逻辑是由 7 个仲裁器组成的，每个仲裁器是否使能由寄存器 PRIORITY[6：0]决定。每个仲裁器可以处理 4～6 个中断源，从中选出优先级最高的。优先级顺序由寄存器 PRIORITY[20：7]的相应位决定。

S3C2410A 中断控制器的特殊寄存器如表 6-20 所示，中断控制需要正确地设置这些寄存器，寄存器中每一位的含义请参阅 S3C2410A 中文数据手册。

表 6-20　中断控制器的特殊寄存器

寄存器	地址	R/W	描述	复位值
SRCPND	0X4A000000	R/W	中断源挂起寄存器，为 0 时，无中断请求；当有中断产生，相应位置 1	0x00000000
INTMOD	0X4A000004	R/W	中断模式寄存器：0＝IRQ 模式，1＝FIQ 模式	0x00000000
INTMSK	0X4A000008	R/W	中断屏蔽寄存器：0＝允许中断，1＝屏蔽中断	0xFFFFFFFF
PRIORITY	0x4A00000C	R/W	IRQ 中断优先级控制寄存器	0x7F
INTPND	0X4A000010	R/W	中断状态指示寄存器：0＝没有请求，1＝发出中断请求	0x00000000
INTOFFSET	0X4A000014	R	中断偏移寄存器，指示 IRQ 中断源	0x00000000
SUBSRCPND	0X4A000018	R/W	子中断源状态寄存器，0＝该中断源没有请求，1＝该中断源发出中断请求	0x00000000
INTSUBMSK	0X4A00001C	R/W	定义中断源屏蔽。 0＝中断服务允许，1＝中断服务屏蔽	0x7FF

第六节　S3C2410A 的 DMA 控制器

一、DMA 工作原理

DMA(Direct Memory Acess,直接存储器存取)方式是指存储器与外设在 DMA 控制器的控制下,直接传送数据而不通过 CPU,传输速率主要取决于存储器存取速度。在 DMA 传输过程中,DMA 控制器负责管理整个操作,且无须 CPU 介入,从而提高了 CPU 的利用率。DMA 方式为高速 I/O 设备和存储器之间的批量数据交换提供了直接的传输通道。采用 DMA 方式进行数据传输的过程如下:

(1)外设向 DMA 控制器发出 DMA 请求。

(2)DMA 控制器向 CPU 发出总线请求信号。

(3)CPU 执行完现行的总线周期后,向 DMA 控制器发出响应请求的回答信号。

(4)CPU 将控制总线、地址总线及数据总线让出,由 DMA 控制器进行控制。

(5)DMA 控制器向外部设备发出 DMA 请求回答信号。

(6)进行 DMA 传送。

(7)数据传送完毕,DMA 控制器通过中断请求线发出中断信号。CPU 在接收到中断信号后,转入中断处理程序进行后续处理。

(8)中断处理结束后,CPU 返回到被中断的程序继续执行,CPU 重新获得总线控制权。

在系统总线和外围总线之间,S3C2410A 有 4 个 DMA 控制器。每个 DMA 控制器配置请参阅 S3C2410A 中文数据手册。

第七节　NAND Flash 接口电路

一、S3C2410A NAND Flash 控制器

1. S3C2410A NAND Flash 控制器特性

S3C2410A 可以在一个外部 NAND Flash 存储器上执行启动代码。为了支持 NAND Flash 的启动装载(boot loader),S3C2410A 配置了一个叫做“Steppingstone”的内部 SRAM 缓冲器。当系统启动时,NAND Flash 存储器的前 4KB 将被自动加载到 Steppingstone 中,然后系统自动执行这些载入的启动代码。

在一般情况下,启动代码将复制 NAND Flash 的内容到 SDRAM 中。在复制完成后,将在 SDRAM 中执行主程序。

NAND Flash 控制器具有以下特性:

●NAND Flash 模式:支持读/擦除/编程 NAND Flash 存储器。

●自动启动模式:复位后,启动代码被传送到 Steppingstone 中。传送完毕后,启动代码在 Steppingstone 中执行。

●在 NAND Flash 启动后,Steppingstone 4KB 内部 SRAM 缓冲器可以作为其他用途使

用。

●NAND Flash 控制器不能通过 DMA 访问,可以使用 LDM/ STM 指令来代替 DMA 操作。

2. NAND Flash 的自动启动模式的时序

(1)完成复位;

(2)当自动启动模式使能时,首先将 NAND Flash 存储器的前 4 KB 内容自动复制到 Steppingstone 4 KB 内部缓冲器中;

(3)Steppingstone 映射到 nGCSO;

(4)CPU 开始执行在 Steppingstone 4 KB 内部缓冲器中的启动代码。

第八节　S3C2410A 的 A/D 转换器

一、S3C2410A 的 A/D 转换器和触摸屏接口电路

S3C2410A 包含一个 8 通道的 A/D 转换器,10 位分辨率。在 A/D 转换时钟频率为 2.5MHz时,其最大转换率为 500 KSPS,输入电压范围是 0～3.3V。S3C2410A 的 A/D 转换器和触摸屏接口电路如图 6－4 所示。

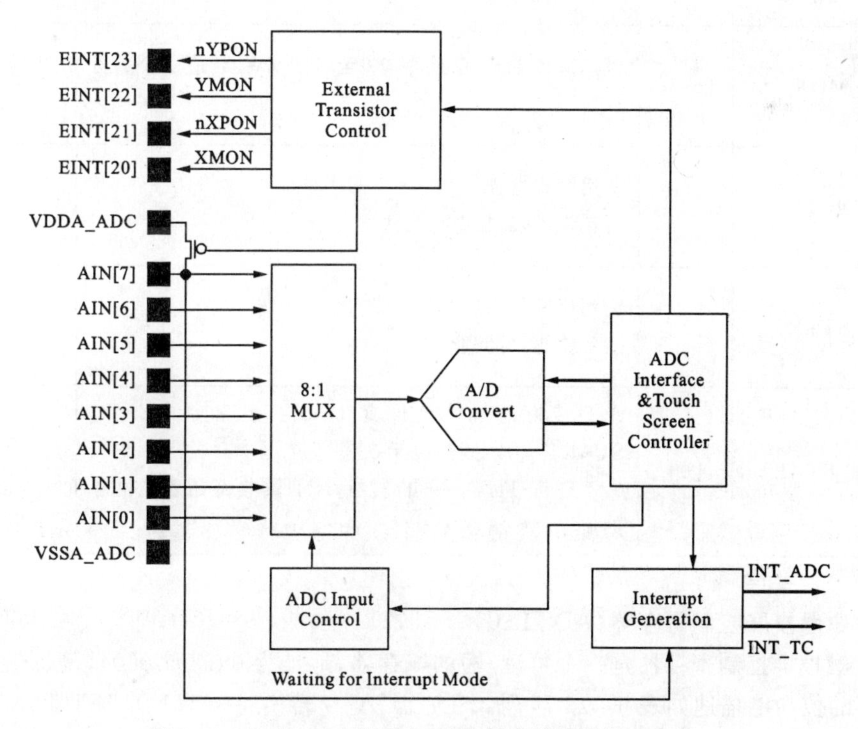

图 6－4　S3C2410A 的 A/D 转换器和触摸屏接口电路

二、与 S3C2410A 的 A/D 转换器相关的寄存器

使用 S3C2410A 的 A/D 转换器需要配置以下相关的寄存器。

1. ADC 控制寄存器(ADCCON)

ADC 控制寄存器是一个 16 位的可读/写的寄存器，地址为 0x5800 0000，复位值为 0x3FC4。ADCCON 位的功能描述如表 6-21 所列。

表 6-21　ADC 控制寄存器的位功能描述

ADCCON 符号	位	描述	初始状态
ECFLG	[15]	A/D 转换状态标志。 0：A/D 转换中；1：A/D 转换结束	0
PRSCEN	[14]	A/D 转换器前置分频器使能控制。 0：禁止；1：使能	0
PRSCVL	[13:6]	A/D 转换器前置分频器数值设置。 注意：当前置分频器数值为 N 时，分频数值为 N+1	0xFF
SEL_MUX	[5:3]	模拟输入通道选择。000 至 111 分别对应 AIN0 至 AIN7	0
STDBM	[2]	备用模式选择。 0：正常模式；1：备用模式	1
READ_START	[1]	利用读操作来启动 A/D 转换。 0：不使能；1：使能	0
ENABLE_START	[0]	A/D 转换通过将该位置 1 来启动，如果 READ_START 有效，则该位无效。 0：不启动；1：启动 A/D 转换，A/D 转换开始后该位自动清零	0

2. ADC 触摸屏控制寄存器(ADCTSC)

ADC 触摸屏控制寄存器是一个可读/写的寄存器，地址为 0x5800 0004，复位值为 0x058。ADCTSC 的位功能描述如表 6-22 所列。在正常 A/D 转换时，AUTO_PST 和 XY_PST 都置成 0 即可，其他各位与触摸屏有关，不需要进行设置。

3. ADC 启动延时寄存器(ADCDLY)

ADC 启动延时寄存器是一个可读/写的寄存器，地址为 0x5800 0008，复位值为 0x00FF。ADCDLY 的位功能描述如表 6-23 所列。

表 6－22　ADC 控制寄存器(ADCTSC)的位功能

ADCTSC 符号	位	描述	初始状态
Reserved	[8]	保留位	0
YM_SEN	[7]	选择 YMON 的输出值。 0:YMON 输出 0(高阻)； 1:YMON 输出 1(地)	0
YP_SEN	[6]	选择 nYPON 的输出值。 0:nYPON 输出 0(外部电压)； 1:nYPON 输出 1(YP 连接到 AIN[5])	1
XM_SEN	[5]	选择 XMON 的输出值。 0:XMON 输出 0(高阻)； 1:XMON 输出 1(地)	0
XP_SEN	[4]	选择 nXPON 的输出值。 0:nXPON 输出 0(外部电压)； 1:nXPON 输出 1(XP 连接 AIN[7])	0
PULL_UP	[3]	上拉开关使能。 0:XP 上拉使能； 1:XP 上拉不使能	1
AUTO_P5T	[2]	X 位置和 Y 位置自动顺序转换。 0:正常 ADC 转换模式； 1:自动顺序 X/Y 位置转换模式	0
XY_PST	[1：0]	X 位置或 Y 位置的手动测量。 00:无操作模式;01:X 位置测量； 10:Y 位置测量;11:等待中断模式	0

表 6－23　ADC 启动延时寄存器(ADCDLY)的位功能

ADCDLY 符号	位	描述
DELAY	[15：0]	(1)在正常转换模式、分开的 X/Y 位置转换模式和 X/Y 位置自动转换模式的 X/Y 位置转换延时值。 (2)在等待中断模式:当在此模式按下触笔时,这个寄存器在几 ms 时间间隔内产生用于进行 X/Y 方向自动转换的中断信号(INT_TC)

4. ADC 转换数据寄存器(ADCDAT0 和 ADCDAT1)

S3C2410A 有 ADCDAT0 和 ADCDAT1 两个 ADC 转换数据寄存器。ADCDAT0 和 ADCDAT1 为只读寄存器,地址分别为 0x5800 000C 和 0x5800 0010。在触摸屏应用中,分别使用 ADCDAT0 和 ADCDAT1 保存 X 位置和 Y 位置的转换数据。对于正常的 A/D 转换,使用 ADCDAT0 来保存转换后的数据。

ADCDAT0 的位功能描述如表 6－24 所列,ADCDAT1 的位功能描述如表 6－25 所列,除了位[9：0]为 Y 位置的转换数据值以外,其他与 ADCDAT0 类似。通过读取该寄存器的位[9：0],可以获得转换后的数字量。

表 6-24 **ADCDAT0 的位功能**

ADCDATO 位名	位	描述
UPDOWN	[15]	在等待中断模式时,触笔的状态为上还是下。 0:触笔为下状态;1:触笔为上状态
AUTO_PST	[14]	X 位置和 Y 位置的自动顺序转换。 0:正常 A/D 转换;1:X/Y 位置自动顺序测量
XY_PST	[13:12]	手动测量 X 位置或 Y 位置。 00:无操作模式;01:X 位置测量 10:Y 位置测量;11:等待中断模式
Reserved	[11:10]	保留
XPDATA(正常 ADC)	[9:0]	X 位置的转换数据值(包括正常 A/D 转换的数据值)。取值范围:0～3FF

表 6-25 **ADCDAT1 的位功能描述**

ADCDAT1 位名	位	描述
	[15:10]	与 ADCDAT0 的位功能相同
YPDATA(正常 ADC)	[9:0]	Y 位置的转换数据值(包括正常 A/D 转换的数据值)。取值范围:0～3FF

习题与思考题

(1)登录 www.hzlitai.com 网站,查阅 S3C2410A 有关中文资料,分析其内部结构与功能。

(2)登录 www.samsung.com 网站,查阅 S3C2410A 有关资料,分析其所有引脚功能。

(3)简述 S3C2410A 存储器控制器的特点。

(4)分析 S3C2410A 复位后的存储器映射图和不同存储器的地址空间大小。

(5)简述 S3C2410A 的电源管理模块特点。

(6)S3C2410A 与配置 I/O 口相关的寄存器有哪些?各自具有什么功能?

(7)S3C2410A 与中断有关的控制寄存器有哪些?各自具有什么功能?

(8)简述 S3C2410A 通用状态寄存器的功能。

(9)S3C2410A 与中断控制有关的寄存器有哪些?各自具有什么功能?

(10)按功能对 S3C2410A 的中断源进行分类。

(11)简述采用 DMA 方式进行数据传输的过程。

(12)分析与 S3C2410A 的 A/D 转换器相关的寄存器有哪些?各自具有什么功能?

第七章　嵌入式系统程序设计及操作系统基础

第一节　ARM9 微处理器指令系统

一、基本寻址方式

ARM 处理器有 9 种基本寻址方式。

1. 立即寻址

例如指令：

```
ADD     R1,R1,#2            ;R1←R1+2
MOV     R0,#0xff20          ;R0←0xff20
```

2. 寄存器寻址

例如指令：

```
MOV     R1,R3               ;R1←R3
SUB     R0,R2,R3            ;R0←R2-R3
```

3. 寄存器移位寻址

寄存器移位寻址是 ARM 指令集特有的寻址方式。第 2 个寄存器操作数在与第 1 个操作数结合之前，先进行移位操作。

例如指令：

```
MOV     R0,R3,LSL #3        ;R3 的值左移 3 位，结果放入 R0，即 R0=R3*8
ANDS    R4,R4,R2,LSL R3     ;R2 的值左移 R3 位，然后和 R4 相与操作，结果放入 R4
```

可采用的移位操作如下：

LSL：逻辑左移(Logical Shift Left)，寄存器中字的低端空出的位补 0。

LSR：逻辑右移(Logical Shift Right)，寄存器中字的高端空出的位补 0。

ASR：算术右移(Arithmetic Shift Right)，移位过程中保持符号位不变，即如果源操作数为正数，则字的高端空出的位补 0，否则补 1。

ROR：循环右移(Rotate Right)，由字的低端移出的位填入字的高端空出的位。

RRX：带扩展的循环右移（Rotate Right extended by 1 place），操作数右移一位，高端空出的位用原 C 标志值填充。

4. 寄存器间接寻址

例如指令：

```
LDR    R1,[R2]         ;R1←[R2](将 R2 中的数值作为地址,取出此地址中的
                        数据保存在 R1 中)
STR    R1,[R3]         ;[R3]←R1
```

5. 变址寻址

例如指令：

```
LDR    R2,[R3,#6]      ;R2←[R3 + 6](将 R3 中的数值加 6 作为地址,取出此
                        地址的数值保存在 R2 中)
STR    R1,[R0,#-4]     ;[R0-4]← R1(将 R0 中的数值减 4 作为地址,把 R1
                        中的内容保存到此地址位置)
```

6. 多寄存器寻址

采用多寄存器寻址方式，一条指令可以完成多个寄存器值的传送，这种寻址方式用一条指令最多可以完成 16 个寄存器值的传送。

例如指令：

```
LDMIA  R7,{R1,R2,R3,R5}
;R1←[R7]
;R2←[R7+4]
;R3←[R7+8]
;R4←[R7+12]
```

7. 堆栈寻址

堆栈是一种数据结构，堆栈是特定顺序进行存取的存储区，操作顺序为“后进先出”，堆栈寻址是隐含的，它使用一个专门的寄存器（堆栈指针）指向一块存储区域（堆栈），指针所指向的存储单元就是堆栈的栈顶。存储器生长堆栈可分为递增堆栈、递减堆栈两种。堆栈指针指向最后压入的堆栈的有效数据项，称为满堆栈；堆栈指针指向下一个要放入的空位置，称为空堆栈。

这样就有 4 种类型的堆栈工作方式，ARM 微处理器支持这 4 种类型的堆栈工作方式，即：满递增堆栈、满递减堆栈、空递增堆栈、空递减堆栈。

8. 块复制寻址

块复制寻址用于把一块从存储器的某一位置复制到另一位置，是一个多寄存器传送指令。

例如指令：

```
STMIA  R0!,{R1－R7}     ;将 R1－R7 的数据保存到存储器中,存储器指针在保存
                          第一个值之后增加,增长方向为向上增长。
STMDA  R0!,{R1－R7}     ;将 R1－R7 的数据保存到存储器中,存储器指针在保存
                          第一个值之后增加,增长方向为向下增长。
```

9. 相对寻址

例如指令：

```
BL      HERE1          ;调用到 HERE1 子程序
BEQ     LOOP           ;条件跳转到 LOOP 标号处
…
LOOP    MOV R3,#2
…
HERE1
…
```

二、ARM 指令集

(一)指令格式

1. 基本格式

〈opcode〉{〈cond〉}{S} 〈Rd〉,〈Rn〉{,〈opcode2〉}

其中,〈〉内的项是必需的,{}内的项是可选的,如〈opcode〉是指令助记符,是必需的,而{〈cond〉}为指令执行条件,是可选的,如果不写则使用默认条件 AL(无条件执行)。

●opcode 指令助记符,如 LDR,STR 等;

●cond 执行条件,如 EQ,NE 等;

●S 是否影响 CPSR 寄存器的值,书写时影响 CPSR,否则不影响;

●Rd 目标寄存器;

●Rn 第一个操作数的寄存器;

●operand2 第二个操作数,在 ARM 指令中,灵活地使用第 2 个操作数能提高代码效率,第 2 个操作数的形式如 0x3FD、0、0xF000000A、200,0xF0000081 等。

指令格式举例如下：

```
LDR      R0,[R1]        ;读取 R1 地址上的存储器单元内容,执行条件 AL
BEQ      LOOP           ;跳转指令,执行条件 EQ,即相等跳转到 LOOP
ADDS     R1,R1,#2       ;加法指令,R1+2=R1 影响 CPSR 寄存器,带有 S
SUBNES   R2,R2,#0xD     ;条件执行减法运算(NE),R2－0xD=>R2,影响
                          CPSR 寄存器,带有 S
```

2. 条件码

几乎所有的 ARM 指令都包含一个可选择的条件码,即{〈cond〉}。使用指令条件码,可实现高效的逻辑操作,提高代码效率。ARM 条件码如表 7-1 所示。

表 7-1 ARM 条件码

操作码[31:28]	条件码助记符	标志	含义
0000	EQ	Z=1	相等
0001	NE	Z=0	不相等
0010	CS/HS	C=1	无符号数大于或等于
0011	CC/LO	C=0	无符号数小于
0100	MI	N=1	负数
0101	PL	N=0	正数或零
0110	VS	V=1	溢出
0111	VC	V=0	没有溢出
1000	HI	C=1,Z=0	无符号数大于
1001	LS	C=0,Z=1	无符号数小于或等于
1010	GE	N=V	带符号数大于或等于
1011	LT	N! =V	带符号数小于
1100	GT	Z=0,N=V	带符号数大于
1101	LE	Z=1,N! =V	带符号数小于或等于
1110	AL	任何	无条件执行

(二)ARM 存储器访问指令

ARM 微处理器支持加载/存储指令用于在寄存器和存储器之间传送数据,加载指令用于将存储器中的数据传送到寄存器,存储指令则完成相反的操作。ARM 的加载/存储指令是可以实现字、半字、无符号/有符号字节操作;批量加载/存储指令可实现一条指令加载/存储多个寄存器的内容;SWP 指令是一条寄存器和存储器内容交换的指令。

ARM 处理器是程序空间、RAM 空间及 I/O 映射空间统一编址存储结构,除对 RAM 操作以外,对外围 I/O、程序数据的访问均要通过加载/存储指令进行。

ARM 存储访问指令表如表 7-2 所示。

表 7-2　ARM 存储访问指令表

助记符	说明	操作	条件码位置
LDR Rd,addressing	加载字数据	Rd←[addressing]	LDR{cond}
LDRB Rd,addressing	加载无符字节数据	Rd←[addressing]	LDR{cond}B
LDRT Rd,addressing	以用户模式加载字数据	Rd←[addressing]	LDR{cond}T
LDRBT Rd,addressing	以用户模式加载无符号字数据	Rd←[addressing]	LDR{cond}BT
LDRH Rd,addressing	加载无符半字数据	Rd←[addressing]	LDR{cond}H
STRB Rd,addressing	存储字节数据	[addressing]←Rd	STR{cond}B
STRT Rd,addressing	以用户模式存储字数据	[addressing]←Rd	STR{cond}T
SRTBT Rd,addressing	以用户模式存储字节数据	[addressing]←Rd	STR{cond}BT
STRH Rd,addressing	存储半字数据	[addressing]←Rd	STR{cond}H
LDM{mode} Rn{!},reglist	批量(寄存器)加载	reglist←[Rn…],Rn 回存等	LDM{cond}{more}
STM{mode} Rn{!},rtglist	批量(寄存器)存储	[Rn…]← reglist,Rn 回存等	STM{cond}{more}
SWP Rm, Rn	寄存器和存储器字数据交换	Rd←[Rd],[Rn]←[Rm] (Rn≠Rd 或 Rm)	SWP{cond}
SWPB Rd,Rm,Rn	寄存器和存储器字节数据交换	Rd←[Rd],[Rn]←[Rm] (Rn≠Rd 或 Rm)	SWP{cond}B

指令举例：

```
LDR     R0,[R1]                ;将存储器地址为 R1 的字数据读入寄存器 R0。
LDR     R0,[R1,R2]             ;将存储器地址为 R1+R2 的字数据读入寄存器 R0。
LDR     R0,[R1,#8]             ;将存储器地址为 R1+8 的字数据读入寄存器 R0。
LDR     R0,[R1,R2]!            ;将存储器地址为 R1+R2 的字数据读入寄存器
                                R0,并将新地址 R1+R2 写入 R1。
LDR     R0,[R1,#8]!            ;将存储器地址为 R1+8 的字数据读入寄存器 R0,
                                并将新地址 R1+8 写入 R1。
LDR     R0,[R1,R2,LSL#2]!      ;将存储器地址为 R1+R2×4 的字数据读入寄存器
                                R0,并将新地址 R1+R2×4 写入 R1。
LDRB    R0,[R1,#8]             ;将存储器地址为 R1+8 的字节数据读入寄存器
                                R0,并将 R0 的高 24 位清零。
LDRH    R0,[R1,R2]             ;将存储器地址为 R1+R2 的半字数据读入寄存器
                                R0,并将 R0 的高 16 位清零。
STR     R0,[R1],#8             ;将 R0 中的字数据写入以 R1 为地址的存储器中,
                                并将新地址 R1+8 写入 R1。
STRB    R0,[R1,#8]             ;将寄存器 R0 中的字节数据写入以 R1+8 为地址
                                的存储器中。
```

```
STRH   R0,[R1]                    ;将寄存器 R0 中的半字数据写入以 R1 为地址的存
                                   储器中。
STMFD R13!,{R0,R4－R12,LR}       ;将寄存器列表中的寄存器(R0,R4 到 R12,LR)存
                                   入堆栈。
LDMFD R13!,{R0,R4－R12,PC}       ;将堆栈内容恢复到寄存器(R0,R4 到 R12,LR)。
SWP    R0,R1,[R2]                 ;将 R2 所指向的存储器中的字数据传送到 R0,同时
                                   将 R1 中的字数据传送到 R2 所指向的存储单元。
```

(三)ARM 数据处理指令

数据处理指令可分为数据传送指令、算术逻辑运算指令和比较指令等。数据传送指令用于在寄存器和存储器之间进行数据的双向传输。所有 ARM 数据处理指令均可选择使用 S 后缀,以影响状态标志。比较指令不需要后缀 S,它们会直接影响状态标志。算术逻辑运算指令完成常用的算术与逻辑的运算,该类指令不但将运算结果保存在目的寄存器中,同时更新 CPSR 中的相应条件标志位。比较指令不保存运算结果,只更新 CPSR 中相应的条件标志位。

数据处理指令如表 7－3 所示。

表 7－3 数据处理指令表

助记符号	说明	操作	条件码位置
MOV Rd ,operand2	数据传送	Rd←operand2	MOV {cond}{S}
MVN Rd ,operand2	数据取反传送	Rd←(operand2)	MVN {cond}{S}
ADD Rd,Rn operand2	加法运算	Rd←Rn＋operand2	ADD {cond}{S}
SUB Rd,Rn operand2	减法运算	Rd←Rn－operand2	SUB {cond}{S}
RSB Rd,Rn operand2	逆向减法	Rd←operand2－Rn	RSB {cond}{S}
ADC Rd,Rn operand2	带进位加法	Rd←Rn＋operand2＋carry	ADC {cond}{S}
SBC Rd,Rn operand2	带进位减法	Rd←Rn－operand2－(NOT)Carry	SBC {cond}{S}
RSC Rd,Rn operand2	带进位逆向减法	Rd←operand2－Rn－(NOT)Carry	RSC {cond}{S}
AND Rd,Rn operand2	逻辑与	Rd←Rn&operand2	AND {cond}{S}
ORR Rd,Rn operand2	逻辑或	Rd←Rn|operand2	ORR {cond}{S}
EOR Rd,Rn operand2	逻辑异或	Rd←Rn^operand2	EOR {cond}{S}
BIC Rd,Rn operand2	位清除	Rd←Rn&(～operand2)	BIC {cond}{S}
CMP Rn,operand2	比较	标志 N、Z、C、V←Rn－operand2	CMP {cond}
CMN Rn,operand2	负数比较	标志 N、Z、C、V←Rn＋operand2	CMN {cond}
TST Rn,operand2	位测试	标志 N、Z、C、V←Rn&operand2	TST {cond}
TEQ Rn,operand2	相等测试令	标志 N、Z、C、V←Rn^operand2	TEQ {cond}

指令举例:

```
MOV   R1,R0              ;将寄存器 R0 的值传送到寄存器 R1
MOV   PC,R14             ;将寄存器 R14 的值传送到 PC,常用于子程序返回
MOV   R1,R0,LSL＃3       ;将寄存器 R0 的值左移 3 位后传送到 R1
MVN   R0,＃0             ;将立即数 0 取反传送到寄存器 R0 中,完成后 R0＝－1
```

```
CMP     R1,R0              ;将寄存器R1的值与寄存器R0的值相减,并根据
                           结果设置CPSR的标志位
CMN     R1,R0              ;将寄存器R1的值与寄存器R0的值相加,并根据
                           结果设置CPSR的标志位
TST     R1,#0xffe          ;将寄存器R1的值与立即数0xffe按位与,并根据
                           结果设置CPSR的标志位
TEQ     R1,R2              ;将寄存器R1的值与寄存器R2的值按位异或,并
                           根据结果设置CPSR的标志位
ADD     R0,R1,R2           ;R0=R1+R2
ADDS    R0,R4,R8           ;加低端的字
ADCS    R1,R5,R9           ;加第二个字,带进位
SUB     R0,R1,#256         ;R0=R1-256
RSB     R0,R1,R2           ;R0=R2-R1
AND     R0,R0,#3           ;该指令保持R0的0、1位,其余位清零。
ORR     R0,R0,#3           ;该指令设置R0的0、1位,其余位保持不变。
EOR     R0,R0,#3           ;该指令反转R0的0、1位,其余位保持不变。
```

（四）ARM跳转指令

跳转指令用于实现程序流程的跳转,在ARM中有两种方式可以实现程序的跳转:一种是使用跳转指令直接跳转,另一种则是直接向PC寄存器赋值实现跳转。

通过向程序计数器PC写入跳转地址值,可以实现在4GB的地址空间中的任意跳转,在跳转之前结合使用MOV　LR,PC等类似指令,可以保存将来的返回地址值,从而实现在4GB连续的线性地址空间的子程序调用。

ARM指令集中的跳转指令可以完成从当前指令向前或向后的32MB的地址空间的跳转,包括以下4条指令:

1. B(跳转指令)

B指令的格式为:

B{条件} 目标地址

B指令是最简单的跳转指令。一旦遇到一个B指令,ARM处理器将立即跳转到给定的目标地址,从那里继续执行。注意存储在跳转指令中的实际值是相对当前PC值的一个偏移量,而不是一个绝对地址。它是24位有符号数,左移两位后有符号扩展为32位,表示的有效偏移为26位(前后32MB的地址空间)。如指令:

```
B       Label              ;程序无条件跳转到标号Label处执行
CMP R1,#0
BEQ     Label              ;当CPSR寄存器中的Z条件码置位时,程序跳转到
                           标号Label处执行
```

2. BL(带返回的跳转指令)

BL指令的格式为:

BL{条件} 目标地址

BL 是另一个跳转指令，但跳转之前，会在寄存器 R14 中保存 PC 的当前内容，因此，可以通过将 R14 的内容重新加载到 PC 中，来返回到跳转指令之后的那个指令处执行。该指令是实现子程序调用的一个基本但常用的手段。如指令：

BL　　Label　　;当程序无条件跳转到标号 Label 处执行时，同时将当前的 PC 值保存到 R14 中

3. BLX(带返回和状态切换的跳转指令)

BLX 指令的格式为：

BLX 目标地址

BLX 指令有两种格式：第 1 种格式记作 BLX(1)。BLX(1)从 ARM 指令集跳转到指令中所指定的目标地址，并将处理器的工作状态由 ARM 状态切换到 Thumb 状态，该指令同时将 PC 的当前内容保存到寄存器 R14 中。因此，当子程序使用 Thumb 指令集，而调用者使用 ARM 指令集时，可以通过 BLX 指令实现子程序的调用和处理器工作状态的切换。同时，子程序的返回可以通过将寄存器 R14 值复制到 PC 中来完成。

第 2 种格式记作 BLX(2)。BLX(2)从 ARM 指令集跳转到指令中所指定的目标地址，目标地址的指令可以是 ARM 指令，也可以是 Thumb 指令。该指令同时将 PC 的当前内容保存到寄存器 R14 中。

4. BX(带状态切换的跳转指令)

BX 指令的格式为：

BX{条件} 目标地址

BX 指令跳转到指令中所指定的目标地址，目标地址处的指令既可以是 ARM 指令，也可以是 Thumb 指令。

(五)ARM 杂项指令

1. 异常产生指令

ARM 微处理器所支持的异常指令有如下两条：

(1)SWI(软件中断指令)

SWI 指令的格式为：

SWI{条件}24 位的立即数

SWI 指令用于产生软件中断，以便用户程序能调用操作系统的系统例程。操作系统在 SWI 的异常处理程序中提供相应的系统服务。指令中 24 位的立即数指定用户程序调用系统例程的类型，相关参数通过通用寄存器传递。当指令中 24 位的立即数被忽略时，用户程序调用系统例程的类型由通用寄存器 R0 的内容决定，同时，参数通过其他通用寄存器传递。

指令示例：

SWI　　0x02　　;该指令调用操作系统编号位 02 的系统例程。

(2)BKPT(断点中断指令)

BKPT 指令的格式为：

BKPT 16 位的立即数

BKPT 指令产生软件断点中断，可用于程序的调试。

2. 程序状态寄存器访问指令

ARM 微处理器支持程序状态寄存器访问指令，用于在程序状态寄存器和通用寄存器之

间传送数据，程序状态寄存器访问指令包括以下两条：

(1)MRS(程序状态寄存器到通用寄存器的数据传送指令)

MRS 指令的格式为：

MRS{条件} 通用寄存器，程序状态寄存器(CPSR 或 SPSR)

MRS 指令用于将程序状态寄存器的内容传送到通用寄存器中。该指令一般用在以下几种情况：当需要改变程序状态寄存器的内容时，可用 MRS 将程序状态寄存器的内容读入通用寄存器，修改后再写回程序状态寄存器。当在异常处理或进程切换时，需要保存程序状态寄存器的值，可先用该指令读出程序状态寄存器的值，然后保存。

指令示例：

```
MRS    R0,CPSR                    ;传送 CPSR 的内容到 R0
MRS    R0,SPSR                    ;传送 SPSR 的内容到 R0
```

(2)MSR(通用寄存器到程序状态寄存器的数据传送指令)

MSR 指令的格式为：

MSR{条件} 程序状态寄存器(CPSR 或 SPSR)_<域>，操作数

MSR 指令用于将操作数的内容传送到程序状态寄存器的特定域中。其中，操作数可以为通用寄存器或立即数。<域>用于设置程序状态寄存器中需要操作的位，32 位的程序状态寄存器可分为 4 个域：

位[31:24]为条件标志位域，用 f 表示；

位[23:16]为状态位域，用 s 表示；

位[15:8]为扩展位域，用 x 表示；

位[7:0]为控制位域，用 c 表示。

该指令通常用于恢复或改变程序状态寄存器的内容，在使用时，一般要在 MSR 指令中指明将要操作的域。

指令示例：

```
MSR    CPSR,R0                    ;传送 R0 的内容到 CPSR
MSR    SPSR,R0                    ;传送 R0 的内容到 SPSR
MSR    CPSR_c,R0                  ;传送 R0 的内容到 SPSR，但仅仅修改 CPSR 中的
                                   控制位域
```

三、ARM 伪指令

在 ARM 的汇编程序中，有如下几种伪指令：数据常量定义伪指令、数据变量定义伪指令、内存分配伪指令及其他伪指令。

(一)数据常量定义伪指令

数据常量定义伪指令 EQU 用于为程序中的常量、标号等定义一个等效的字符名称，类似于 C 语言中的＃define 。

EQU 语法格式：名称　EQU　表达式{，类型}

名称为 EQU 伪指令定义的字符名称，当表达式为 32 位的常量时，可以指定表达式的数据类型，可以有以下 3 种类型：CODE16、CODE32 和 DATA。

(二)数据变量定义伪指令

数据变量定义伪指令用于定义 ARM 汇编程序中的变量、对变量赋值以及定义寄存器的别名等操作。常见的数据变量定义伪指令有如下几种：

1. GBLA、GBLL 和 GBLS

语法格式：GBLA(GBLL 或 GBLS)全局变量名

GBLA、GBLL 和 GBLS 伪指令用于定义全局变量，并将其初始化。

2. LCLA、LCLL 和 LCLS

语法格式：LCLA(LCLL 或 LCLS)局部变量名

LCLA、LCLL 和 LCLS 伪指令用于定义一个 ARM 程序中的局部变量，并将其初始化。

3. SETA、SETL 和 SETS

语法格式：变量名 SETA(SETL 或 SETS) 表达式

伪指令 SETA 给一个数学变量赋值、SETL 给一个逻辑变量赋值、SETS 给一个字符串变量赋值。

4. RLIST

语法格式：名称 RLIST{寄存器列表}

RLIST 伪指令可用于对一个通用寄存器列表定义名称，使用该伪指令定义的名称可在 ARM 指令 LDM/STM 中使用。在 LDM/STM 指令中，列表中的寄存器访问次序为根据寄存器的编号由低到高，而与列表中的寄存器排列次序无关。

(三)内存分配伪指令

内存分配伪指令一般用于为特定的数据分配存储单元，同时可完成已分配存储单元的初始化。常见的数据定义伪指令有 DCB、DCW、DCD、DCFD、DCFS、DCQ、SPACE、FILED 等。其一般语法格式为：

标号 DCB 表达式

(四)汇编控制伪指令

汇编控制伪指令用于控制汇编程序的执行流程，常用的汇编控制伪指令包括以下几条：

1. IF、ELSE、ENDIF

语法格式：

```
IF 逻辑表达式
            指令序列 1
      ELSE
            指令序列 2
      ENDIF
```

2. WHILE、WEND

语法格式：

```
WHILE     逻辑表达式
```

指令序列

WEND

3. MEXIT

语法格式：　MEXIT

MEXIT 用于从宏定义中跳转出去。

4. MACRO、MEND

语法格式：

MACRO $　标号　宏名　$参数 1,$参数 2,…

指令序列

MEND

MACRO、MEND 伪指令可以将一段代码定义为一个整体,然后就可以在程序中通过宏指令多次调用该段代码。

还有一些其他的伪指令,在汇编程序中经常会被使用,主要包括 AREA、ALIGN、CODE16、CODE32、ENTRY、END、EXPOR(或 GLOBAL)IMPORT、EXTERN、GET(或 INCLUDE)INCBIN、RN、ROUT 等。

(五)其他常用的伪指令

1. AREA

语法格式:AREA　段名　属性 1,属性 2,……

AREA 伪指令用于定义一个代码段或数据段。其中,段名若以数字开头,则该段名需用"|"括起来,如|1_test| 。属性字段表示该代码段(或数据段)的相关属性,多个属性用逗号分隔。

2. ALIGN

语法格式:ALIGN{表达式{,偏移量}}

3. CODE16、CODE32

语法格式:CODE16(或 CODE32)

4. ENTRY

语法格式:ENTRY

5. END

语法格式:END

6. EXPORT(或 GLOBAL)

语法格式:EXPORT 标号{[WEAK]}

7. IMPORT

语法格式:IMPORT 标号{[WEAK]}

8. EXTERN

语法格式:EXTERN 标号{[WEAK]}

9. GET(或 INCLUDE)

语法格式:GET 文件名

10. INCBIN

语法格式:INCBIN 文件名

11. RN

语法格式:名称 RN 表达式

12. ADR

语法格式:ADR{cond} register,exper

ADR 指令将基于 PC 相对偏移的地址值加载到寄存器中。其中,register 为加载的目标寄存器,exper 为地址表达式。当地址值是非字对齐地址时,取值范围－255～255 字节之间;当地址是字对齐地址时,取值范围－1 020～1 020 字节之间。

13. ADRL

语法格式:ADRL{cond} register,expr

ADRL 指令将程序相对偏移或寄存器相对偏移地址加载到寄存器中。其中,register 为加载的目标寄存器。expr 为地址表达式。当地址值是非字对齐地址时,取值范围－64K～64K 字节之间;当地址值是字对齐地址时,取值范围－256K～256K 字节之间。

14. LDR

语法格式:LDR{cond} register,[expr | label_expr]

LDR 伪指令用于加载 32 位的立即数或一个地址值到指定寄存器。其中:register 为加载的目标寄存器,expr 为 32 位立即数,label_expr 为程序相对偏移或外部表达式。

15. NOP

语法格式:NOP

ARM 体系结构除了支持执行效率很高的 32 位 ARM 指令集以外,同时支持 16 位的 Thumb 指令集。Thumb 指令集是 ARM 指令集的一个子集,Thumb 指令集介绍可参考 S3C2410A 的中文用户手册。

四、ARM 的汇编语言结构

在 ARM 汇编语言程序中,以相对独立的指令或数据序列的程序段为单位组织程序代码。段可以分为代码段和数据段。代码段的内容为执行代码,数据段存放代码运行时需要用到的数据。一个汇编程序至少应该有一个代码段,也可以分割为多个代码段和数据段,多个段在程序编译链接时最终形成一个可执行文件。可执行文件通常由以下几部分构成:

(1)一个或多个代码段,代码段的属性为只读。

(2)零个或多个包含初始化数据的数据段,数据段的属性为可读写。

(3)零个或多个不包含初始化数据的数据段,数据段的属性为可读写。

下面介绍 ARM 汇编语言的语句格式。

1. 基本语句格式

ARM 汇编语言的语句格式为:

{标号}{指令或伪指令}　{;注释}

规则:

(1)如果一条语句太长,可将其分为若干行来书写,在行的末尾用续行符“\”来标识下一行与本行为同一条语句。

(2)每一条指令的助记符可以全部用大写,或全部用小写,但不能在一条指令中大、小写混用。

2. 汇编语言程序中常用的符号

在汇编语言程序设计中，可以使用各种符号代替地址、变量和常量等，以增加程序的可读性。以下为符号命名的约定：

(1)符号名不应与指令或伪指令同名。

(2)符号在其作用范围内必须唯一。

(3)符号区分大小写，同名的大小写符号被视为两个不同的符号。

(4)自定义的符号名不能与系统保留字相同。

3. 程序中的常量与变量类型

ARM 汇编程序所支持的常量与变量类型有逻辑型、数字型和字符串型。

(1)数字型一般为 32 位的整数，无符号数字型取值范围为 $0 \sim 2^{32}-1$，有符号数字型取值范围为 $-2^{31} \sim 2^{31}-1$。

(2)逻辑型只有两种取值：真或假。

(3)字符串型为一个字符串。

4. 程序中的变量代换

程序中的变量可通过代换操作取得一个常量。代换操作符为“$”。如果“$”在数字变量前面，编译器会将该数字变量的值转换为十六进制的字符串，并将该十六进制的字符串代换“$”后的数字变量。

5. 基于 Windows 下 ADS 的汇编语言程序结构

ADS 环境下的 ARM 汇编语言程序结构与其他环境下的汇编语言程序结构大体相同，整个程序也是以段为单元来组织代码。其语法规则总结如下：

(1)所有标号必须在一行的顶格书写，其后不要添加“:”号；

(2)所有的指令均不能顶格写；

(3)大小写敏感(可以全部大写或全部小写，但不能大小写混合使用)；

(4)注释使用分号“;”。

6. 基于 Linux 下 GCC 的汇编语言程序结构

Linux 下 GCC 的汇编语言结构是以程序段为单位来组织代码，但是在语言规则上与 ADS 环境下的 ARM 汇编语言规则有明显的区别。其语法规则总结如下：

(1)所有标号必须在一行的顶格书写，并且其后必须添加“:”号；

(2)所有的指令均不能顶格写；

(3)大小写敏感(不能大小写混合使用)；

(4)注释使用分号“@”(注释的内容由“@”号起到此行结束，注释可以在一行的顶格书写)。

第二节　嵌入式操作系统基础

一、嵌入式操作系统的特点

如今，嵌入式操作系统在嵌入式系统中广泛应用，尤其是在功能复杂、系统庞大的应用中显得愈来愈重要。在应用软件开发时，程序员不是直接面对嵌入式硬件设备，而是采用一些嵌入式软件开发环境，在操作系统的基础上编写程序。嵌入式操作系统本身是可以剪裁的，嵌入式系统外设、相关应用也可以配置，所开发的应用软件可以在不同的应用环境、不同的处理器芯片之间移植，软件构件可复用，有利于系统的扩展和移植。

二、嵌入式操作系统的功能

在嵌入式系统中工作的操作系统称为 EOS(Embedded Operating System)，EOS 的基本功能主要体现在构成一个易于编程环境和管理系统资源两个方面。EOS 把底层的硬件细节封装起来，为运行在它上面的软件提供了一个抽象的编程接口。软件开发在这个编程接口之上进行，而不直接与机器硬件层打交道；EOS 又是系统资源的管理者，负责管理系统当中的各种软硬件资源，如处理器、内存、各种 I/O 设备、文件和数据等，使得整个系统能够高效、可靠地运行。

三、嵌入式系统的设备驱动

嵌入式系统的设备驱动层用来完成嵌入式系统硬件设备所需要的一些软件初始化和管理。设备驱动层直接对硬件进行管理和控制，并为上层软件提供所需的驱动支持。

1. 板级支持包

设备驱动层也称为 BSP(Board Support Package，板级支持包)，在 BSP 中把所有与硬件相关的代码都封装起来，为操作系统提供一个虚拟的硬件平台，操作系统运行在这个虚拟的硬件平台上。在 BSP 当中，使用一组定义好的编程接口来与 BSP 进行交互，并通过 BSP 来访问真正的硬件。在嵌入式系统中，BSP 类似于 PC 系统中的 BIOS 和驱动程序。BSP 把嵌入式操作系统与具体的硬件平台隔离开来。

2. Bootloader

对于 PC 机，其开机后的初始化处理器配置、硬件初始化等操作是由 BIOS(Basic Input / Output System)完成的，但对于嵌入式系统来说，出于经济性、价格方面的考虑一般不配置 BIOS，因此，我们必须自行编写完成这些工作的程序，这就是所需要的开机程序。而在嵌入式系统中，通常并没有像 BIOS 那样的固件程序，启动时用于完成初始化操作的这段代码被称为 Bootloader 程序，因此整个系统的加载启动任务就完全由 Bootloader 来完成。通过这段程序，可以初始化硬件设备、建立内存空间的映射图，从而将系统的软硬件环境设定在一个合适的状态，以便为最终调用操作系统内核、运行用户应用程序准备好正确的环境。Bootloader 依赖于实际的硬件和应用环境，因此要为嵌入式系统建立一个通用、标准的 Bootloader 是非常困难的。Bootloader 也依赖于具体的嵌入式板级设备的配置。

系统加电复位后，几乎所有的 CPU 都从由复位地址上取指令，通常都从地址 0x00000000 处取它的第一条指令。而以微处理器为核心的嵌入式系统通常都有某种类型的固态存储设备(比如 EEPROM、FLASH 等)被映射到这个预先设置好的地址上。因此在系统加电复位后，处理器将首先执行存放在复位地址处的程序。通过集成开发环境可以将 Bootloader 定位在复位地址开始的存储空间内，因此 Bootloader 是系统加电后、操作系统内核或用户应用程序运行之前首先必须运行的一段程序代码。对于嵌入式系统来说，有的使用操作系统，也有的不使用操作系统，比如功能简单仅包括应用程序的系统，但在系统启动时都必须执行 Bootloader，为系统运行准备好软硬件运行环境。

系统的启动通常有两种方式：一种是可以直接从 Flash 启动，另一种是可以将压缩的内存映像文件从 Flash（为节省 Flash 资源、提高速度）中复制、解压到 RAM，再从 RAM 启动。当电源打开时，一般的系统会去执行 Flash 里面的启动代码。这些代码是用汇编语言编写的，其主要作用在于初始化 CPU 和板上的必备硬件，如内存、中断控制器等。有时候用户还必须根据自己板子的硬件资源情况作适当的调整与修改。

系统启动代码完成基本软硬件环境初始化后，对于有操作系统的情况下，启动操作系统、启动内存管理、任务调度、加载驱动程序等，最后执行应用程序或等待用户命令。

启动代码是用来初始化电路以及用来为高级语言写的软件作好运行前准备的一小段汇编语言，在商业实时操作系统中，启动代码部分一般被称为板级支持包，英文缩写为 BSP。它的主要功能就是：电路初始化和为高级语言编写的软件运行作准备。主要的过程如下：

(1)启动代码的第一步是设置中断和异常向量。

(2)完成系统启动所必需的最小配置，某些处理器芯片包含一个或几个全局寄存器，这些寄存器必须在系统启动的最初进行配置。

(3)设置看门狗，用户设计的部分外围电路如果必须在系统启动时初始化，就可以放在这一步。

(4)配置系统所使用的存储器，包括 Flash、SRAM 和 DRAM 等，并为他们分配地址空间。如果系统使用了 DRAM 或其他外设，就需要设置相关的寄存器，以确定其刷新频率、数据总线宽度等信息，初始化存储器系统。有些芯片可通过寄存器编程初始化存储器系统，而对于较复杂系统通常集成有 MMU 来管理内存空间。

(5)为处理器的每个工作模式设置栈指针，ARM 处理器有多种工作模式，每种工作模式都需要设置单独的栈空间。

(6)变量初始化，这里的变量指的是在软件中定义的已经赋好初值的全局变量，启动过程中需要将这部分变量从只读区域，也就是 Flash 拷贝到读写区域中，因为这部分变量的值在软件运行时有可能重新赋值。还有一种变量不需要处理，就是已经赋好初值的静态全局变量，这部分变量在软件运行过程中不会改变，因此可以直接固化在只读的 Flash 或 EEPROM 中。

(7)数据区准备，对于软件中所有未赋初值的全局变量，启动过程中需要将这部分变量所在区域全部清零。

(8)最后一步是调用高级语言入口函数，比如 main 函数等。

3. 设备驱动程序

在一个嵌入式系统中，设备驱动程序是一组库函数，用来对硬件进行初始化和管理，并向上层软件提供访问接口。不同功能的硬件设备，它们的设备驱动程序是不同的。但大多数的设备驱动程序都具有硬件启动、硬件关闭、硬件停用、硬件启用、读操作、写操作等基本功能，设备驱动程序通常可以完成一些特定的功能，这些功能一般采用函数的形式来实现。

第三节　常见的嵌入式操作系统简介

嵌入式系统是以应用为中心、以计算机技术为基础、软件硬件可裁剪、适应应用系统对功能、可靠性、成本、体积、功耗严格要求的专用计算机系统。一般而言，嵌入式系统是软件和硬件的综合体。因此移植一个适用的嵌入式操作系统到硬件平台上就很关键。操作系统性能的高低，一定程度上决定了嵌入式系统性能的优劣。当前，嵌入式操作系统琳琅满目，种类众多，比如 μC/OS－Ⅱ、Linux、Windows CE、VxWorks 等。

1. μC/OS－Ⅱ

嵌入式操作系统 μC/OS－Ⅱ是源代码公开的实时性较强的内核，是专为嵌入式内核设计的，可用于 8 位、16 位和 32 位的微处理器。μC/OS－Ⅱ经过了近十年的使用实践检验，并且作了许多重大改进与升级，有众多成功应用该实时内核的实例。

μC/OS－Ⅱ源代码公开，可移植性强，绝大部分源代码是用 C 语言写的，可以很容易地把操作系统移植到各个不同的硬件平台上；可固化、可裁剪性强，可以选择需要的系统服务，裁掉其他代码，减少所需的存储空间；多任务，最多可管理 64 个任务，但任务的优先级不能相同；占先式的实时内核，即总是运行就绪条件下优先级最高的任务；可确定性好，函数调用与服务的执行时间具有其可确定性，不依赖于任务的多少；实用性和可靠性强。但是由于 μC/OS－Ⅱ仅是一个实时内核，并没有相应的 API 接口提供给用户，使用该系统，用户还需要完成许多软件开发工作，并且它只适合小系统应用。

2. 嵌入式 Linux

嵌入式 Linux(Embedded Linux)是指对标准 Linux 进行小型化剪裁处理之后，可固化在存储器或单片机中。常见的嵌入式 Linux 有 μClinux、RT－Linux、Embedix 和 Hard Hat Linux 等，具有如下特点：

●源代码公开并且遵循 GPL 协议，具有高性能、可裁剪的内核，其独特的模块机制使用户可以根据自己的需要，实时地将某些模块插入到内核或从内核中移走，很适合嵌入式系统的小型化的需要。

●具有完善的网络通信和文件管理机制，支持所有标准的 Internet 网络协议，支持 ext2，fat16，fat32，romfs 等文件系统。

●可提供完整的工具链，利用 GNU 的 gcc 作编译器，用 gdb，kgdb，xgdb 作调试工具，能够方便地实现从操作系统到应用软件各个级别的调试。

●支持 x86、ARM、MIPS、Alpha、PowerPC 等多种体系结构，支持各种主流硬件设备和最新硬件技术。

●几乎每一种通用程序在 Linux 上都能找到，具有丰富的软件资源。

3. Windows CE

Windows CE 是一个基于优先级的多进程嵌入式操作系统，提供了 256 个优先级别，支持 Win32API 子集、支持多种用户界面、支持多种串行和网络通信技术。

Windows CE 主要包含内核模块、内核系统调用接口模块、文件系统模块、图形窗口和事件子系统模块以及通信模块 5 个功能模块。其中：内核模块支持进程和线程处理及内存管理等基本服务。内核系统调用接口模块允许应用软件访问操作系统提供的服务。文件系统模块支持 DOS 等格式的文件系统。图形窗口和事件子系统模块控制图形显示，并提供 Windows GUI 图形界面。通信模块允许同其他的设备进行信息交换。

Windows CE 操作系统能提供与 PC 机类似的桌面、任务栏、窗口、图标、控件等图形界面和各种应用程序。另外，微软公司提供了 Visual Studio. NET、Embedded Visual C＋＋、Embedded Visual Basic 等一组功能强大的应用程序开发工具，专门用于对 Windows CE 操作系统的开发。

第四节　嵌入式系统的进程管理

一、进程的基本概念

进程是在描述多道系统中并发活动过程引入的一个概念。进程是一个动态的过程，它具有以下的几个特征：

(1)动态性。动态性是进程的最基本的特征。而程序是静态的，是存放在介质上的一组有序指令的集合，无运动的含义。

(2)并发性。并发性是进程的重要特征，同时也是操作系统的重要特征。并发性指多个进程实体同存于内存中，能在一段时间内同时运行，而程序不能并发执行。

(3)独立性。进程是一个能独立运行的基本单位，即是一个独立获得资源和独立调度的单位，而程序不作为独立单位参加运行。

(4)异步性。进程按各自独立的不可预知的速度向前推进，即进程按异步方式进行，正是这一特征导致了程序执行的不可再现性，因此操作系统必须采取措施来限制各进程推进序列，以保证各进程序间协调运行。

(5)结构特征。从结构上，进程实体由程序段、数据段和进程控制块三部分组成。

二、进程的基本状态及其转换

正是因为进程是一个程序的活动，是一个动态的执行过程，所以其所处的状态是在不断发生变化的，其基本状态有 3 种：

(1)运行态。指进程正在处理器上执行时的状态；

(2)就绪态。指进程获得了除处理器以外的一切所需资源，一旦获得处理器即可立刻投入运行的状态；

(3)阻塞态。指进程正在处理器上运行时，由于等待暂时无法获得的资源或暂时没有发生的事件，从而无法继续推进，进而暂时退出处理器后所处的等待资源或事件的状态。此时即使把处理器分配给处于等待态的进程，这些进程也无法得以运行，因为它们还没有具备再次投入处理器运行的条件。

进程在系统中的 3 种基本状态是可以相互转换的，其基本状态的转换如图 7-1 所示。

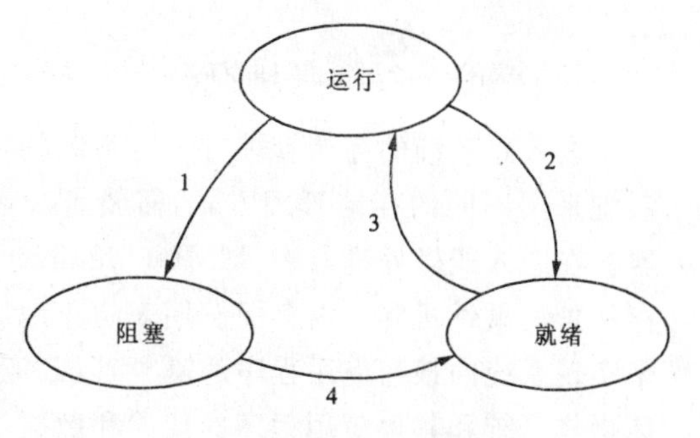

图 7-1　进程的状态转换图

(1)运行态→阻塞态。处于运行态的进程在运行过程中需要等待某一事件发生后，才能继续运行，则该进程放弃处理器，从运行态转换为阻塞态。

(2)运行态→就绪态。处于运行态的进程在其运行过程中，因分给它的处理器时间片已用完，而不得不让出处理器，该进程便由运行态转换为就绪态。

(3)就绪态→运行态。当处理器空闲时，进程调度程序必将其分配给一个处于就绪态的进程，该进程便由就绪态转换为运行态。

(4)阻塞态→就绪态。处于阻塞态的进程，若其等待的事件已经发生，该进程便由阻塞态转换为就绪态。

一个进程就是在这 3 种状态的不断转换过程中，直至运行结束的。

三、进程的结构与进程控制块

进程由 3 部分组成：程序、数据和进程控制块(PCB)。为了表示一个进程的存在，每一个进程都有一个进程控制块，可以说进程控制块是进程存在的唯一标识，操作系统就是通过进程控制块感知进程的存在、控制进程的运行的。进程控制块包含以下 4 类信息：

(1)标识信息。用于标识一个进程，如进程名称等。

(2)说明信息。用于说明一个进程，如进程的状态、等待原因等。

(3)现场信息。用于保留进程在运行态时存放在处理器中的各种信息，如通用寄存器、控制寄存器的内容、程序状态字等。

(4)管理信息。主要用于组织和调度进程，如进程的优先级、调度用的队列指针等。

进程控制块在物理上其实是操作系统在内存中组织的一组数据的集合，一般被存放在一块连续的内存空间。一个进程就是由这个进程的进程控制块及其所对应的程序和数据所构成的。进程控制块用于指出进程运行时所需的程序，组织和指出进程所操作的数据，记录进程执行情况，记录进程让出处理器后所处的状态、断点信息，指出进程的优先级别以供系统调度使用。

四、进程调度

当有两个或多个进程同时处于就绪状态，而系统中只有一个 CPU，而且这个 CPU 已经空闲下来了时，就会出现多个进程同时去竞争这个 CPU 的情况。通常利用调度器选择就绪队列中的一个进程去运行，调度器是 CPU 这个资源的管理者。调度器在决策过程中所采用的算法称为调度算法。进程调度算法有先来先服务算法、时间片轮转算法、优先级算法和实时系统调度等。

第五节　嵌入式系统的存储管理

一、嵌入式存储管理方式的特点

嵌入式系统的存储管理方式与系统的实际应用领域及硬件环境密切相关，不同的嵌入式系统采用不同的存储管理方式，需要考虑硬件条件、实时性要求、系统规模、可靠性要求等因素。在嵌入式微处理器中，MMU(Memory Management Unit，存储管理单元)提供了一种内存保护的硬件机制。内存保护用来防止地址越界和防止操作越权。操作系统通常利用 MMU 来实现系统内核与应用程序的隔离，以及应用程序与应用程序之间的隔离，防止应用程序去破坏操作系统和其他应用程序的代码和数据，防止应用程序对硬件的直接访问。

二、存储管理的实模式与保护模式

实模式和保护模式是嵌入式操作系统中常见的两个存储管理方式。

1. 实模式存储管理

在实模式存储管理方式中，整个系统只有一个地址空间，即物理内存地址空间；应用程序和系统程序都能直接对所有的内存单元进行随意访问，无须进行地址映射；操作系统的内核与外围应用程序在编译连接后，两者通常被集成在同一个系统文件中；系统中的进程是内核线程，只有运行上下文和栈是独享的，其他资源都是共享的。

在实模式存储管理方式中，系统的内存地址空间一般可以分为 text、data、bss、堆、栈 5 个部分。其中：. text：(代码段)用来存放操作系统和应用程序的所有代码。. data：(数据段)用来存放操作系统和应用程序当中所有带有初始值的全局变量。. bss：用来存放操作系统和应用程序当中所有未带初始值的全局变量。堆为动态分配的内存空间，在系统运行时，可以通过类似于 malloc/free 之类的函数来申请或释放一段连续的内存空间。栈用来保存运行上下文以及函数调用时的局部变量和运行参数。

2. 保护模式存储管理

在保护模式存储管理方式中，微处理器必须具有 MMU 硬件并启用它。在保护模式存储管理方式中，系统内核和用户程序有各自独立的地址空间，操作系统和 MMU 共同完成逻辑地址到物理地址的映射；每个应用程序只能访问自己的地址空间，对于共享的内存区域，也必须按照规定的权限规则来访问，具有存储保护功能。

三、地址映射

(一)物理地址和逻辑地址

地址映射涉及到物理地址和逻辑地址两个基本概念。

1. 物理地址

物理地址也叫内存地址或实地址。将系统内存分割成很多个大小相等的存储单元，如字节或字，每个单元给它一个编号，这个编号就称为物理地址。操作时只有通过物理地址，才能对内存单元进行直接访问。物理地址的集合就称为物理地址空间，或者内存地址空间。物理地址是一个一维的线性空间，例如，一个内存的大小为 64KB，那么它的内存地址空间是从 0x0 到 0x0FFFF。

2. 逻辑地址

逻辑地址也叫相对地址或虚地址。用户的程序经过汇编或编译后形成目标代码，而这些目标代码通常采用的就是相对地址的形式，其首地址为 0，其余指令中的地址都是相对于这个首地址来编址的。显然，逻辑地址和物理地址是完全不同的，不能用逻辑地址来直接访问内存单元。因此，系统在装入一个用户程序后，需要将用户程序中的逻辑地址转换为运行时由机器直接寻址的物理地址，这个过程就称为地址映射。

(二)地址映射方式

地址映射是由存储管理单元 MMU 来完成的。当一条指令在 CPU 当中执行时，在需要访问内存时，CPU 就发送一个逻辑地址给 MMU，MMU 负责把这个逻辑地址转换为相应的物理地址,并根据这个物理地址去访问内存。地址映射主要有静态地址映射和动态地址映射两种方式。

采用静态地址映射方式时,用户程序在装入之前,代码内部使用的是逻辑地址。当用户程序被装入内存时,直接对指令代码进行修改,一次性地由一个加载程序来完成装入及地址转换的过程,将所有的逻辑地址都转换成了物理地址。

采用动态地址映射方式时,当用户程序被装入内存时,不对指令代码作任何修改,而是在程序的运行过程中,当它需要访问内存单元的时候,再来进行地址转换。地址转换一般是由硬件的地址映射机制来完成的,一般是设置一个基地址寄存器,当一个任务被调度运行时,就把它所在分区的起始地址装入到这个寄存器中。然后,在程序的运行过程中,当需要访问某个内存单元时,硬件就会自动地将其中的逻辑地址加上基地址寄存器当中的内容,从而得到实际的物理地址,并按照这个物理地址去执行。

四、页式存储管理

页式存储管理方式打破存储分配的连续性,一个程序的逻辑地址空间可以分布在若干个离散的内存块上,以达到提高内存利用率的目的。

在页式存储管理方式上,一方面,把物理内存划分为许多个固定大小的内存块,称为物理页面;另一方面,把逻辑地址空间也划分为大小相同的块,称为逻辑页面。页面的大小为 2^n,一般在 512 个字节到 8KB 之间。当一个用户程序被装入内存时,不是以整个程序为单位,把它存放在一整块连续的区域中,而是以页面为单位来进行分配的。对于一个大小为 N 个页面的程序,需要有 N 个空闲的物理页面,这些物理页面可以是不连续的。

在页式存储管理方式中,当一个任务被加载到内存后,连续的逻辑地址空间被划分为一个个的逻辑页面,这些逻辑页面被装入到不同的物理页面当中。在这种情况下,为了保证程序能够正确地运行,需要把程序中使用的逻辑地址转换为内存访问时的物理地址,完成地址映射。

地址映射是以页面为单位来进行处理的。在进行地址映射时,首先分析逻辑地址,对于给定的一个逻辑地址,找到它所在的逻辑页面,以及它在页面内的偏移地址;然后进行页表查找,根据逻辑页面号,从页表中找到它所对应的物理页面号;最后进行物理地址合成,根据物理页面号及页内偏移地址,确定最终的物理地址。

应注意的是,采用页式存储管理方式,程序必须全部装入内存,才能够运行。如果一个程序的规模大于当前的空闲空间的总和,那么它就无法运行。

五、虚拟页式存储管理

在操作系统的支持下,MMU 还可以提供虚拟存储功能,即使一个任务所需要的内存空间超过了系统所能提供的内存空间,也能够正常运行。

虚拟页式存储管理就是在页式存储管理的基础上,增加了请求调页和页面置换的功能。在虚拟页式存储管理方式中,当一个用户程序需要调入内存去运行时,不是将这个程序的所有页面都装入内存,而是只装入部分的页面,就可以启动这个程序去运行。在运行过程中,如果发现要执行的指令或者要访问的数据不在内存当中,就向系统发出缺页中断请求,然后系统在处理这个中断请求时,就会将保存在外存中的相应页面调入内存,从而使该程序能够继续运行。系统在处理缺页中断时,需要调入新的页面。如果此时内存已满,就要采用某种页面置换算法,从内存中选择某一个页面,把它置换出去。常用的页面置换算法包括:最优页面置换算法、最近最久未使用算法、最不常用算法、先进先出算法和时钟页面置换算法。

第六节　输入/输出(I/O)设备管理

一、I/O 编址

在嵌入式系统中,存在着键盘、液晶显示器、触摸屏、A/D 转换器、D/A 转换器等各种类型的输入/输出(I/O)设备。一个 I/O 单元中都会有控制寄存器、状态寄存器和数据寄存器等一些寄存器,用来与 CPU 进行通信。通过往这些寄存器当中写入不同的值,操作系统就可以命令 I/O 设备去执行数据发送与接收数据、打开与关闭、查询 I/O 设备的当前状态等各种操作。被 CPU 访问的一个 I/O 单元中寄存器主要采用 I/O 独立编址和内存映像编址形式。

1. I/O 独立编址

在 I/O 独立编址方式中,给设备控制器中的每一个寄存器,分配一个唯一的 I/O 端口地址,然后采用专门的 I/O 指令来对这些端口进行操作。这些端口地址所构成的地址空间是完全独立的,与内存的地址空间没有任何关系,I/O 设备不会去占用内存的地址空间,而且在编写程序时,采用不同的指令形式区分内存访问和 I/O 端口访问。

2. 内存映像编址

在内存映像编址方式中,把设备控制器当中的每一个寄存器都映射为一个内存单元,这些内存单元专门用于 I/O 操作,而不能作为普通的内存单元来使用。端口地址空间与内存地址空间是统一编址的,端口地址空间是内存地址空间的一部分,无须专门的 I/O 指令。

二、I/O 控制方式

I/O 设备的控制方式主要有程序循环检测、中断和直接内存访问 3 种形式。

采用程序循环检测方式的 I/O 设备驱动程序,在 I/O 操作的整个过程中,控制 I/O 设备的所有工作都是由 CPU 来完成的,一直占用着 CPU,浪费 CPU 的时间。采用中断方式时,当一个用户任务需要进行 I/O 操作时,CPU 会去调用一个对应的系统函数启动 I/O 操作,然后 CPU 执行调度其他的任务。当所需的 I/O 操作完成时,相应的 I/O 设备就会向 CPU 发出一个中断,如果还有数据需要处理,就再次启动 I/O 操作。在中断驱动方式下,数据的每一次读写还是通过 CPU 来完成,只不过当 I/O 设备在进行数据处理时,CPU 不必在那里等待,而是可以去执行其他任务。在直接内存访问方式(DMA)中,采用 DMA 控制器来代替 CPU,完成 I/O 设备与内存之间的数据传送,从而空出更多的 CPU 时间,去运行其他的任务。

习题与思考题

(1)举例说明 ARM 处理器有哪几种基本寻址方式。

(2)ARM 指令集包含有哪些类型的指令?

(3)简述指令格式及各项的含义。

(4)举例说明 ARM 存储器访问指令功能。

(5)举例说明 ARM 数据处理指令功能。

(6)举例说明 ARM 跳转指令功能。

(7)举例说明 ARM 杂项指令功能。

(8)嵌入式软件有哪些特点?

(9)简述 BootLoader 的功能。

(10)简述嵌入式操作系统的概念。

(11)简述嵌入式 Linux 的功能与特点。

(12)简述 Windows CE 的功能与特点。

(13)简述进程的基本概念。

(14)简述嵌入式存储管理方式的特点。

第八章　单片机及嵌入式系统应用

单片机及嵌入式系统的应用十分广泛，涉及到国民经济的各个领域，小到智力玩具芯片，大到航空、航天控制器，到处都可以看到它们的身影。本章主要介绍单片机及嵌入式系统的相关应用。

第一节　单片机控制步进电机

在工业控制中，大都会遇到需要控制机械部件作各种运动的问题。为了驱动机械部件的运动，通常可以采用交流电机、直流电机或步进电机为动力元件，但以步进电机最适合于数字控制。随着微计算机应用技术的推广，用微计算机产生各种步进脉冲驱动步进电机去达到各种控制目的已屡见不鲜。在要求精确定位的应用场合尤其如此。因此，在设计微计算机工业控制系统时，微计算机与步进电机的接口是一个经常遇到的问题。本节将在简单扼要地介绍步进电机工作原理的基础上，阐明步进电机与单片机的接口方法。

一、步进电机控制工作原理

图 8-1 是一个三相步进电机的控制原理框图，控制电路由脉冲分配器和驱动电路组成。控制电路有两个输入信号：步进脉冲和方向控制信号。每输入一个步进脉冲，步进电机就转过一个固定的角度（例如 3°或 1.5°），这个角度称为步距角。至于是顺时针转动还是逆时针转动，则由方向控制端的逻辑电平决定，例如高电平为顺时针转动。步进脉冲经脉冲分配器形成三相的步进控制信号，并由驱动电路对这种步进控制信号进行功率放大之后激励步进电机的 3 个励磁绕组，使步进电机运转。只要连续给步进电机提供步进脉冲，步进电机就会一步一步连续地旋转，而且输入的步进脉冲频率越高，步进电机就旋转得越快。但是必须注意，步进脉冲的最高频率是受步进电机的最高工作频率限制的，一般在几百 Hz 到几万 Hz 的范围内。

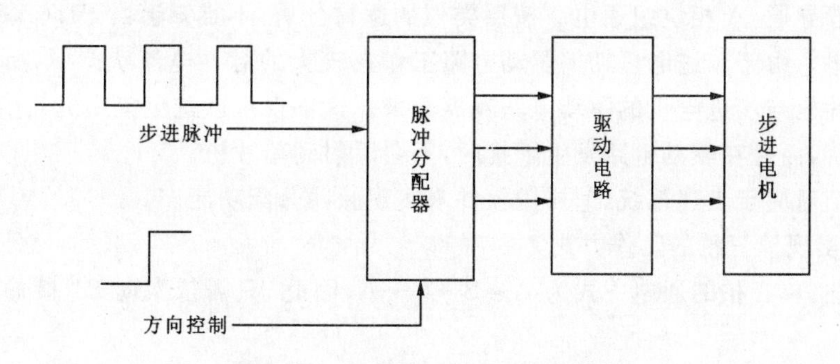

图 8-1　步进电机控制电路框图

二、步进电机的基本运行方式

在步进电机的控制电路中，脉冲分配器的任务是将输入的步进脉冲以一定的方式分配给步进电机的A、B、C各相励磁绕组，即使得A、B、C三个绕组以一定的方式轮流通电。不同的通电方式得到不同的步进电机的运行方式。下面介绍步进电机两种常用的运行方式。

1. 三相三拍运行方式(又称单三拍)

如果A、B、C三相绕组按A→B→C→A(正转)的顺序依次通电，或者按A→C→B→A(反转)的顺序依次通电，在这种方式中，通常每一次通电使电机转过3°。要经过3次通电才能完成一个通电循环，这就是“三拍”的意思。

2. 三相六拍运行方式

如果A、B、C三相绕组按A→AB→B→BC→C→CA→A(正转)的顺序依次通电，或者按A→AC→C→CB→B→BA→A(反转)的顺序依次通电，则步进电机就处于三相六拍的运行方式。在这种方式中，通常步进电机每一步转过1.5°，要经过6次通电才完成一个通电循环，这就是“六拍”的意思。

三、步进电机与单片机的接口

根据上述的步进电机的控制原理，至少可以得到步进电机与单片机连接的两种方案。

(一)由硬件实现脉冲分配功能的方案

在这种方案中，脉冲分配器、驱动电路由硬件实现，单片机只提供步进脉冲和正、反转控制信号。步进脉冲的产生、停止、频率和个数都可以用软件来控制。单片机输出步进脉冲后再由脉冲分配器按事先确定的顺序控制各相的通、断。一般来说，硬件一旦确定下来了，步进电机的运行方式也就确定了。这种脉冲分配电路可以自行设计，也有专用芯片出售。所以这种方案的灵活性差，硬件成本高，应用受到了限制。通常脉冲分配用软件来实现。

(二)由软件实现脉冲分配器功能的方案

此时，硬件的主要任务是完成驱动功能。

图8-2表示了用单片机控制了步进电机的一种接口方案。图中用P1的P1.0、P1.1、P1.2分别控制步进电机的A相、B相、C相。以A相为例，其控制过程是这样的：

当P1.0输出为1时，光电耦合器的发光二极管不发光，因此光敏三极管截止，使负担驱动任务的三极管导通，A相绕组通电。按照类似的逻辑分析，不难知道当P1.0输出为0时使A相绕组不通电。由于步进电机功率驱动电路工作在较大的脉冲电流状态下，所以采用了光电耦合器将单片机与步进电机的驱动电路隔离开来。这不仅可以避免单片机与步进电机功率回路的共地干扰，而且在驱动电路发生干扰时，不会反射到单片机。

下面介绍对应于上述系统，怎样用软件来实现脉冲分配功能。

1. 软件实现单三拍的工作方式

如前所述，单三拍的通电方式为A→B→C→A，因此，只需依次向P1口输入如下控制字即可：

P1.2	P1.1	P1.0
(C)	(B)	(A)

0	0	1	(01H)A 相通电
0	1	0	(02H)B 相通电
1	0	0	(04H)C 相通电

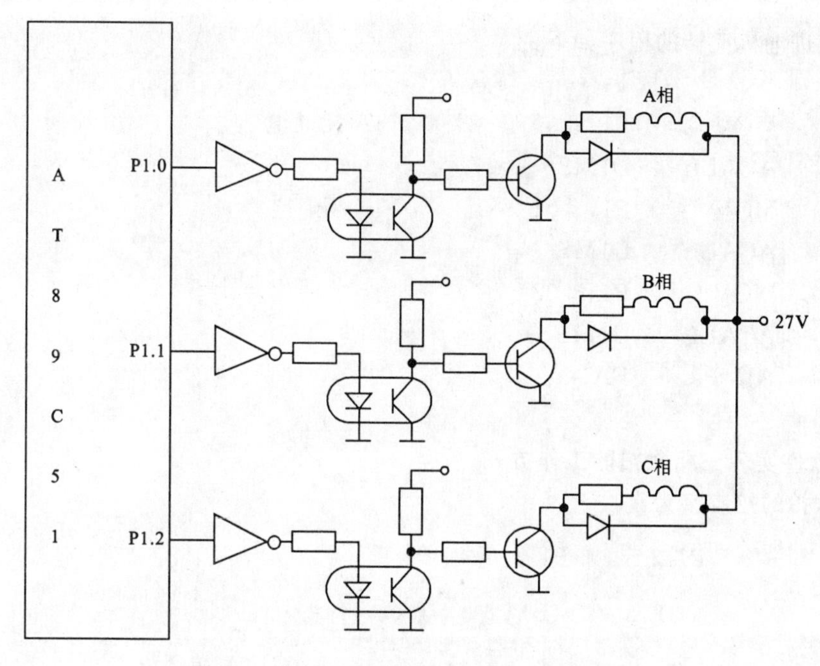

图 8-2　单片机控制步进电机接口电路示意图

因为单片机的运行速度很快，而步进电机的响应速度慢，这就要求单片机发出一个脉冲后，用软件延时一段时间再发下一个脉冲。中间延时的时间越长，步进电机运行速度越慢；中间延时的时间越短，步进电机运行速度越快。假定要求时间间隔为 1ms，则控制电机按三相三拍正转的程序如下：

```
ZHEN:  MOV    P1 ,#01        ;A 相通电
       ACALL  D1MS           ;延时 1ms
       MOV    P1 ,#02        ;B 相通电
       ACALL  D1MS
       MOV    P1 ,#04        ;C 相通电
       ACALL  D1MS
       ATMP   ZHEN           ;反复循环
```

延时 1ms 子程序为：

```
D1MS:  MOV    R7 #64H        ;延时 1ms 子程序
D1MS1: NOP                   ;2μs
       NOP
```

```
        NOP
        DJNZ     R7,D1MS          ;4μs
        RET
```

控制步进电机反转的程序如下：

```
FAN：   MOV      P1,#01           ;A 相通电
        ACALL    D1MS
        MOV      P1,#04           ;C 相通电
        ACALL    D1MS
        MOV      P1,#02           ;B 相通电
        ACALL    D1MS
        AJMP     FAN
```

2. 用软件实现三相六拍的工作方式

三相六拍的控制字为：

P1.2 (C)	P1.1 (B)	P1.0 (A)	
0	0	1	(01H)A 相通电
0	1	1	(03H)AB 相通电
0	1	0	(02H)B 相通电
1	1	0	(06H)BC 相通电
1	0	0	(04H)C 相通电
1	0	1	(05H)CA 相通电

其运行程序与三相三拍相仿，读者可自行编制。

由于三相六拍运行方式可以获得较小的步距角，是原步距角的一半，且运行平稳，故此种运行方式常被用在要求定位精度较高的场合。

从上面所述不难看出，对步进电机的控制，实质上归结为对步进脉冲个数(与定位的位置和位移的距离控制有关)和对步进脉冲之间的时间间隔(与步进电机的转速有关)的控制，而时间间隔又可转化为对某个基准延时子程序的循环次数。因此得出的结论是：可以很方便地用软件来控制步进电机的运行，可以达到各种控制目的。在实际控制步进电机的时候，还会涉及到其他一些技术问题。例如，一个重要的技术问题就是如何不失步地启动和停止步进电机，这实际上是如何控制步进电机的加速和减速的运行过程的问题。读者可参考其他相关资料。

第二节　嵌入式系统在数控机床中的应用

本节介绍一种基于 ARM 的实用加工中心数控系统,该系统采用 ARM 主控制器＋DSP 运动控制芯片来进行前后台控制。该设计方案保证和满足了数控系统的经济性和实时性、高精度、高可靠性等要求。

一、数控系统的硬件设计

1. 数控系统硬件的总体电路

数控系统以 S3C2410 处理器为核心的板卡构成上位机,用于键盘、显示、外部通讯等管理工作;以运动控制芯片 MCX314 和 CPLD 芯片 LCMXO640 组成的板卡为下位机,用于根据上位机的命令和数据进行计算和处理,然后输出控制脉冲,并反馈外部开关量信号。硬件的总体电路框图如图 8-3 所示。

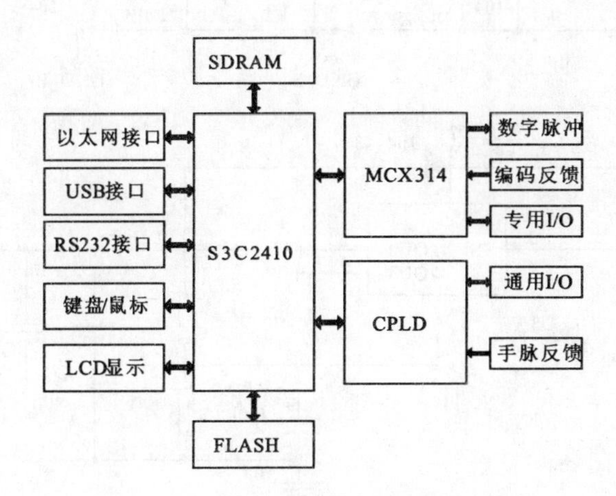

图 8-3　数控系统硬件的总体电路框图

2. 电源电路

数控系统中 S3C2410、MCX314AL 以及外围芯片都需要 3.3V 电源,S3C2410 的内核需要 1.8V 电源,手摇脉冲编码器需要 12V 电源。选用 LM7805 将 12V 转换为 5V,选用 LMS1587 将 5V 转换为 3.3V,选用 LM1117 将 3.3V 转换为 1.8V。电源电路如图 8-4 所示。

3. 通讯电路

在系统的调试运行中,需要串口打印各种信息实时监控,需要 JTAG 接口下载 BootLoader,需要 USB 接口接入外设下载 WinCE 映像文件,因此在系统设计中要实现这些基本的通讯方式。

通讯电路以 USB 接口电路设计为例,S3C2410 处理器内部有集成 USB 控制器,系统中采用两种 USB 接口,其中主控 USB 接口用于连接 USB 鼠标和 U 盘;而设备 USB 接口则用于下载应用程序以及系统的同步接口。系统需要多个主控 USB 接口,采用 AU9254A21 芯片将 HOST 接口一分为四,可以很好地满足需求。USB 接口电路如图 8-5 所示。

4. 运动控制接口电路

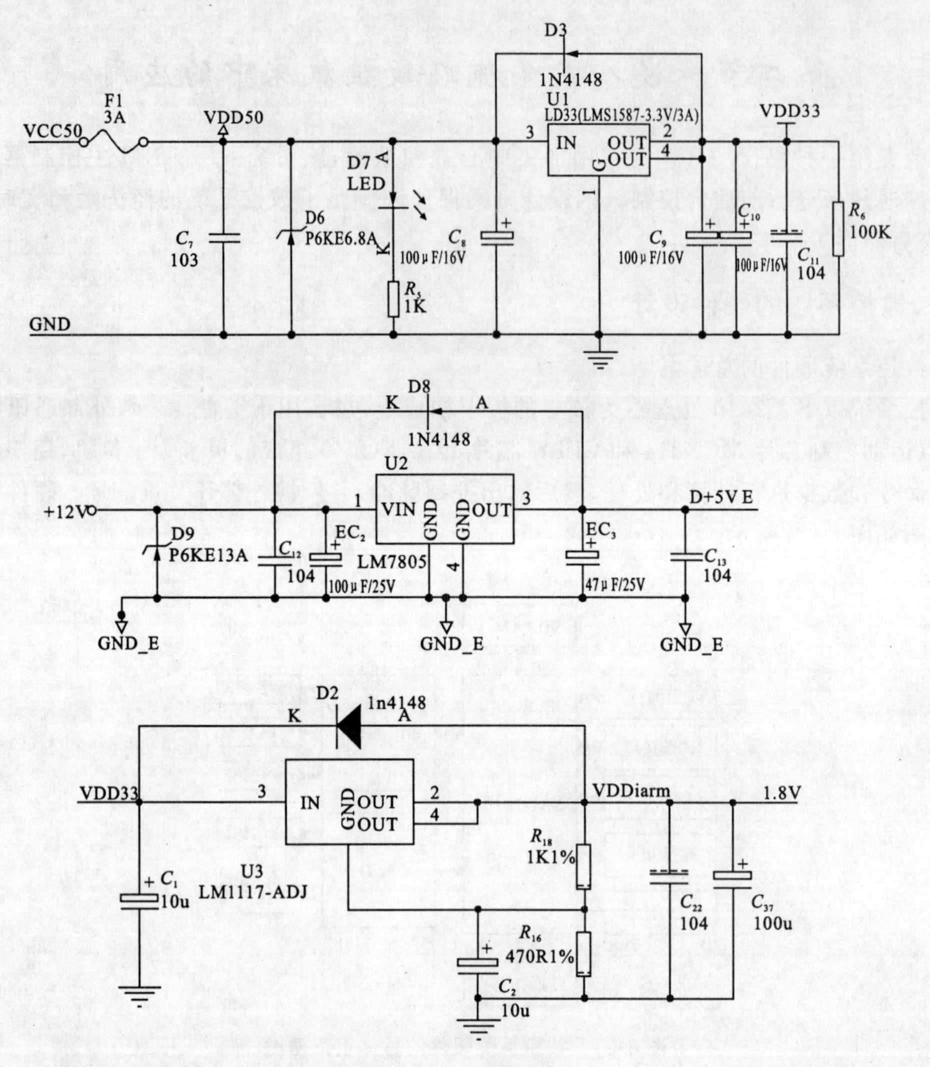

图 8－4　电源电路

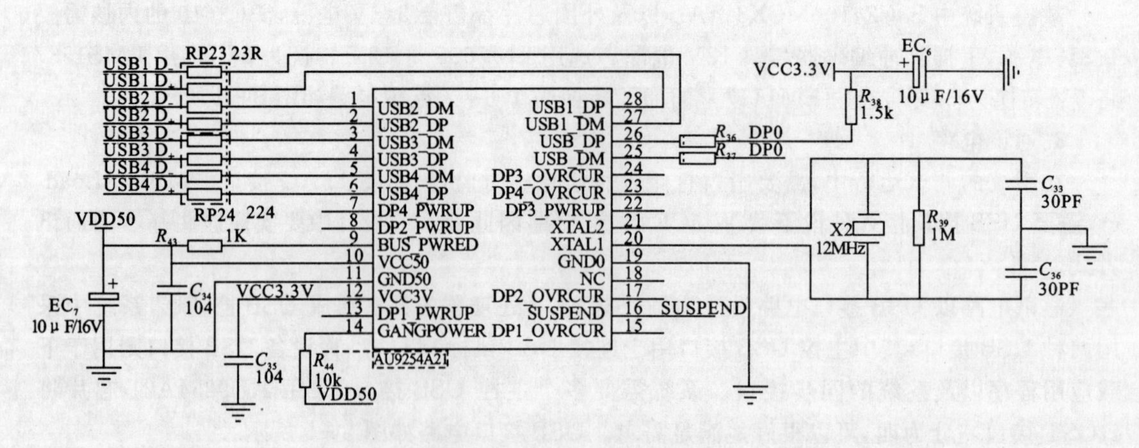

图 8－5　USB 接口电路

运动控制接口电路采用 NOVA 公司 MCX314 芯片，MCX314 是一款能够同时控制 4 个伺服马达或步进马达的运动控制芯片。它以脉冲串形式输出，能对伺服马达和步进马达进行位置控制、硬件插补驱动、速度控制等。其所有功能都可由内部的寄存器控制，通过读写命令、数据和状态等寄存器，可实现直线、圆弧、位模式的轨迹插补，并且可以对各轴电机的位置、速度、加速度进行控制和实时监控，输出脉冲频率最高达 4MHz。运动控制接口电路框图如图 8-6 所示。

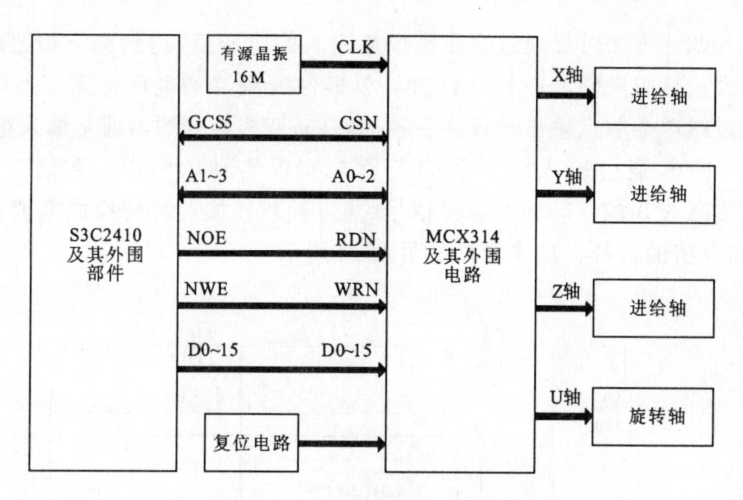

图 8-6　运动控制接口电路框图

5. 输入/输出扩展电路

输入/输出扩展电路采用 Lattice 公司的 LCMXO640 芯片，扩展 S3C2410 的输入/输出控制接口。数控系统采用 CPLD 扩展 16 个输入口和 16 个输出口。输入/输出扩展电路框图如图 8-7 所示。

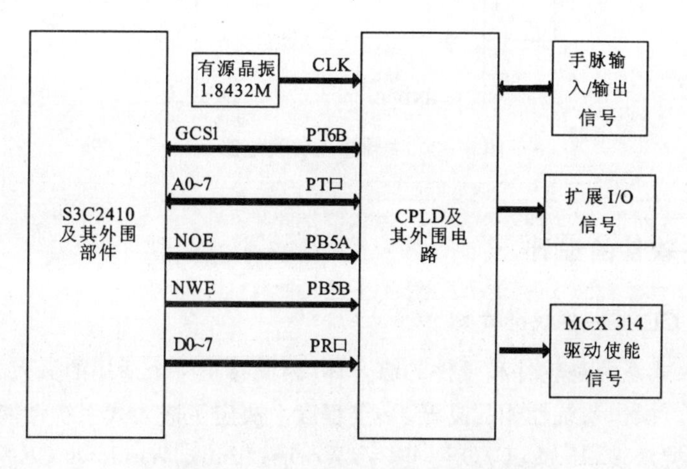

图 8-7　输入/输出扩展电路框图

6. 其他辅助电路

数控系统中还包括一些其他辅助电路，例如原点、限位、急停等机床控制信号电路，MCX314 驱动脉冲输出电路、手摇脉冲发生器、主轴驱动电路等。下面主要介绍数控系统的主轴驱动电路设计。主轴驱动电路是数控系统中的一个重要组成部分，主轴电机的精确控制能够大大提高数控系统的加工效率和加工质量。按照主轴电机控制方式不同，主轴控制可以分为伺服控制系统和变频控制系统两大类。伺服控制系统控制精确，变速快，但价格昂贵；变频控制系统的性价比高，控制方便，因此在这里采用变频主轴控制系统，主轴的控制主要就是对变频器的控制。

变频器的输入调速方法可以通过改变模拟量输入的电压值，达到调节转速的目的。常用的变频器控制方式包括单极性和双极性两种。单极性变频器的电压输入值通常为 0～＋5V 或 0～＋10V，通过继电器触点输出来控制主轴的转向；双极性变频器通常输入电压值为－5～＋5V 或－10～＋10V，通过输入电压值的正负来实现主轴的转向。在设计中，系统通过 CPLD 读取 MCX314 发出的主轴速度脉冲信号，通过频压转换芯片转换成需要的模拟量电压值，达到控制变频电机的目的。具体电路如图 8－8 所示。

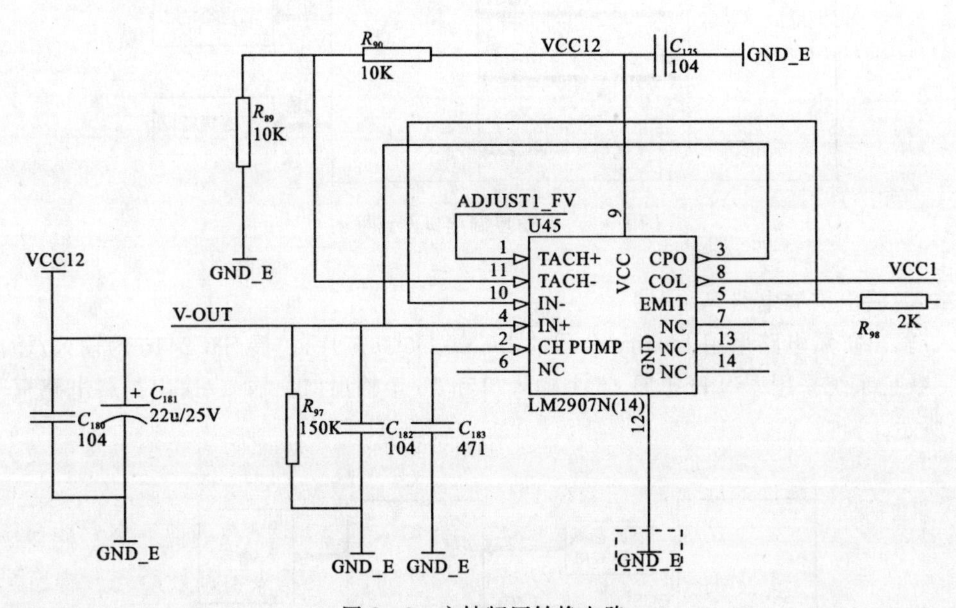

图 8－8　主轴频压转换电路

二、数控系统软件的设计

（一）Windows CE 操作系统的定制

一般而言，嵌入式系统是软件和硬件的综合体，因此移植一个适用的嵌入式操作系统到硬件平台上就很关键。操作系统性能的高低，一定程度上决定了嵌入式系统性能的优劣。当前，嵌入式操作系统种类众多，比如 μC/OS－Ⅱ、VxWorks、Linux、Windows CE 等。本数控系统采用微软公司提供的开发工具 Platform Builder(PB)，进行 Windows CE 操作系统的定制，由于上位机的 Flash 只有 64M，还要为加工代码预留空间，因此编译生成的内核大小在 20M 左右比较合适，定制过程如图 8－9 所示。

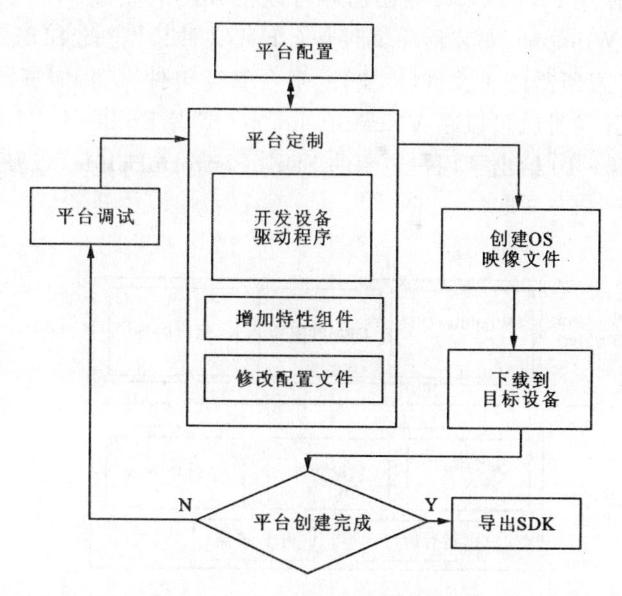

图 8-9　PB定制操作系统流程图

(1)建立一个新工程,选择合适的 BSP 包,选中 EMULATOR,以便在 Windows 下调试应用程序,创建一个基于 RAM 的 S3C2410 处理器平台。

(2)选择设备功能平台,选中 Mobile Handheld,此设备中包含的设备驱动多,需要删除或添加的组件少。

(3)选择平台应用组件,这里使用默认选择即可,注意一定要选择 ActiveSync,这是重要的同步选项,这在调试过程中非常重要。

(4)选择通讯组件,由于只会使用到局域网,所以仅选择 LAN 即可。

至此,一个简单的 WinCE 应用平台已经构建完成,在后续开发过程中需要添加或者由于内核太大需要删减组件的时候,也只需在 PB 中右键点击组件名称,进行添加或移除操作。

选用优龙公司 S3C2410 的 BSP 包作开发,该 BSP 包已集成 LCD、USB、串口、网口等驱动程序,只需在其中添加 MCX314 和 CPLD 的驱动程序,极大地减少了开发时间。将目标 BSP 包复制到\WINCE420\PLATFORM 目录下,并且在 PB 中添加此 BSP 包,主要是更换 CEC 文件。

最后,新定制的 WinCE 系统要经过编译才能生成操作系统镜像文件 NK. bin 和 NK. nb0,将镜像文件下载到目标设备中就可以启动 WinCE 操作系统,完成 WinCE 在 S3C2410 上的移植。

(二)平台 SDK 的导出

SDK 是 Software Development Kit(软件开发工具包)。之所以要导出创建 WinCE 镜像的 SDK,是因为其中包含了开发该 WinCE 版本所需的 Windows 函数和常数定义、API 函数说明文档、相关工具和示例,从而使后续开发人员可以很方便地在系统定制的 WinCE 平台上自由地使用各种 Windows 的 API 函数,开发应用程序。

一旦完成了平台的定制,需要进入后续应用程序开发阶段,必须在 PB 中导出相应 SDK,

在目标平台上安装。使用 PB 的 SDK 导出向导可以很方便地完成 SDK 的配置和构建过程，最终会自动生成一个 Windows 安装程序文件包(. msi 文件)。把此 SDK 安装到目标机器上后，系统则自动安装开发所需的头文件、库文件、平台管理组件、运行时库、平台扩展以及相关帮助文档。应用软件开发者就可以在 VisualStudio. net 或者 Embedded VisualC＋＋4.0 环境下开发应用程序。图 8－10 给出了用户定制的 SDK、PlatformBuilder 以及应用软件开发工具三者之间的关系。

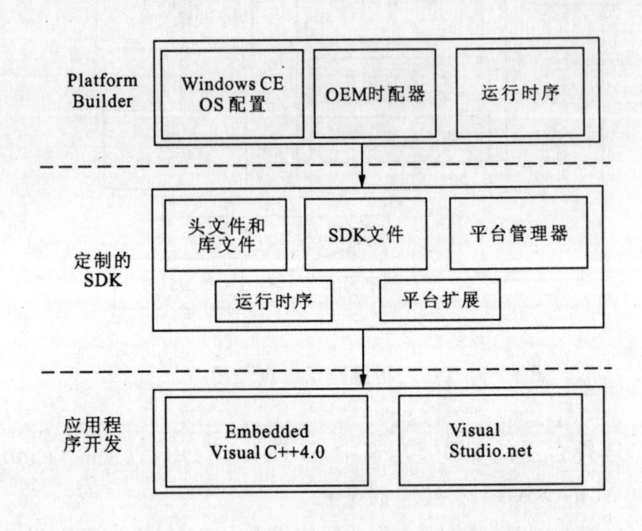

图 8－10　内核、SDK、应用程序的相互关系图

(三)MCX314 流接口驱动程序开发

WinCE 的驱动程序按导出接口的不同可以分为本地设备驱动程序和流接口设备驱动程序。其中，流接口驱动程序是通过一组流接口函数使得应用程序可以通过文件系统 API 访问硬件设备。本数控系统中 MCX314AL 流驱动程序开发主要包括虚拟地址映射、中断处理 ISR 程序、导出流驱动接口函数和修改注册表 4 个部分。

1. 虚拟地址映射

由于 Windows CE 的特点，在操作系统之上应用程序通过 OEM 层对实际的硬件设备进行控制，必须进行虚拟内存分配和虚拟地址映射，这与单片机直接控制硬件有很大的不同。

ARM 系列平台中，WinCE 通过 MMU 根据系统映射表 OEM Address Table 建立物理地址和虚拟地址之间的静态映射关系，此后，系统就能通过虚拟地址的存取来间接访问硬件地址。

首先，系统调用 VitualAlloc 函数为所要操作的地址分配一段内存空间，函数为 v_pMCX-PReg；在 Samsung 公司提供的 BSP 头文件 S2410. H 中，添加 MCXPreg 结构体，指向 MCX 的寄存器，调用此语句在内存中分配一块 32Byte 大小的空间，并将首地址返回给 v_pMCX-PRegs，再调用 VitualCopy 函数，将 S3C2410 中的 MCX314 寄存器，结构体基地址 MCX_BASE 映射到分配的虚拟地址空间中，再对 pMCXPRegs 赋值，以修改 MCX314 寄存器，启动 MCX314 工作。在工作完成后，调用 VirtualFree 释放这段内存空间。

```
#define MCX_BASE   0xAA000000  //0x28000000(MCX314 基地址)   bank5
typedef struct  {
    unsigned short rMCXR0;  //00
    unsigned short rMCXR1;  //02
    unsigned short rMCXR2;  //04
    unsigned short rMCXR3;  //06
    unsigned short rMCXR4;  //08
    unsigned short rMCXR5;  //0A
    unsigned short rMCXR6;  //0C
    unsigned short rMCXR7;  //0E
}MCXPreg;
```

2. 中断处理 ISR 程序

中断处理 ISR 程序主要是检测机床运动过程出现的故障，防止出现加工事故。在 Windows CE 系统中，所有用户空间进程通过系统调用来请求内核服务，所有设备通过外部中断来请求内核服务。流接口驱动程序中的中断发生后，信号发往异常处理器，并且中断支持处理器调用 OAL 函数 OEMInterruptDisable，关闭来自该硬件的中断。中断服务例程 ISR 被内核调用并返回结果，且通过内核设置 Event 事件来触发中断服务进程 IST。IST 被唤醒后调用 I/O 函数完成中断处理，并返回 InterruptDone 通知内核。内核调用 OEMInterruptDone 重新开启中断。中断处理的具体实现过程如下：

(1)在中断头文件 oalintr. h 中，添加中断宏定义，定义逻辑中断号。

```
#define SYSINTR_MCX  (SYSINTR_FIRMWARE+24)
```

(2)在 cfw. c 文件中，添加中断初始化和禁止中断代码。

在 OEMInterruptEnable 中添加代码：

```
case SYSINTR_MCX:
    s2410IOP->rEINTPEND=(1<<5);
    s2410IOP->rEINTMASK &= ~(1<<5);
    s2410INT->rSRCPND= BIT_EINT4_7;
    if (s2410INT->rINTPND & BIT_EINT4_7)
    s2410INT->rINTPND=BIT_EINT4_7;
    s2410INT->rINTMSK &= ~BIT_EINT4_7;
break;
```

在 OEMInterruptDisable 中添加代码：

```
case SYSINTR_MCX:
    s2410IOP->rEINTMASK   |= (1<<5);
    s2410INT->rINTMSK     |= BIT_EINT4_7;
break;
```

(3)在 armint. c 文件的 OEMInterruptHandler 中添加 ISR 代码，返回逻辑中断号供调用。

```
if ( submask & (1<<5)) // EINT5 : MCX_DETECT
    {
        s2410IOP->rEINTMASK |= (1<<5);
        s2410IOP->rEINTPEND  = (1<<5);
        s2410INT->rSRCPND  = BIT_EINT4_7;
        if (s2410INT->rINTPND & BIT_EINT4_7)
            s2410INT->rINTPND=BIT_EINT4_7;
        return SYSINTR_MCX;
    }
```

(4)在 cfw.c 文件中的 OEMInterruptDone 添加中断复位代码,供 IST 返回调用。

```
case SYSINTR_MCX:
        s2410IOP->rEINTMASK &= ~(1<<5);
        s2410INT->rINTMSK &= ~BIT_EINT4_7;
break;
```

3. 导出流驱动接口函数

流接口驱动程序实现 MCX_Deinit()、MCX_Open()、MCX_ IOControl()以及 MCX_Close()等一组标准的函数,通过文件系统 API 完成与应用程序的信息交互。

在对设备进行读操作之前,应用程序可以通过 CreatFile()函数来调用 MCX_Open()打开设备。MCX_Open()所需的第 1 个参数是应用程序初始化时由 MCX_Init()返回的设备句柄;而 MCX_Read()需要的第 1 个参数是 CreatFile()执行成功后返回的驱动引用实例句柄。第 2 个和第 3 个参数分别是用于从驱动中读数据的缓冲区地址和长度。即流接口的函数参数与文件系统的函数参数应相互对应。应用程序同样通过 ReadFile()函数来调用 MCX_Read(),对 MCX314 的寄存器进行读取。最终,需要建立一个“MCX314.def”的文件,将 DLL 中的函数输出,并将此文件添加到流接口驱动程序的工程中。

```
LIBRARY MCX314AL
EXPORTS MCX_Init
        MCX_Deinit
        MCX_Open
        MCX_Close
        MCX_Read
        MCX_Write
        MCX_Seek
        MCX_IOControl
        MCX_PowerDown
        MCX_PowerUp
```

4. 修改注册表

系统启动时启动设备管理程序，设备管理程序读取 HKEY_LOCAL_MACHINE \Drivers\ BuiltIn 的内容，并加载已列出的流接口驱动程序，以供所有应用程序使用。因此注册表对于驱动的加载有着关键的作用。在 PLATFORM 的 BIB 文件和 REG 文件中，添加代码到 WinCE 内核中。下面为注册表 REG 文件添加内容：

```
[HKEY_LOCAL_MACHINE\Drivers\BuiltIn\MCX]
    "Prefix"="MCX"
    "Dll"="MCX.dll"
    "Order"=dword:1
    "Index"=dword:1
```

驱动程序编写完毕加载到定制的操作系统中，需要重新编译整个操作系统，生成新的 Nk.bin 和 NK.nb0 文件，并重新制作 SDK 包，然后只需编写相应的应用程序，并在应用程序中调用 DeviceIOControl、ReadFile、WriteFile 等函数就可以实现对 MCX314 的控制设置和状态检测。

(四)MCX314 插补算法

MCX314AL 可在 4 轴中任选 2 轴或 3 轴，进行直线插补、圆弧插补、模式位插补驱动。指定插补轴是用轴编码方式设定 WR5 寄存器的 D0，D1(ax1)；D2，D3(ax2)；D4，D5(ax3)。

在进行插补命令之前，先要设定 ax1 的初始速度、驱动速度等参数。需要注意的是 MCX314 插补前需要设定主轴。

设定每个插补命令所需要的参数后，在 WR0 命令寄存器写入插补驱动命令，插补驱动就会立即开始执行。在插补驱动中 RR0 主状态寄存器的 D8(I-DRV)位为 1，驱动结束后为 0。因此可以通过查询 RR0 来判断插补是否完成。对直线插补、圆弧插补、位模式插补，插补最高速度达 4MPPS，连续插补时最高速度为 2MPPS。

以 MCX314 圆弧插补为例，可以任选 4 轴中的 2 轴进行圆弧插补运动。设定相对当前位置(始点)的圆弧中心坐标及终点坐标，在写入 CW 圆弧插补命令或 CCW 圆弧插补命令后执行圆弧插补。用当前坐标(始点)的相对值设定中心坐标及终点坐标。

CW 圆弧插补从当前坐标至终点坐标以顺时针方向绕中心坐标画圆弧，CCW 圆弧插补以逆时针方向绕中心坐标画圆弧。如果终点设为(0，0)，能画整个圆。

至于圆弧插补的原理如图 8-11 所示，由第 1 轴(ax1)和第 2 轴(ax2)定义一个平面，绕中心坐标把它分为 0～7 的 8 个象限。如图所示，在 0 象限的插补坐标(ax1，ax2)上，ax2 绝对值一直比 ax1 的绝对值小，绝对值小的轴为短轴，1、2、5、6 象限是第 1 轴(ax1)的短轴，0、3、4、7 象限是第 2 轴(ax2)的短轴，短轴在这些象限之间一直输出驱动脉冲，长轴根据圆弧插补运算结果，有时输出脉冲，有时不输出脉冲。其圆弧插补轨迹如图 8-12 所示。

两轴圆弧插补运动函数如下所示：

```
int arc_certer(int chx,int chy,long center1,long center2,long final1,long final2,int dir)
/ * 函数功能:两轴以常矢量速度作圆弧插补运动
函数参数:ch1 ch2 作圆弧运动的两个轴
```

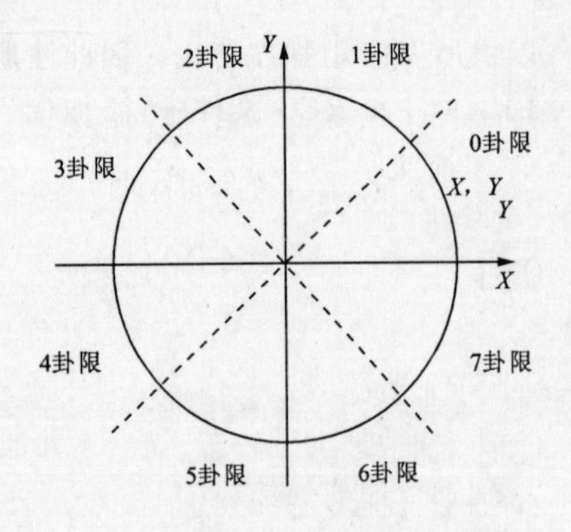

图 8-11　圆弧象限分配图

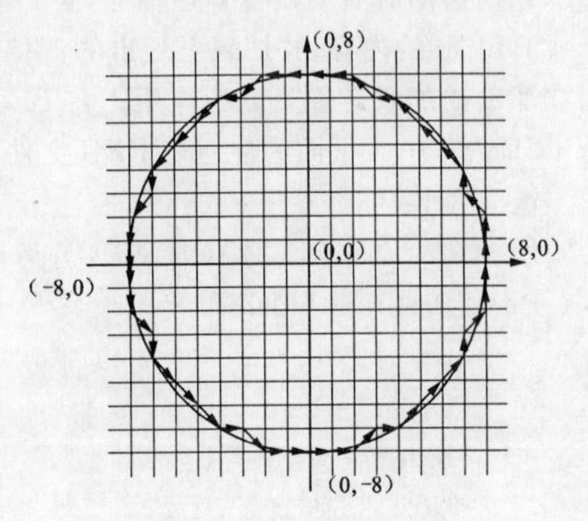

图 8-12　圆弧插补轨迹图

```
        center1 相对于圆弧运动起始点的圆心坐标 X
        center2 相对于圆弧运动起始点的圆心坐标 Y
        final1 相对于圆弧运动起始点的终点坐标 X
        final2 相对于圆弧运动起始点的终点坐标 Y
        dir 1:是顺时针 -1:逆时针
函数返回值:0:正常　-1:错误
在调用这个函数前,要首先调用 set_vector_conspeed()来设置常矢量速度　*/
{
    if((chx>4)||(chx<1)||(chy>4)||(chy<1)||(chx=chy))
  { return -1;}
    SClear();
    AutoDec();                                  //手动减速
    Command(0x0,0x3b);                          //用 0x3b 命令使能减速有效
    if((chx+chy)==3)
{
    SetC(0x1,center1);                          //x y 轴选定
    SetC(0x2,center2);
    SetP(0x1,(long)(abs(final1)*x_dl)); //x 轴距离*单位距离的脉冲=脉冲数
    SetP(0x2,(long)(abs(final2)*y_dl));
}
    if((chx+chy)==4)
{
    SetC(0x1,center1);                          //x z 轴选定
    SetC(0x4,center2);
    SetP(0x1,(long)(abs(final1)*x_dl));
    SetP(0x4,(long)(abs(final2)*z_dl));
```

```
}
    if((chx+chy)==5)
{
    SetC(0x2,center1);                        //y z轴选定
    SetC(0x4,center2);
    SetP(0x2,(long)(abs(final1) * y_dl));
    SetP(0x4,(long)(abs(final2) * z_dl));
}
    if(dir==1)
    Command(0,0x32);                          //用0x32命令顺时针插补
    else
    Command(0,0x33);
return 0;
```

(五)其他程序

数控系统软件开发还包括 MCX314AL 的总线读写操作设置、运动模式控制、运动控制、运动函数库、异常处理程序等编写工作。

总之,基于 ARM 的数控系统集成微机控制技术、ARM 技术、嵌入式操作系统技术等诸多技术为一体。此种数控系统拥有体积小、功耗低、成本低、功能强、网络化、可定制等优点,应用范围非常广泛。

习题和思考题

(1)试叙述单片机的应用领域。

(2)试编写单片机控制三相步进电机以三相六拍方式朝一个方向运行的程序。

(3)试设计一个嵌入式系统的应用实例框图。

参考文献

陈莉君,康华. Linux 操作系统原理与应用[M]. 北京:清华大学出版社,2006.

黄智伟,邓月明,王彦. ARM9 嵌入式系统设计基础教程[M]. 北京:北京航空航天大学出版社,2008.

李岩,韩劲松,孟晓英. 基于 ARM 嵌入式 μCLinux 系统原理及应用[M]. 北京:清华大学出版社,2009.

马维华. 嵌入式系统原理及应用[M]. 北京:北京邮电大学出版社,2006.

王红. 操作系统原理及应用 Linux(第二版)[M]. 北京: 水利水电出版社,2008.

吴国伟,毕玲 陈庆. 嵌入式操作系统原理及应用开发[M]. 北京:北京航空航天大学出版社,2007.

吴旭光,何军红. 嵌入式操作系统原理与应用[M]. 北京:化学工业出版社,2007.

姜立东,王寿武,陆晓鹏等. 嵌入式系统原理与应用[M]. 北京:北京邮电大学出版社,2006.

刘尚军,张志兵,赵敏. ARM 嵌入式技术原理与应用——基于 XScale 处理器及 VxWorks 操作系统[M]. 北京:北京航空航天大学出版社,2007.

田泽. ARM9 嵌入式开发实验与实践[M]. 北京:北京航空航天大学出版社,2009.

余永权. ATMEL89 系列单片机应用技术[M]. 北京:北京航空航天大学出版社,2002.